Wohin mit dem Wasser?

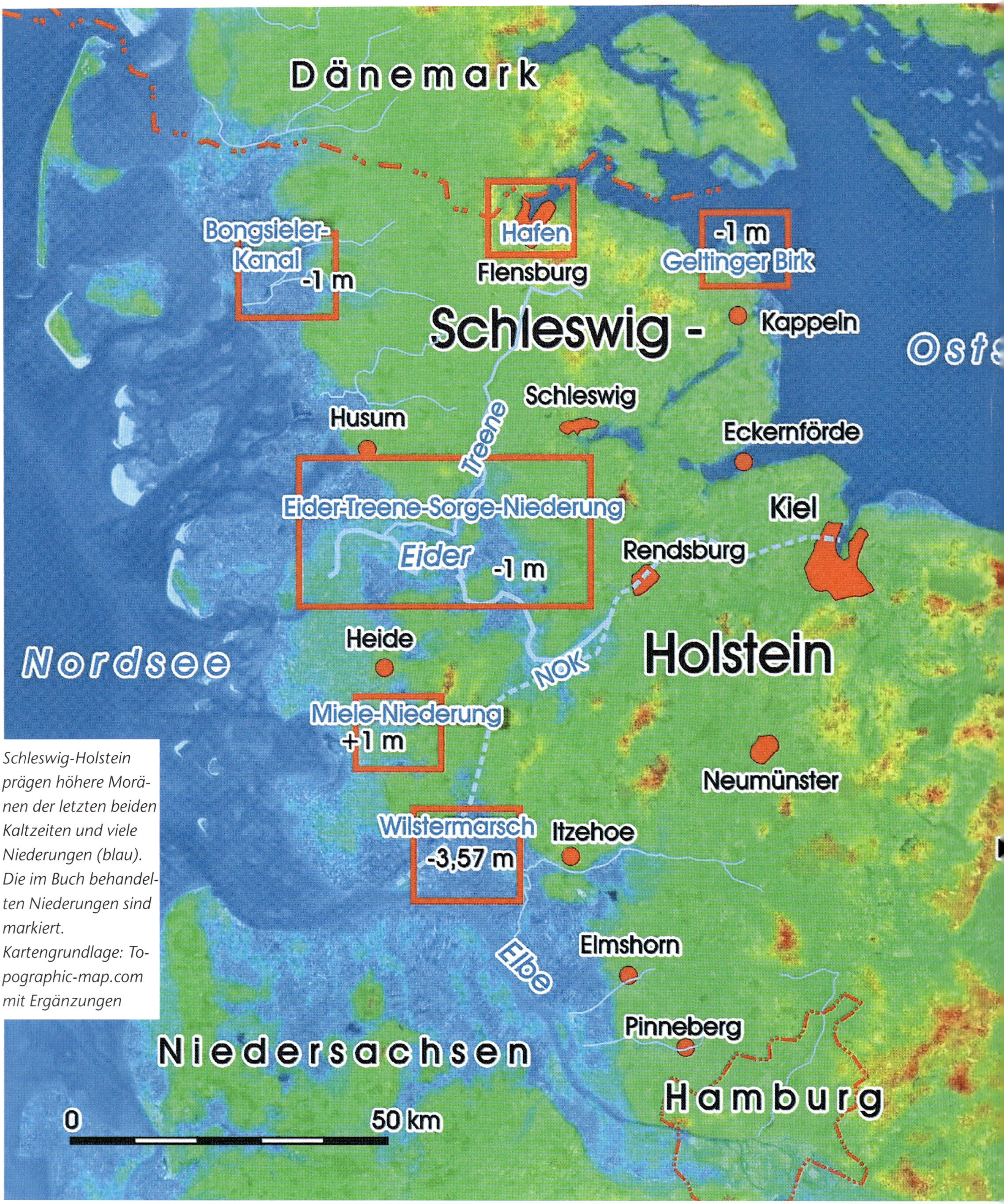

Schleswig-Holstein prägen höhere Moränen der letzten beiden Kaltzeiten und viele Niederungen (blau). Die im Buch behandelten Niederungen sind markiert. Kartengrundlage: Topographic-map.com mit Ergänzungen

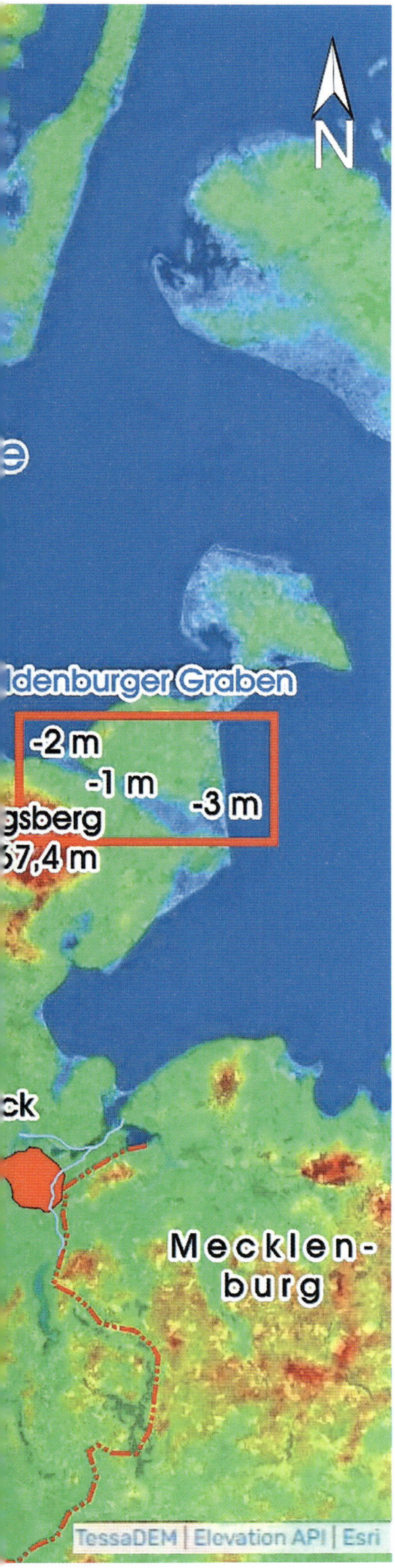

Dirk Meier

Wohin mit dem WASSER?

Niederungsgebiete in Schleswig-Holstein

BOYENS

BOYENS
BUCHVERLAG

ISBN 978-3-8042-1578-8

Herstellung: Boyens Buchverlag
Printed in Europe

www.boyens-buchverlag.de

INHALTSVERZEICHNIS

Deich des Meggerkooges mit der Windmühle Gisela im Hintergrund, Gemeinde Meggerdorf, Kreis Schleswig-Flensburg. Die 1887 erbaute Kornmühle stand ursprünglich in Meldorf, Kreis Dithmarschen. 1922 wurde sie an den heutigen Standort versetzt und diente als Entwässerungsmühle.
Foto: Dirk Meier

VORWORT

„Wohin mit dem Wasser? Niederungen in Schleswig-Holstein“ ist angesichts der maßgeblich anthropogen verursachten Klimaerwärmung und des damit verbundenen Meeresspiegelanstieges, zunehmender Regenfälle, höherer Binnenwasserstände, aber auch Dürren eine aktuelle Thematik. Etwa ein Fünftel der Landesfläche Schleswig-Holsteins liegen als Niederungen unter +2,5 m Normalhöhennull. Hier stehen Wasserwirtschaft und Landnutzung vor großen Herausforderungen.

Zum Verständnis der natürlichen Landschaftsentwicklung ausgewählter Niederungen in Schleswig-Holstein sowie deren Veränderungen infolge menschlicher Eingriffe vermittelt dieses Buch Grundlagenwissen vor dem Hintergrund des Klimawandels.

Seit jeher mussten sich die Menschen mit dem Wasser in den Niederungen und in den Marschen entlang der Nordseeküste und der Unterelbe auseinandersetzen. Vor 2000 Jahren begannen erste Siedler, hier zunächst in Flachsiedlungen zu wohnen und später infolge höher auflaufender Sturmfluten auf aus Klei und Mist aufgeworfenen Schutzhügeln, den Wurten bzw. Warften. Sie lebten mit dem Wasser und mussten sich dem Naturraum anpassen. Erst die steigende Bevölkerung seit dem 12. Jahrhundert führte zum Landesausbau in vermoorten Niederungen. Die geregelte Binnenentwässerung der Niederungsgebiete für die Agrarwirtschaft ermöglichte erst der die Seemarschen schützende Deichbau. Doch stieg der Wasserstand der eingedeichten Flüsse an. Erst Schöpfmühlen und in der Neuzeit maschinell betriebene Schöpfwerke schufen wirksame Abhilfe. Gleichwohl kommt es noch heute bei Extremereignissen zu Überschwemmungen in Niederungen. Auch erfolgen heute in Teilen Wiedervernässungen von Mooren für den Klimaschutz, wie in der Eider-Treene-Sorge-Region.

Allerdings wie seit Jahrhunderten das Binnenwasser abzuführen und sich vor Hochwässern durch Deiche zu schützen, kann für die langfristige Zukunft in Zeiten des Klimawandels nicht mehr die einzige Lösung sein. Wir müssen wieder besser lernen, mit dem Wasser zu leben. Dazu aber ist die Kenntnis der Landschaftsentwicklung eine elementare Voraussetzung.

Dieses Buch ergänzt „Schleswig-Holstein. Eine Landschaftsgeschichte“, das 2019 ebenfalls im Boyens-Buchverlag erschienen ist. Dem Verlag gilt in langer Verbundenheit mein herzlicher Dank.

Dirk Meier

EINLEITUNG: WOHIN MIT DEM WASSER?

Angesichts zunehmender Regenfälle, Dürren und höherer Binnenwasserstände stehen gerade in einem Küsten- und Niederungsland wie Schleswig-Holstein Wasserwirtschaft und Landnutzung vor großen Herausforderungen. „Wohin mit dem Wasser?“ ist tägliche Thematik der Wasser-, Siel- und Bodenverbände, die Gewässer, Sielzüge, Rohrleitungen, Siele und Schöpfwerke sowie teilweise auch Deiche unterhalten.

Mit 3.150 km^2 liegt etwa ein Fünftel Schleswig-Holsteins unterhalb von +2,5 m Normalhöhennull (NHN). Dazu zählen die See- und Flussmarschen mit ihren tieferen Gebieten im Hinterland. Diese stauwasserreichen Sietländer bedeckten vor der Urbarmachung für den Getreideanbau seit dem 12. Jahrhundert noch ausgedehnte Moore. In diesem Buch betrachten wir die natürliche Landschaftsentwicklung ausgewählter Niederungen und die Veränderungen durch den Menschen. Dazu gehören die Eider-Treene-Sorge-Niederung, die Miele-Niederung in Dithmarschen, die Wistermarsch und der Bongsieler Kanal in Nordfriesland. An der Ostseeküste werfen wir einen Blick auf den Oldenburger Graben und die Geltinger Birk an der Flensburger Förde. Ebenso gilt unser Augenmerk dem oft überschwemmten Hafenbereich von Flensburg.

Seitdem Menschen in von Hochwasser bedrohten Gebieten siedelten, mussten sie Überschwemmungen zu meistern versuchen. So heißt es bereits in dem zu Beginn des 14. Jahrhunderts auf Pergament niedergeschriebenen Heidelberger Sachsenspiegel des Eike von Repgow (*1180 oder 1190; † nach 1233) zum Landrecht, Zweites Buch, §56,2 u. 3, wie folgt:

Überflutet das Wasser ein Land, so hat es der verloren, dem es gehörte. Sucht sich das Wasser dann aber einen neuen Abfluss, so gehört das Land wieder seinem früheren Besitzer. Liegt die Insel in einem Fluß, so gehört sie zu dem Ufer, dem sie am nächsten ist. Liegt sie in der Mitte des Flusses, so gehört sie zu beiden Ufern. Das gilt auch, wenn das Flussbett austrocknet.[1]

Die Regelung des Deichbaus, der Entwässerung und der Überflutungen geht einher mit der Schaffung von Wasserverbänden. Sie sind erstmals belegt in der Region um Brügge und Sluis an der Westerschelde, die im 7. Jahrhun-

„Überflutet das Wasser ein Land, so hat es der verloren, dem es gehörte …“ heißt es in der Heidelberger Handschrift des Sachsenspiegels. Quelle: Universitätsbibliothek Heidelberg

dert als *municipium Flandrense* in den Schriftquellen erscheint und deren Name im 9. Jahrhundert auf weitere Küstengebiete übertragen wurde. Hier erkannten die flandrischen Grafen die ökonomischen Ressourcen der Seemarschen und begannen seit dem 10./11. Jahrhundert mit der Errichtung von Deichen und Entwässerungskanälen, deren Organisation den *Ambachten* als Wasserverbänden unterstand.[2]

Vom 10. bis zum 13. Jahrhundert wichen große Moorgebiete Hollands durch Entwässerung urbar gemachtem Agrarland. Die älteste Kultivierung mit unregelmäßigen Entwässerungsgräben unterscheidet sich in Holland von regelmäßigeren Grabensystemen der umfangreichen planmäßigen Urbarmachung seit dem 11. Jahrhundert.[3] Die Grafen von Holland fungierten neben dem Utrechter Bischof als wichtigste Träger der Moorkultivierung. Nach 1200 beteiligte sich auch der niedere Adel am Verkaufen *(vercopen)* von Moorparzellen an bäuerliche Käufer *(copers)*. Zur Anerkennung der landesherrlichen Gewalt wurde ein Zins *(botting)* in Form eines Denares erhoben. Die neuen Veen-Siedlungen mit ihren Kirchen bilden lange Reihen, deren Höfe als Schutz gegen das Binnenwasser auf niedrigen Terpen (Wurten) liegen. Von diesen aus erstreckten sich von Gräben begleitete Streifenfluren immer weiter in das Moor. Verschiedene Entwässerungsgebiete trennten Dämme (Sietwenden) voneinander. In Holland wichen so Moordecken von mehreren Metern Mächtigkeit dem neuen Agrarland. Die landwirtschaftlichen Erzeugnisse fanden Absatz in Städten wie Aalkmar, Enkhuizen, Monickedam, Edam und Medemblik. Regionale, genossenschaftlich organisierte Wasserverbände sind seit 1225 mit den *waterschapen* nachweisbar. Die *hooghemraden* als Geschworenenkollegien führten eine Beschau von Deichen durch. Ursprünglich den jeweiligen Landesherren unterstellt, gelangten sie bald unter die Botmäßigkeit der als landesherrliche Beamte fungierenden Deichgrafen.

Auch in Schleswig-Holstein können sich die Wasserverbände auf eine alte Tradition berufen. In den Marschkirchspielen Dithmarschens etwa entschieden seit dem Hochmittelalter genossenwirtschaftliche Verbände über den Deichbau und die damit verbundene Entwässerung. Das Landrecht von 1447 regelte das Deichwesen neu. Die Kirchspiele, die ihre politische Bedeutung zugunsten des geschaffenen Rates der 48 Regenten verloren hatten, übernahmen aber wiederum die Organisation des Deichbaus.[4] Mit dem Ende der Dithmarscher Selbständigkeit 1559 übernahmen die adeligen Obrigkeiten wie auch sonst an der Nordseeküste die Organisation des Deichwesens und der Entwässerung, wenn auch alte Regeln bestehen blieben.

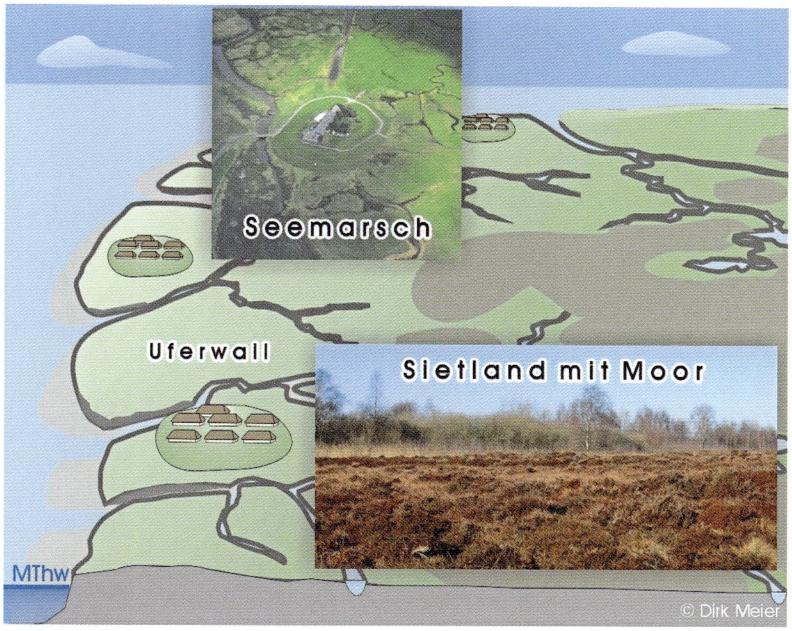

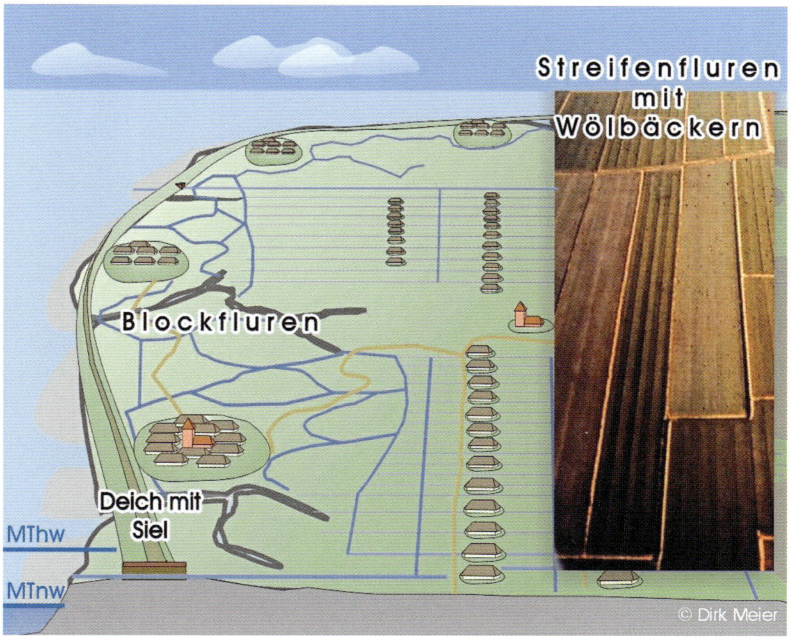

Oben: vor 1000 n. Chr.: Seemarschen mit Uferwällen und Dorfwurten. Im Sietland erstrecken sich Moore; unten: Seit dem 12. Jahrhundert wurden die Marschen bedeicht und das Sietlandsmoor entwässert. Hier erstrecken sich Marschhufensiedlugen mit Streifenfluren.

Die um 1200 und 1300 erbauten Siele vom 1362 untergegangenen Rungholt sind Kammersiele, das von Stollhamm ist nur ein einfacher Baumstamm.

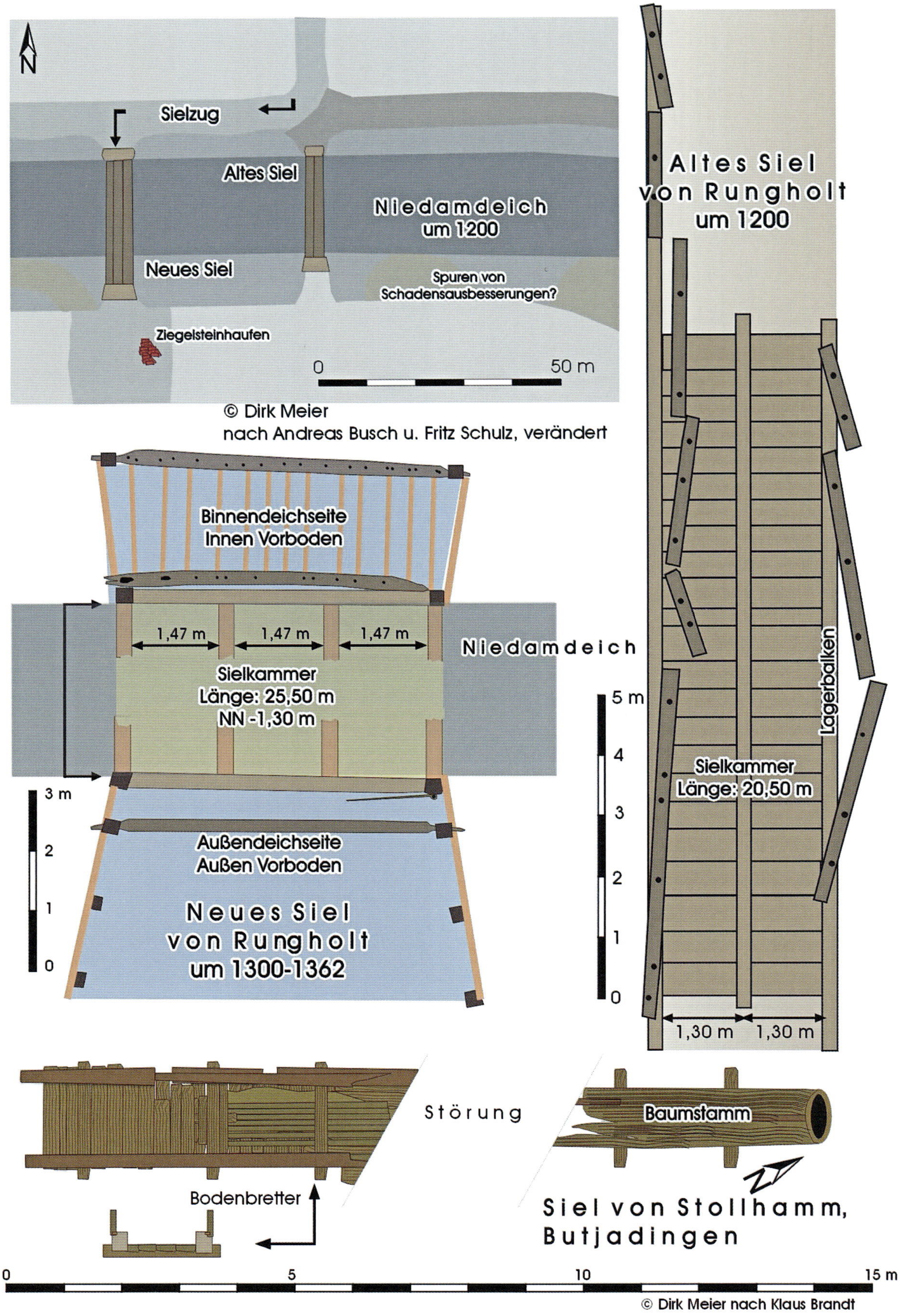

Rekonstruktion eines Holzsiels, Museum der Landschaft Eiderstedt. Foto: Dirk Meier

Die Urbarmachung der vermoorten Niederungen war bis zum Einsatz von Maschinen im 20. Jahrhundert ein mühsamer Prozess. Die Sielzüge mussten für die Wasserabfuhr jährlich von Reet und Unrat per Hand befreit werden. Der Abfluss des Binnenwassers durch ein Siel im Seedeich an der Nordsee ist nur während des Tideniedrigwassers möglich. Bleiben die Siele während hoch auflaufender Hochwasser länger geschlossenen und lässt sich bei nicht ausreichendem Stauraum kein Wasser mehr abführen, kommt es zu Binnenwasserüberschwemmungen.

Eines der ältesten, wahrscheinlich in der Zweiten Marcellusflut von 1362 zerstörten Siele legten Ausgrabungen zwischen Weser und Jade in Niedersachsen frei.[5] Dieses bestand aus einem ausgehöhlten Baumstamm und einem aus Eichenholz gezimmerten Kanal mit einer Klappe am äußeren Ende zum Wasser hin. Aufwendiger konstruiert sind die beiden hölzernen Kammersiele aus dem Watt bei Hallig Südfall im sog. Niedamdeich Rungholts. Das ältere, später verschlickte Siel wurde um 1200, das jüngere um 1300 errichtet und war bis zur Zweiten Marchellusflut von 1362 in Betrieb.[6] Eine Holzklappe bildete den äußeren Verschluss dieser Konstruktion. Sowohl die ausgehöhlten Baumstämme als auch die Kammersiele funktionieren als Klappsiele nach dem gleichen Prinzip. Steht bei Ebbe das Binnenwasser höher als das Außenwasser, drückt der Wasserdruck die Klappe nach oben, sodass das Wasser ausströmt. Die einsetzende Flut verschließt die Klappe wieder und verhinderte so das Einströmen von Salzwasser. Solche Klappsiele blieben bis in die 1930er Jahre in Gebrauch.

Zerstörungen infolge von Sturmfluten und geringe Haltbarkeit der Siele infolge abgesetzter Sedimente erforderten ständige Neubauten. Nur große Siele mit einer Zusammenfassung des Wassers aus mehreren Sielzügen in einem Speicherbecken konnten die Funktion der Entwässerung optimal erfüllten. Seit dem 16. Jahrhundert begann daher der Bau größerer Tor-Siele mit offenem Außenvorsiel, rechteckigem Siel-Tunnel und offenem Binnenvorsiel, die in ihrer Länge der damaligen Deichbreite von etwa 30 m entsprachen. Zur Seeseite verschlossen es zwei schwere Sturmtore, die sich bei ablaufendem Wasser öffneten und sich bei Flut durch äußeren Wasserdruck schlossen. Infolge von Holzfäule und der im Salzwasser lebenden Bohrmuschel war die Haltbarkeit solcher Siele nur gering. Diese ersetzten daher seit der Mitte des 18. Jahrhunderts Siele mit Steinmauerwerk

Deichsiel bei hohem und normalem Wasserstand. Foto: Dirk Meier

und höheren gemauerten Tunneln, die wie die Holzsiele auf Pfählen gegründet waren. Eines der erhaltenen Deichsiele dieser Zeit ist das 1798 erbaute Greetmersiel im ostfriesischen Greetsiel mit seinen großen, ehemals von Wärtern bedienten Holztoren. Aus diesem Sieltyp entstanden Ende des 18. Jahrhunderts offene Sielschleusen ohne Deichüberbauten. Früher bezeichnete man an der Nordseeküste Schleswig-Holsteins ein Siel oft als *sluse*. Dabei handelte es sich um breite Entwässerungsbauwerke mit Stemmtoren. Diese Anschlagtore wurden oben an der Sieldecke als auch unten im Drempel in voller Breite mit einem Anschlag bzw. Auflager verschlossen.[7] Heute versteht man unter Schleuse einen schiffbaren Durchlass.

Da die mit Hilfe der Entwässerung seit dem 12. Jahrhundert urbar gemachten Moorböden immer tiefer sanken und versumpften, ergaben sich für die weitere Agrarnutzung Probleme. So waren in Holland große Moorseen entstanden. Deren Trockenlegung gelang nur mit Poldermühlen wie im Beemster 1612 oder Schermer 1635. Seit dem 19. Jahrhundert kamen neue mit Dampfkraft betriebene Schöpfwerke zum Einsatz, mit denen das Haarlemer Meer 1840 bis 1848 trockengelegt wurde.[8] Von Holland aus verbreiteten sich im 16. Jahrhundert neue Techniken des Küsteningenieurwesens entlang der Nordseeküste. Kleinere Schöpfmühlen finden sich nun auch in der Wilstermarsch, wo sie das Binnenwasser in die Wettern (größere Sielzüge) schöpften.

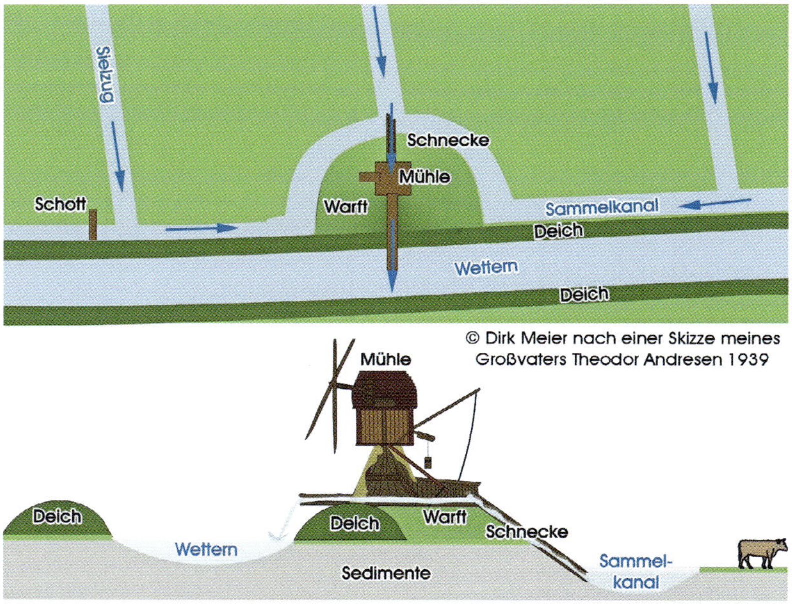

In der Wilstermarsch wurden seit der frühen Neuzeit Schöpfmühlen erbaut, um die gesackten Böden zu entwässern.

Seit Beginn des 20. Jahrhunderts verbesserten mit Dampfmaschinen und nach 1945 mit Strom betriebene Schöpfwerke die Entwässerung.[9] Diese kommen bis heute dort zum Einsatz, wo ein Betrieb von Sielen nicht oder nur eingeschränkt möglich ist. Leistungsstarke automatisierte elektrische Pumpen können in Sekunden Tausende Liter Binnenwasser abtransportieren. Schöpfwerke müssen nicht durchgehend laufen, wenn etwa bei Ebbe an der Nordsee eine normale Entwässerung im Sielbetrieb möglich ist. Problematischer ist die Entwässerung für Niederungen im Hinterland. Daher entschloss sich beispielsweise 1949 der Eiderverband als ein Vorläufer des heutigen Eider-Treene-Verbandes zum besseren Binnenwasserabfluss der neuen Sorge und deren Einzugsgebiet in Stapelholm zum Bau eines neuen Schöpfwerks bei der Sandschleuse. Dieses erhielt vier Propellerpumpen mit einem Durchmesser von 1,2 m, die stündlich insgesamt 50.400 m^3 Wasser fördern können. Dazu gehört ein Transformatorhaus mit 20.000 Volt. Da schon 1953 ein Wasserstau zwischen Brücke und Schöpfwerk eintrat und die Pumpen 1 und 2 unwirtschaftlich arbeiteten, erforderte dies eine fünfte, im Durchmesser 2 m große Pumpe. Deren Leistung von 375 PS ließ sich durch das Verstellen der Propellerblätter von 3,5 auf 10,5 m^3/Sek. regulieren. Die Brücke erhielt einen zusätzlichen Durchlass. Der jährliche Stromverbrauch des Schöpfwerks liegt bei 500.000 Kilowattstunden.[10]

Eine intensive Entwässerung begünstigt jedoch weitere Bodensetzungen. Für Niederungen in Schleswig-Holstein wird von Setzungen entwässerter Böden von etwa 1 cm im Jahr seit den 1950ern berichtet. Das sind jedoch nur allgemeine Angaben, da Setzungsbeträge regionalen Unterschieden unterliegen. Untersuchungen im Bereich der Sorgeniederung und des Meggerkooges in Stapelholm sowie der Windberger Niederung in Dithmarschen haben beispielsweise höhere Werte ergeben. In ganz Schleswig-Holstein befinden sich 58 % der setzungsempfindlichen Böden unter NHN. Regional verteilen sich die Flächenanteile setzungsempfindlicher Böden unterschiedlich. So sind es im Kreis Steinburg 81 %, Schleswig-Flensburg 71 %, Ostholstein 67 % sowie in Dithmarschen und Nordfriesland jeweils 55 %.[11]

In Holland kamen seit dem 16./17. Jahrhundert für die Entwässerung von Moorseen Poldermühlen zum Einsatz. Diese wurden 1617 am Beemster errichtet.
Foto: Dirk Meier

In diesen Regionen ist der Anpassungsbedarf für die Wasserwirtschaft besonders hoch. Die heutigen Wasserverbände in Schleswig-Holstein werden von ihren Mitgliedern finanziert, wenn die Landesregierung auch eine Unterstützung gewährt. Diese deckt aber nur etwa 20 % der Kosten. Vor über 10 Jahren haben die Deich- und Hauptsielverbände die Arbeitsgruppe Niederungen, unterstützt durch den Marschenverband Schleswig-Holstein, gegründet. Diese legte 2014 ihren „Abschlussbericht für die Ableitung von Anpassungsstrategien in Niederungsgebieten an den Klimawandel" vor. Basierend auf den Klimaszenarien des „Intergovernmental Panel on Climate Change" (IPPC)[12] als zwischenstaatlichem Ausschuss der Vereinten Nationen zur Bewertung der wissenschaftlichen Erkenntnisse zum Klimawandel dürften in Norddeutschland die winterlichen Niederschläge um etwa 30 % zunehmen, während in den Sommermonaten sich die Niederschläge um die gleiche Größenordnung verringern. Das geht einher mit einem globalen Anstieg des Meeresspiegels, der für 2100 von etwa 0,6 m bis zu 1 m prognostiziert wird. Unabhängig davon, wie genau diese Schätzungen sind, eines ist sicher: Von den klimatischen Veränderungen sind insbesondere die Niederungen Schleswig-Holsteins betroffen, deren Entwässerung schon heute nur in Abhängigkeit von den Gezeiten der Nordsee oder durch künstliche Schöpfwerke möglich ist. Zu Recht heißt es daher schon 2014 im Vorwort des Abschlussberichtes der Arbeitsgruppe Niederungen:

Sandschleuse mit Schöpfwerk an der neuen Sorge und Maschinenhaus der Steinschleuse an der Eider, Stapelholm.
Foto: Dirk Meier

„Verstärkte winterliche Niederschlagswasserabflüsse aus den Geestbereichen, einhergehend mit veränderten Hochwasserwellen durch Starkregenereignisse oder zunehmende Versiegelung von Flächen treffen auf schlechtere Entwässerungsverhältnisse durch reduzierte Sielleistungen. In den Schöpfgebieten werden zunehmende Wassermengen und zunehmende Energiekosten zu erheblichen zusätzlichen Belastungen der Verbandsmitglieder führen.

Die Arbeit der Verbände wird parallel zu dieser Entwicklung auch sehr stark durch eine Veränderung der Ziele der Wasserwirtschaft geprägt. Das europäische Naturschutz- und Wasserrecht führt dazu, dass neben den Zielen der Optimierung der Wasserstände für die kommunale Siedlungsstruktur und die landwirtschaftliche Nutzung der Flächen vermehrt auf Naturschutz und gewässerökologische Zielsetzungen Rücksicht genommen werden muss.

Für Schleswig-Holstein ist es erforderlich, dass sich die Wasserwirtschaft in den Niederungen auf die Herausforderungen der Zukunft einstellt. Dabei kann die veränderte Nutzung in den Niederungen und die Ausrichtung an den ökologischen Zielen eine Chance sein, die Wasserwirtschaft unter ökonomischen Gesichtspunkten zukunftsfähig zu machen, indem möglichst lange der Bau von Schöpfwerken vermieden wird oder durch geeignete Maßnahmen Schöpfwerkskosten reduziert werden.“[13]

Die jetzige wasserwirtschaftliche Infrastruktur geht wesentlich auf die Planungen nach 1945 zurück, auch um im Rahmen des Programmes Nord für eine infolge von Flüchtlingen aus den ehemals deutschen Ostgebieten angewachsene Bevölkerung Siedlungsflächen zu schaffen und eine Steigerung der Agrarwirtschaft zu erreichen.

„Wohin mit dem Wasser“ – ist eine berechtigte Frage, die einen breiten gesellschaftlichen Diskurs unter Einbezug der Raumplanung, des Naturschutzes, der ländlichen Entwicklung sowie der Landwirtschaft erfordert. Seitens der Landesregierung erfolgt seit 2022 die Erarbei-

tung einer „Strategie für die Zukunft der Niederungen bis 2100" unter Kontrolle eines Projektbeirates aus der Wasser- und Landwirtschaft, des Naturschutzes, der Gemeinden, der Raumplanung, der Flurbereinigung und Regionalentwicklung durch das Ministerium für Energiewende, Landwirtschaft, Natur und Digitalisierung (MELUND) unter Beteiligung des Ministeriums für Energiewende, Klimaschutz, Umwelt und Natur (MEKUN).[14]

Nach der Niederungsstrategie sind für alle Flächen unterhalb von +2,5 m Normalhöhennull (NHN) die heutigen wasserwirtschaftlichen Konzepte unter Berücksichtigung des Klima- und Naturschutzes, der Landwirtschaft, der Infrastruktur, der Regionalplanung und des Tourismus zu überprüfen. Nur so lassen sich eine Treibhausgas (THG)-Neutralität bis 2040 sowie die Überführung von Grundwasser, Küstengewässer, Fließgewässer und Seen in einen guten ökologischen Zustand bis 2027 einschließlich einer Erhaltung bzw. Wiederherstellung ihrer biologischen Vielfalt im Rahmen von „Natura 2000" erfüllen. Entsprechende Maßnahmen erfordern neben einem finanziellen Anpassungsbedarf auch wasserwirtschaftliche Konzepte unter Berücksichtigung hydrologischer Verbindungen zwischen höheren Gebieten und Niederungen.

Die Niederungsstrategie wurde bislang in Pilotprojekten wie der Miele-Niederung im Kreis Dithmarschen getestet. Zur Gewährleistung der Binnenentwässerung in den nächsten Jahrzehnten bedarf es aber großflächigerer Anpassungsmaßnahmen, die derzeitige ökonomische und personelle Ressourcen der Wasserwirtschaft überfordern. So haben schon 2017 die Wasserverbände eine Anpassung der wasserwirtschaftlichen Infrastruktur in den Niederungen mit Kosten von über 1 Mrd. € bis 2050 geschätzt.

Die Niederungsstrategie ergänzen der Generalplan des Landes Schleswig-Holstein zum Binnenhochwasserschutz, das Programm „Biologischer Klimaschutz", die Biodiversitätsstrategie sowie der „Dialogprozess Zukunft Land-

Nachdem die Menschen seit dem 12. Jahrhundert mit Deichbau und Entwässerung die inneren Bereiche der bis dahin vermoorten alten Marschen und Niederungen für den Getreideanbau urbar gemacht hatten, drohte oft Binnenwasserstau. Bis heute bestehen diese Probleme. Foto: Dirk Meier

wirtschaft". Auch das schleswig-holsteinische „Landesprogramm zum Schutz der Böden und zum nachhaltigen Flächenmanagement" weist Bezüge auf. Die Landesregierung hat ferner ein „Klimaschutzprogramm 2030" erarbeitet, damit Schleswig-Holstein bis 2040 das erste klimaneutrale Industrieland ist. Zur Erreichung der Klimaziele dienen auch die „Biodiversitätsstrategie" und das Programm „Biologischer Klimaschutz". Dabei kommt dem Schutz von Mooren und Wiedervernässungen große Bedeutung zu. Auch die Hochwasserrisikomanagementpläne und die Hochwasserrichtlinie ergänzen die Niederungsstrategie.

Hinzu kommen Programme der Bundesregierung sowie der Europäischen Union. Ihnen allen ist gemeinsam eine deutliche Reduzierung der Treibhausgas (THG)-Emissionen und eine Anpassung an den Klimawandel, um bis 2050 eine Klimaneutralität zu erreichen und damit das UN-Übereinkommen von Paris zu erfüllen. Daher hat die Europäische Kommission den „European Green Deal" gestartet, der den Prozess hin zur Klimaneutralität voranbringen soll. Zusätzlich beinhaltet seit 2021 das „Klimaschutz-Sofortprogramm" der Bundesregierung Maßnahmen zum Schutz von Moorböden, zum Humuserhalt und -aufbau. Mit dem Aktionsprogramm „Natürlicher Klimaschutz" unterstützt die Bundesregierung zudem die Länder bei der Umsetzung der „Nationalen Moorschutzstrategie". Dabei decken sich „Schutz intakter Moore und Wiedervernässungen" mit den Zielen der Niederungsstrategie in Schleswig-Holstein. So reichern wachsende Moore wichtige Nährstoffe wie Stickstoff und Phosphor an, während sich durch deren Entwässerung die Funktion umkehrt. Als Folge der Moorbodendegeneration durch Drainierung und Düngung erhöhen sich die Stoffeinträge in Gewässer bei gleichzeitiger Verminderung organischer Moorsubstanz. Eine Wiedervernässung von Mooren dient auch der Bereitstellung von Rückhalteflächen (Retentionsräume) zum vorsorgenden natürlichen Hochwasserschutz. Eine weitere Verbindung besteht zur „Nationalen Wasserstrategie" mit der Entwicklung einer klimagerechten Wasserinfrastruktur und Landnutzung.

Bei der langfristigen Anpassung der wasserwirtschaftlichen Infrastruktur an den Klimawandel stehen eine Steigerung der Energieeffizienz, eine Verringerung der THG-Emissionen, eine naturnahe Gewässerentwicklung, eine Anbindung von Auen zur Optimierung des natürlichen Wasserhaushalts, unterstützende Maßnahmen zum Klimaschutz durch Moorbodenschutz, zur naturnahen Gewässerentwicklung und zum Binnenhochwasserschutz in Niederungen im Mittelpunkt der Niederungsstrategie des Landes.

Pläne und Strategien gibt es somit viele! Aber diese sind nur gut, je mehr die Kenntnis der natürlichen Landschaftsentwicklung der Niederungsgebiete und der menschlichen Eingriffe wächst. Dazu möchte dieses Buch auf geowissenschaftlicher Basis eine Grundlage bieten.

QUARTÄRGEOLOGIE SCHLESWIG-HOLSTEINS

WIRKUNGEN DER KALTZEITEN AUF DIE LANDSCHAFT

Die heutige Oberflächenformen Schleswig-Holsteins formten maßgeblich erdgeschichtliche Vorgänge des vor 2,588 Millionen Jahren beginnenden Quartärs. Während dieses geologischen Zeitalters wechselten sich Kaltzeiten *(Glaziale)* und Warmzeiten *(Interglaziale)* ab, die sich ihrerseits in kürzere Kaltphasen *(Stadiale)* und Warmphasen *(Interstadiale)* untergliedern.[15] Das zyklische Auftreten der Kaltzeiten hängt mit Abweichungen der Erdbahn und Aktivitätszyklen der Sonne zusammen. In Nordeuropa trug auch die Veränderung des Golfstromes dazu bei.[16] Da Mitteleuropa vom Atlantik während der Kaltzeiten aufgrund des niedrigen Meeresspiegels weiter entfernt war als heute, regnete und schneite es im kontinentalen Klima weniger. Dennoch war es so kalt, dass die angewachsenen skandinavischen Gletscher wiederholt bis nach Schleswig-Holstein vorstießen. Jedes Jahr bildete sich im Winter mehr Eis als im Sommer abtaute. Während die Gletscher im Nährgebiet der Hochflächen Skandinaviens Höhen von über 3.000 m aufwiesen, besaßen sie in ihren schleswig-holsteinischen Zehr- bzw. Abschmelzgebieten noch Höhen von 300 bis 500 m.[17]

Das Inlandeis schürfte von den Gebirgen Skandinaviens Gesteine wie Granite, Schiefer, Basalte oder Sandsteine ab und transportierte diese bis nach Schleswig-Holstein. Der in Skandinavien und auf seinem Transportweg abgeschliffene Geschiebemergel wurde an den Rändern der Gletscher als End- und Seitenmoränen und unter diesen als Grundmoränen abgelagert. Während bei einer Satzendmoräne vorübergehend ein Gleichgewicht zwischen Eisnachschub vom Nährgebiet und Abschmelzen im Zehrgebiet herrschte, staute der vorwärtsdrängende Gletscher bei einer Stauchendmoräne Moränenschutt auf. Zu diesen gehören beispielsweise die in der Weichsel-Kaltzeit entstandenen über 100 m hohen Fröruper und Hüttener Berge. Den Untergrund der Gletscherzungenbecken schürfte fließendes Wasser aus, in denen sich nach dem Abtauen der Gletscher Seen bildeten. So entstand die ostholsteinische Seenplatte.[18]

Weitere Ausschürfungen im Untergrund der Gletscher bilden die Tunneltäler der Grundmoränen zur Ableitung des Schmelzwassers. In der Grundmoränenlandschaft finden sich ferner langgestreckte und geschwungene Aufschüttungen von Schmelzwasserabsätzen (Oser) unterhalb des ehemaligen Gletschereises.[19] Die heute noch in Schleswig-Holstein erhaltenen Oser stammen aus der letzten Phase der Weichsel-Kaltzeit.[20] Im Bereich der Grundmoränen überfuhr der Gletscher öfter sein eigenes Toteis und bedeckte es mit Schutt. Dieser brach bei wärmeren Temperaturen ein, sodass sich die Toteislöcher mit Wasser füllten. In diesen bildeten sich während des schnellen Abtauens im Frühjahr und Sommer dicke Schichten hellgelben, groben Sandes. Schmolz das Eis im Herbst langsamer, lagerte sich dunkelbrauner, feiner Lehm ab. Solche Jahresablagerungen (Warven) erreichen an der Flensburger Förde Mächtigkeiten von bis zu 18 m.

Während der Sommermonate schmolz das Eis an der Oberfläche und den Rändern, das Schmelzwasser stürzte in aufgerissene Gletscherspalten und kolkte diese oft bis zum Grund des Gletschers aus. Dort vereinigte sich das Oberflächenschmelzwasser mit dem von der Gletscherbasis und floss zum Gletscherrand, wo es austrat. Der gebräuchliche Begriff der Gletschertore ist für das Flachland unpräzise, denn das Inlandeis taute von der Oberfläche und vom Fuß des Eisrandes her ab. Das Schmelzwasser sammelte sich in vielen Rinnen und stieg am Gletscherende in den Tälern der späteren Förden aus Eiskarstquellen im Bereich des Grundwassers auf. Infolge des hydrostatischen Drucks des im Tunnelsystem gesammelten Wassers sprudelte dieses eher gleich einer Fontäne hoch.[21]

Infolge des großen Drucks konnte das Wasser sogar aufwärts fließen. Es riss kleineren Moränenschutt ebenso wie größere Findlinge mit sich. Das Wasser durchstieß die Endmoränen und breitete sich weiter aus. Befreit vom Druck des Gletschertunnels verlor es an Transportkraft und lagerte mitgerissenes Moränenmaterial ab. Nahe von Gletscheraustrittsstellen blieb das größte und schwerste Gesteinsmaterial liegen, während mit wachsender Entfernung vom Eisrand die Korngröße der Ablagerungen abnimmt. Tone und Schluffe als feinste Bestandteile schwemmte das Schmelzwasser weiter fort und lagerte es als Kiese und Sande ab. In den wärmeren Jahresabschnitten mit hohem Schmelzwasserabfluss kam gröberes Material zur Ablagerung, während sich in kälteren

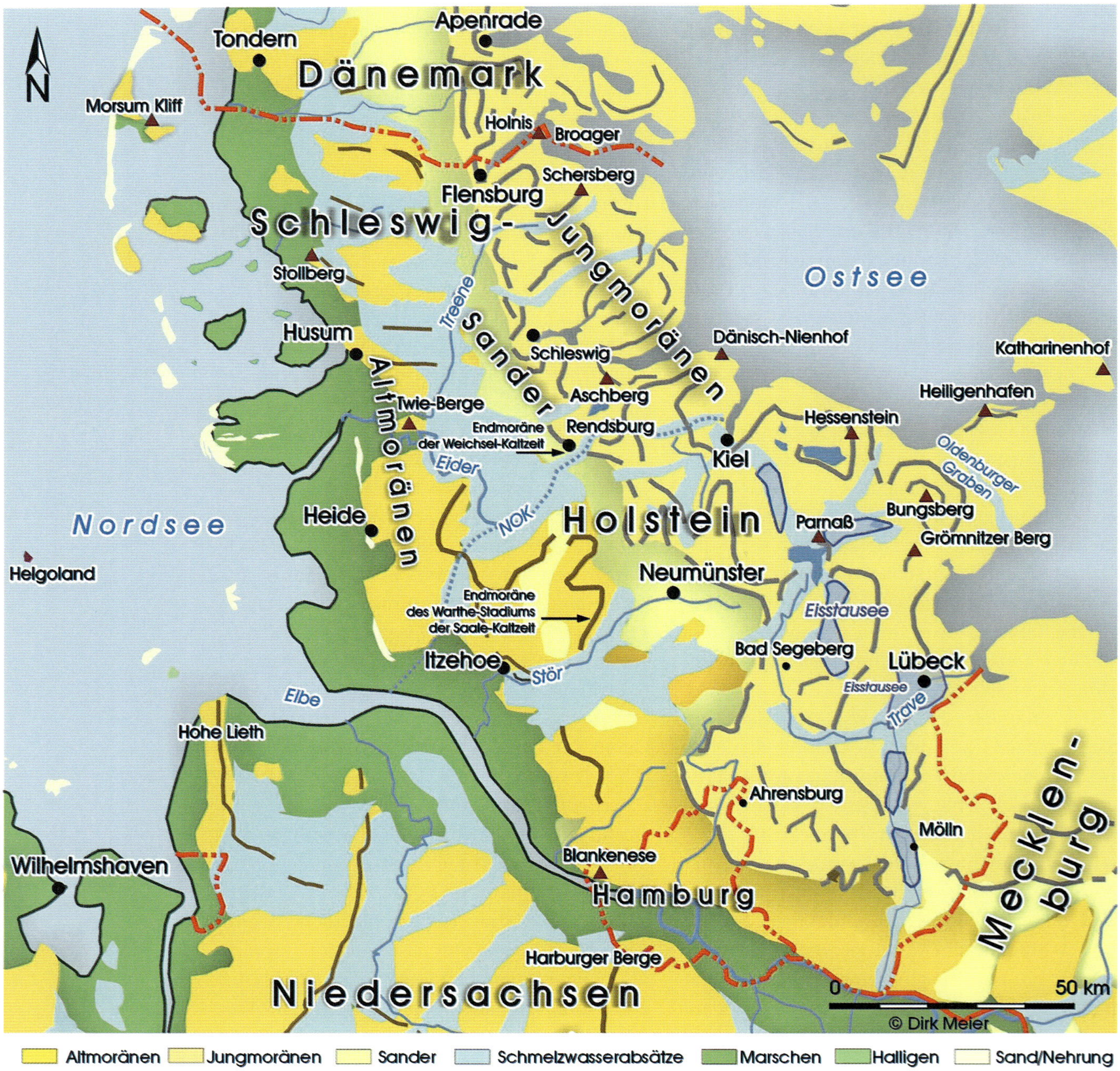

Die Morphologie Schleswig-Holsteins prägen Altmoränen der Saale-Kaltzeit im Westen, Jungmoränen der Weichsel-Kaltzeit im Osten, Sander auf dem Mittelrücken und Niederungen mit Schmelzwasserabsätzen, die in der Nacheiszeit vermoorten.

Phasen Feinsande, Schluffe und Tone anhäuften. Der Schmelzwasserstrom zerkleinerte kantiges Material und rundete es ab. Dazu trugen neben dem Wassertransport auch vorbeirauschendes, schmirgelndes Kies- und Sandmaterial bei. Milchig trübes Schmelzwasser floss so größeren Schmelzwassertälern zu.

Die Kräfte von Wasser und Wind wirkten auf die Sandgebiete vor den Gletscherrändern stärker ein als dort, wo sich geschlossene Pflanzendecken befanden. Nur im Sommer tauten die Permafrostböden auf, Eiskeile rissen den Boden auf und zersprengten die Gerölle, die Wind und Wetter weiterbearbeiteten. Über den angetauten Dauerfrostböden kam es im Sommer zu Hangrutschungen und Erdfließen *(Solifluktion)*, Abtragungen *(Erosion)* und Auffüllungen von Senken.[22] Erosive Kräfte ebneten alle Geländeformationen und nicht vom Eis bedeckte Moränenschuttmassen ein. Froren die wasserhaltigen Böden im Winter wieder, traten Pressungen zwischen der sommerlichen Oberfläche des Dauerfrostbodens unten und einer neuen Frostschicht oben auf.

In von Dauerfrost gekennzeichneten Periglazial Gebieten nahe des Eisrandes häuften Winde verblasenen Sand von Gletscherrändern zu Flugsanddecken und Dünen zwischen flachen Ausblasungsmulden auf. Diese wehten feinen Staub weiter weg und deponierten ihn in Tälern und Senken zwischen den Mittelgebirgen als fruchtbare Lößdecken. Staubstürme wehten über die nur spärlich bewachsene Landschaft.

Die Vegetation vor dem Gletscherrand prägten Zwergbirke, Silberwurz, Beifuß, Sonnenröschen und Gänsefuß. Während jeder längeren Kaltzeit wichen Pflanzen und Tiere nach Süden zurück und fanden Refugien im mediterranen Raum. Mit wärmerem Klima kehrten viele über ihre Ausbreitungswege um die Alpen herum über das Rhonetal im Westen und Donaubecken im Osten nach Norden zurück, wenn sich auch ihr Artenreichtum von Warmzeit zu Warmzeit verringerte. Tanne, Fichte und Kiefern, Erlen, Birken, Haselnuss, Ulmen, Weiden, Linden, Weiden und Hainbuchen sind die letzten Vertreter einer artenreicheren Tertiärvegetation.

ELSTER-KALTZEIT

Nachdem sich bereits im Miozän Hinweise auf eine Klimaabkühlung finden und es in dem noch warmen Pliozän zwischen 5,332 und 2,588 Millionen Jahren global zu Klimaschwankungen und periodischen Vergletscherungen kam, drangen erstmals während der Elster-Kaltzeit aus Skandinavien Gletscher bis nach Norddeutschland vor und erreichten die Mittelgebirge.[23] Die Datierung dieser Kaltzeit ist aufgrund fehlender absoluter Datierungsmöglichkeiten eiszeitlicher Sedimente umstritten, da die Altersangaben auf einer Korrelation mit etwas jüngeren Ablagerungen der nachfolgenden Holstein-Warmzeit beruhen. Nach der

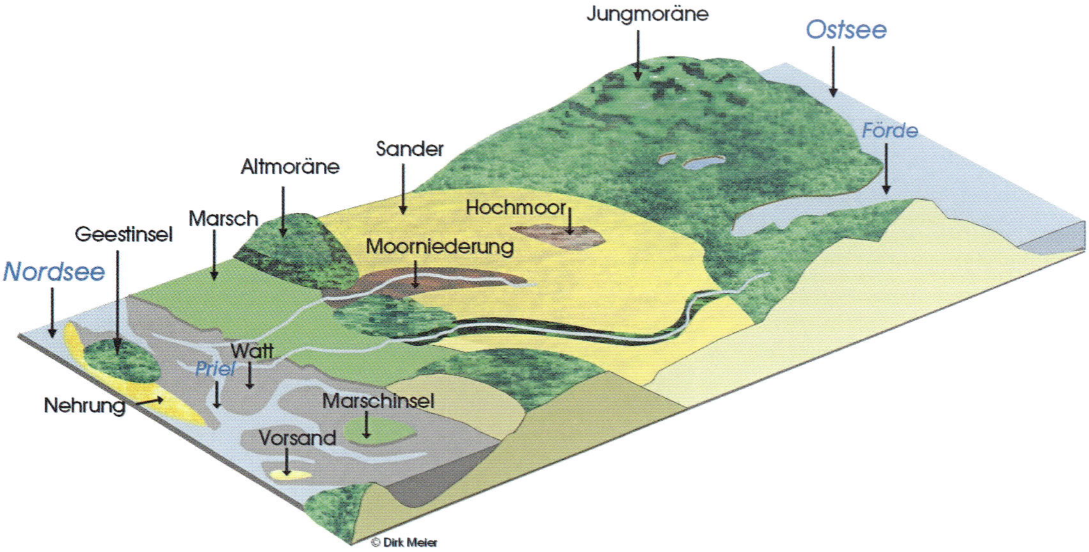

Modellhafter Landschaftsquerschnitt von Schleswig-Holstein von der Nordsee zur Ostsee.

Blick von den Altmoränen der Saale-Kaltzeit (Stapelhom) auf die Eiderniederung. Foto: Dirk Meier

international gebräuchlichen Datierung, die auf globalen marinen Sauerstoff-Isotopenstufen basiert, wird die Elster-Kaltzeit in Mitteleuropa teilweise mit der Sauerstoffisotopen-Zone MIS 10 korreliert und zwischen 400.000 bis 320.000 Jahre vor heute datiert. Bei einer Einstufung des Holstein Ablagerungen in die MIS-Stufe 11 ergäbe sich für die Elster-Kaltzeit ein Beginn vor 424.000 Jahren bzw. in die MIS-Stufe 12 vor 478.000 Jahren mit einem Höhepunkt um 430.000 Jahre vor heute.[24] Deren Gletscher beseitigten ältere Schichten des Quartärs. Das Eis bedeckte auch den heutigen Nordseeraum. Da so der Abfluss in den Norden versperrt war, bildete sich vor dem südlichen Eisrand ein großer Eisstausee, der dann eine Geländeschwelle durchstieß und im erst später entstandenen Ärmelkanal ein großes Flusssystem schuf. Auch das Flusssystem in Norddeutschland änderte sich. Die vom Schmelzwasser des Inlandeises abgelagerten Sande und Kiese der Elster-Kaltzeit bedecken überwiegend solche der jüngeren Kaltzeiten.[25]

Beim Abtauen der Elster-Gletscher entstanden tiefe, 2 bis 4 km breite, später mit Grob- und Feinsand, Schluffen und Beckentonen verfüllte, netzartige Rinnen, die Nordwestdeutschland und angrenzende Teile des Nordseebeckens in nord-südlicher Richtung durchziehen. Der örtlich begrenzte Lauenburger Ton lagerte sich am Ende der Elster-Kaltzeit in von Eis ausgeschürften Hohlformen im Binnenland durch das Schmelzwasser als Beckensediment ab und kann Mächtigkeiten von über 100 m erreichen. Solche Tone befinden sich oberhalb sandiger Ablagerungen auch in Eisstauseen am schmelzenden Gletscherrand. Der Lauenburger Ton dürfte im Hamburger Raum in einem Zeitraum von etwa 2.000 Jahren sedimentiert worden sein. Dessen im Jahr 1900 eingeführte Bezeichnung geht auf die gleichnamige Stadt an der Elbe zurück, wo Vorkommen dieses schwach schluffigen grauen bis schwarzen Materials mit schwachem Kalkgehalt auftreten. Graue Farbtöne deuten auf einen geringen Feinsandanteil hin. Während der Saale-Kaltzeit und teilweise auch während der Weichsel-Kaltzeit wurden die elster-kaltzeitlichen Ablagerungen erneut von Eis bedeckt. Selten liegen jedoch die geologischen Schichten ungestört übereinander, vielmehr hat das Gletschereis jüngerer Kaltzeiten ältere Tonschollen aus dem Verband gelöst, verfrachtet und erneut aufgestaucht. In Bohrungen für den ElbB-Tunnel der Firma Amprion ist wie auch beim ElbX-Tunnel der TenneT Lauenburger Ton durchschnittlich zwischen NHN -30 m und -32 m, aber auch tiefer angetroffen worden.[26]

HOLSTEIN-WARMZEIT

Im Unterschied zum binnenländischen Lauenburger-Ton weist der ebenfalls schwach schluffige Holstein-Ton marine Schnecken- und Muschelschalen auf. Diesen beschrieb erstmals 1894 der schottische Geologe Archibald Geikie in westholsteinischen Ziegeleigruben als *Holstein beds*.[27] Der von Gletschern hoch gepresste Ton entstand infolge der Überflutung während der Holstein-Warmzeit, als das Meer nach der Saale-Kaltzeit erstmals seit dem Miozän einen Teil Holsteins überschwemmte. Nach den verbesserten Methoden der Altersbestimmung ist für Mitteleuropa die Sauerstoff-Isotopenstufe 9.3 für die Holstein-Warmzeit wahrscheinlich. Danach begann diese vor ca. 320.000 und endete vor ca. 300.000 Jahren.[28] Im Gebiet der heutigen Elbe reichte eine Bucht bis nach Wittenberge, wo eine breite Verbindung bis in den Raum der heutigen Lübecker Bucht existierte.[29] Im Nordwesten verlief die Küstenlinie im Vorfeld der heutigen Ostfriesischen Inseln. Marine Ablagerungen lassen sich landeinwärts bis in das holsteinische Kellinghusen verfolgen. Dieser frühe Meeresvorstoß *(Transgression)* ist das Resultat der isostatischen Absenkung der Landoberfläche infolge der vorausgegangenen Eislast und des Anstiegs des Meeresspiegels verbunden mit der Gletscherschmelze.

Vergleicht man die Küste des Holstein-Meeres mit den Salzstrukturen und dem tektonischen Bau des Erduntergrundes ergeben sich Parallelen. So spiegelt etwa die nach Südholstein reichende Bucht des Meeres die tektonische Grenze zwischen der Formation des Ostholstein-Blocks und der mittelholsteinischen Scholle wider. Der Unterelberaum diente als Leitbahn dieses Meeresvorstoßes. Das Klima war wärmer als in den beiden nachfolgenden Warmzeiten des Eems und des Holozäns.[30] Nadelwälder, Fichten und Tannen beherrschten neben heute nur submediterran verbreitete Arten, wie vor allem Buchsbaum, Wein und Flügelnuss, prägten die Landschaft Schleswig-Holsteins.

SAALE-KALTZEIT

Die Altmoränen der folgenden Saale-Kaltzeit prägen die heutige Morphologie der schleswig-holsteinischen Westküste und des Unterelbegebietes.[31] Mit der marinen Sauerstoffisotopen-Zone MIS 8 begann sie vor 300.000 Jahren und endete mit der MIS 5e vor 123.000 Jahren. Die heute in der Geologie Saale-Komplex genannte Kaltzeit setzte mit zwei oder drei Warmzeiten ein, bevor sich die Eismassen des Drenthe-Stadiums von Skandinavien bis zum deutschen

Blick von den weichsel-kaltzeitlichen Jungmoränen der Fröruper Berge in die Niederung. Foto: Dirk Meier

Mittelgebirge vorschoben. Diese hinterließen unsortierte Gesteinsschuttmengen neben Schmelzwasserabsätzen. Die Korngrößen reichen von Ton über Sand bis hin zu Gesteinsblöcken. Für die Grund- und Endmoränen ist oft ein kalkhaltiger Geschiebemergel typisch.

In Norddeutschland trennen Schmelzwasserablagerungen drei Moränenstaffeln voneinander, die nach 150.000 Jahren vor heute entstanden.[32] Am Ende der älteren Saale-Kaltzeit schmolzen die Gletscher bis in den Bereich der heutigen Ostsee ab. Die nachfolgende mittlere Saale-Vereisung begann mit erneuter Aufschüttung mächtiger Schmelzwassersande. Es entstanden große, oft mehrere 10 m mächtige Sanderflächen. Die Gletscher stießen südlich des heutigen Elbtals vor und erreichten wohl den Bereich der Altenwaldener Geest südlich von Cuxhaven und prägten in der nördlichen Lüneburger Heide Stauchmoränen aus. Eine Entwässerung der Gletscher in Niedersachsen erfolgte über das Aller-Weser-Urstromtal in Richtung Nordsee. Auch nach dem Ende der Mittleren Saale-Kaltzeit schmolz das Eis wohl wieder bis in den Bereich der mittleren Ostsee ab. Große Mengen zurückbleibenden Toteises überdeckte der jüngere Saale-Eisvorstoß.

Während dieses Warthe-Stadiums vor etwa 130.000 Jahren zog sich der südliche Eisrand in Norddeutschland von Nordostniedersachsen bis zur Lüneburger Heide und weiter bis zur Altmark entlang.[33] Der Abfluss des Schmelzwassers erfolgte erneut über das Aller-Weser-Urstromtal. Zwischen Breslau, Magdeburg und Bremen floss das Schmelzwasser über das Urstromtal der Schwarzen Elster in die Ur-Elbe und von dort über Ohre und die Aller in die Weser. Weitere Schmelzwässer liefen durch einen Teil des Elbtals nordwestlich von Hamburg. Im Hamburger Raum erfolgte der Eisvorstoß aus Osten. Mit wärmerem Klima taute das Eis ab, hinterließ als Moränen Gesteinsschutt in der Landschaft zurück und formte ein bewegtes Relief.

Schuttablagerungen der Saale-Kaltzeit sind in Schleswig-Holstein aufgrund von Überdeckungen durch Jungmoränen der letzten Kaltzeit oberflächig nur in Westholstein, Dithmarschen und Nordfriesland sichtbar.[34] Diese Altmoränen-Staffeln finden ihre Fortsetzung südlich der Elbe in der niedersächsischen Wingst und in Lamstedt. Im Hamburger Gebiet erreicht die saale-kaltzeitliche Schichtenfolge mit ihren Geschiebemergeln eine Mächtigkeit von bis zu 100 m. Das Eis überfuhr die Endmoränen der Harburger Berge und die Göhrde sowie den Wilsener Berg und erreichte das Uelzener Becken. Bei Hamburg-Blankenese treten die Endmoränen des Warthe-Stadiums mit dem 74,7 m hohen Süllberg direkt an die heutige Elbe heran. Während dieser Zeit wurden auch die Altmoränen mit Höhen bis zu 79 m in Süderdithmarschen sowie weiter nördlich in Stapelholm geformt, die südöstlich von Wohlde Höhen von 30 m und westlich von Bergenhusen von 41 m erreichen.[35]

Das Niederungsgebiet der Untereider bildete in dieser Zeit ein Eiszungenbecken. Von den 28,8 m hohen Endmoränen der Twie-Berge (Zwei-Berge) bei Norderstapel übersieht man nach Süden und Osten die Eiderniederung. Bei Stapelholm und Erfde lösen sich die Altmoränen in einzelne Holme auf. Die Höhen bestehen teilweise aus älteren Sanden und Kiesen, Geschiebemergel und Lehm. Abtragungskräfte der nachfolgenden Holstein-Warmzeit und der Weichsel-Kaltzeit ebneten diese ein.[36] Eine südliche Steilkante des Eiderurstromtals ist bei Dörpling-Hohenlieth in Norderdithmarschen erkennbar. Auf dem Geschiebesand liegt hier ein 1 m mächtiger steinreicher Geschiebelehm. Die Niederungen der Tielenau und der Schalkholzer Au als Nebenflüsse der Eider verdanken ihre Entstehung nochmals vorstoßenden Gletscherzungen. Das Schmelzwasser sammelte sich im Eider- und Treene-Gebiet in Tälern, die zur Nordfriesischen Rinne hin entwässerten. Die Ausräumung durch das Schmelzwasser war dabei im Treenetal tiefer als in der Eider. Die Sohle der Ur-Treene reicht zwischen Hollingstedt und Schwabstedt bis 40 m unter die heutige Oberfläche hinab.

Ebenfalls der 53,3 m über NN hohe Sandesberg bei Ostenfeld und der 43,4 m hohe Stollberg bei Bordelum in Nordfriesland entstanden als Endmoränen im Warthe-Stadium und wurden von Schmelzwässern der späteren Weichsel-Kaltzeit teilweise überformt. Bei Schobüll in Nordfriesland und Emmerlev Kliff in Nordschleswig grenzen die Altmoränen ebenso wie auf den Nordfriesischen Inseln Föhr, Amrum und Sylt direkt an die Nordsee.[37]

Die glazialen Ablagerungen des Warthe-Stadiums und des älteren Drenthe-Eisvorstoßes kennzeichnen eine ostbaltische Geschiebegemeinschaft von Åland-Gesteinen, hohen Anteilen grauer paläozoischer Kalksteine und Dolomite, Old Red-Sandsteine sowie Feuersteine. In Schmelzwasserkiesen sinkt infolge der Aufarbeitung von Drenthe-Material die baltische Komponente, während der Gehalt an Flint steigt.[38] Der Geschiebemergel ist meist braunrot bis rotbraun gefärbt („rote Moräne"). Dort, wo die Warthe-Gletscher ausdünnten, entstanden geringmächtige, später abgetragene Grundmoränen. Erst ab 20 bis 30 km vom Maximalrand der Gletscher weisen die Warthe-Grundmoränen größere Mächtigkeiten auf. Aufgrund lückenhafter Vorschuttsedimente befinden sich diese sehr oft auf Sedimenten des älteren Drenthe-Stadials. Deren untere Partien kennzeichnen daher stärker aufgenommenes

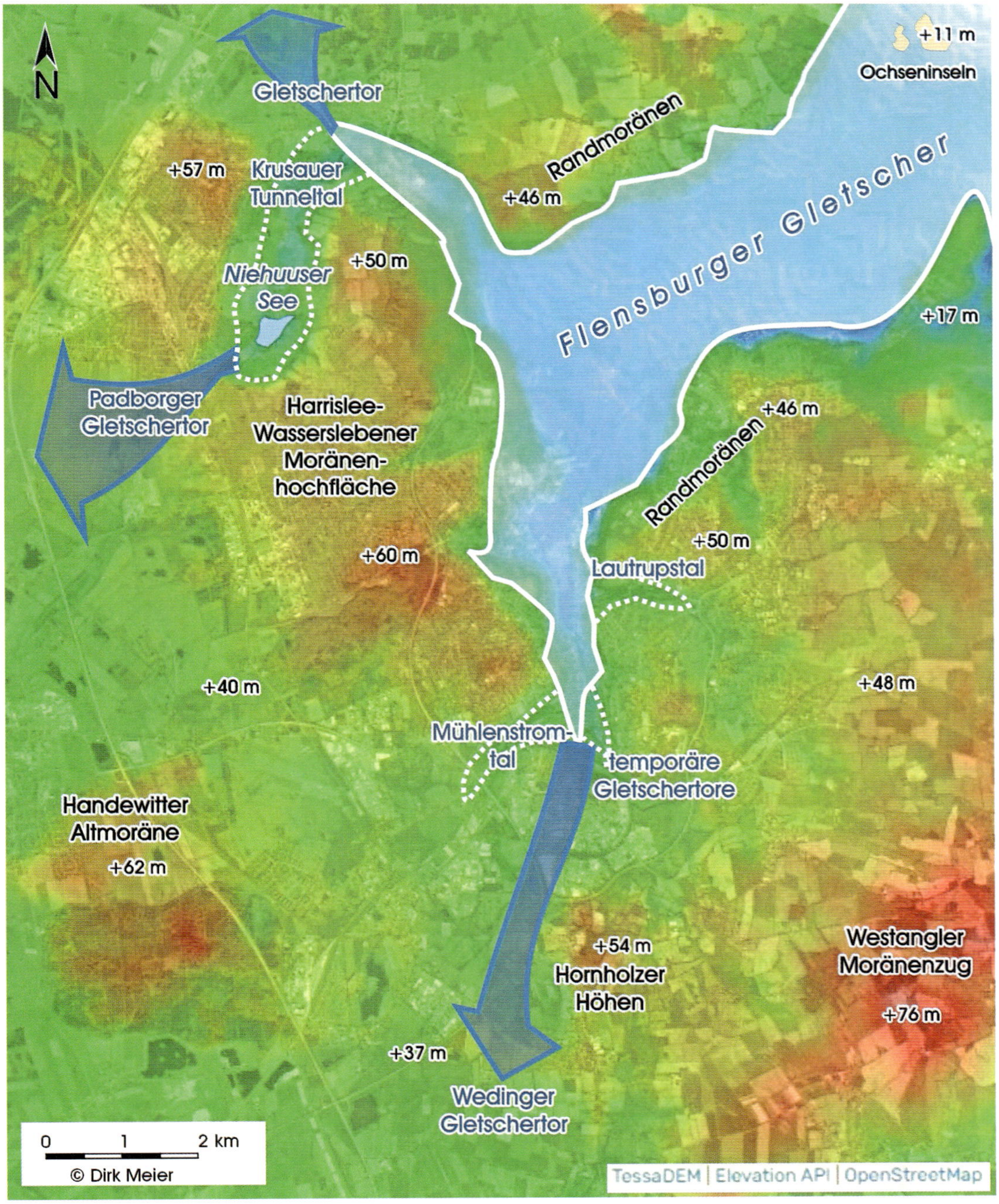

Flensburger Gletscher und Schmelzwasserabflüsse in der Weichsel-Kaltzeit.

Material. Dort, wo die jüngeren Drenthe-Grundmoränen fehlen, stehen auf großen Flächen Drenthe-zeitliche Schmelzwassersedimente oberflächennah an. Dabei sind zwischen jüngerem Drenthe- und Warthe-Stadial meist keine organogenen Bildungen oder Böden bekannt.

Wo Warthe-Geschiebemergel direkt auf jüngeren Drenthe-Moränen liegt, sind in letzterer keine Entkalkungen nachweisbar. Demnach folgen beide Eisvorstöße kurz hintereinander. Ob die Gletscher bis in den Bereich der heutigen östlichen Ostsee zurück schmolzen, wird heute bezweifelt. Wohl eher schmolz das Saale-Inlandeis in einer Niedertaulandschaft an Ort und Stelle ab.[39] Eisspaltenmuster in Form von Tälern mit Entwässerungsrinnen durchzogen die eisfreie Landschaft.

EEM-WARMZEIT

Nachdem es mit dem Eem-Interglazial vor ca. 126.000 oder 123.000 Jahren bis vor 115.000 Jahren wieder wärmer wurde, stieß das Meer erneut in den norddeutschen Raum vor. Da der Meeresspiegelanstieg hinter dem der früheren Holstein-Warmzeit zurückblieb, sind marine Eem-Ablagerungen weniger weit verbreitet.[40] Zur Zeit seiner größten Ausdehnung besaß das Eem-Meer eine ähnliche Ausdehnung wie die heutige Nordsee und füllte auch Talregionen des heutigen Unterelberaumes und Eider-Treene-Gebietes teilweise mit Sedimenten auf. Torfe dieser Warmzeit sind am Elbufer bei Lauenburg aufgeschlossen. Im niedersächsischen Elbmündungsgebiet wurden brackisch-marine Eem-Schichten bei Bohrungen unter fluviatilen Sanden der nachfolgenden Weichsel-Kaltzeit in einer Tiefe von NN -21 bis -25 m als Schluffe mit Schill und Muscheln angetroffen. Darunter befinden sich Schmelzwassersande und Geschiebemergel des Drenthe-Stadiums der vorausgegangenen Saale-Kaltzeit. Oft wurden Absätze des Eem-Meeres durch die Auswirkungen der nachfolgenden Kaltzeit erodiert. In dieser Zeit suchten Neandertaler den norddeutschen Raum auf. Ein bekannter Fundplatz in Schleswig-Holstein ist Drelsdorf in Nordfriesland, wo sich am östlichen Ausläufer einer Altmoräne ein See befand.[41]

WEICHSEL-KALTZEIT

Pollenanalysen und Untersuchungen von Bohrkernen aus Eifel-Maaren belegen während des Überganges von der Eem-Warmzeit zur

Blick von den Randmoränen auf die Flensburger Förde mit den Ochseninseln, einem ehemaligen Eisschürfbecken der Weichsel-Kaltzeit. Foto: Dirk Meier

nachfolgenden Weichsel-Kaltzeit vor ca. 115.000 Jahren eine mehrhundertjährige Trockenphase. Die Gletscher der Weichsel-Kaltzeit erfassten zwar das östliche Hügelland Schleswig-Holsteins, nicht jedoch die Westküste und das Unterelbegebiet. Das Weichsel-Frühglazial nach dem Herning-Stadial vor 115.000 Jahren prägten hintereinander die Interstadiale von Brörup und Odderade, in denen Schleswig-Holstein bis vor 71.000 Jahren (Marine Isotopenstufen/MIS 5d bis 5a) eisfrei blieb. Das danach vorstoßende skandinavische Inlandeis gliederte sich in zahlreiche Eisströme, deren Bewegungen vom subglazialen Relief, der Temperatur des Gletschers und regionalen Klimabedingungen abhingen.[42]

Während der mittleren Weichsel-Kaltzeit vor 71.000 bis 57.000 Jahren (MIS 4) erfolgte ein erster großer Kälteeinbruch mit einer erheblichen Ausdehnung des skandinavischen Inlandeisschildes, bei der Gletscher in das nördliche Mecklenburg und das nordwestliche Brandenburg vorstießen. Der bis Jütland reichende früheste Weichselvorstoß ist in Schleswig-Holstein bislang nicht sicher belegt. Wohl zeitgleich abgelagerte glazialfluviatile Sande ergaben hier nach der Kalium-Argon-Datierung ein Alter von 70.000 bis 50.000 Jahren vor heu-

Tunneltal der Weichsel-Kaltzeit eingerahmt von den kuppigen Jungmoränen der Weichsel-Kaltzeit bei Krusau. Foto: Dirk Meier

te.[43] Das Gebiet wurde später erneut von Eis überfahren.

Die frühere Auffassung einer weitgehenden Synchronität von Eisrandlagen über größere Distanzen lässt sich heute aufgrund besserer Datierungsmethoden und Untersuchungen zur Inlands- und Gletscherdynamik nicht mehr so aufrechterhalten. Die klassischen Eisrandlagen der Weichsel-Kaltzeit sind das Brandenburger Stadium, das Frankfurter Stadium, das Pommersche-Stadium und das Mecklenburger Stadium bzw. die Rosenthaler Staffel.

Die meisten Geologen datieren den Brandenburger Eisvorstoß in die Norddeutsche Tiefebene auf kurz nach 25.000±1.000 Jahre vor heute, der dann um 22.000±500 Jahren vor heute seine maximale Ausdehnung erreichte.[44] Damit hatte zugleich das Fennoskandische Inlandeis seine größte Ausdehnung erreicht. Der Brandenburger Eisvorstoß könnte auch früher erfolgt sein als bislang angenommen. Mit Altersangaben von 34.930±6.900 und 27.700±4.000 Jahren vor heute läge dieser 5.000 bis 10.000 Jahre vor dem weichselzeitlichen Vereisungsmaximum.[45] Dieser folgte wohl einem älteren kurzlebigeren vor 57.000 Jahren (MIS 3) oder vor 29.000 Jahren (frühes MIS 2). Während der Hochphasen der letzten Kaltzeit, in denen sich die Schneefallgrenze stark senkte und sich die Durchschnittstemperaturen um etwa 4 Grad Celsius verringerten, war das Gebiet der heutigen Ostsee von einem mehrere 1.000 m dicken Eisschild bedeckt, dessen Ursprung im skandinavischen Gebirge lag.[46] Von dort schoben sich die Gletscher vor allem nach Osten und Süden vor. Dabei schürften sie das Ostsee-Becken aus und schoben Massen von Gesteinsgrus mit feinen Tonpartikeln bis zu riesigen Findlingen vor sich her.

Vor 57.000 Jahren (MIS 3) setzte ein Wechsel kühlerer Stadiale und wärmerer Interstadiale ein. Die folgenden Eisvorstöße vor 29.000 Jahren (MIS 2) schufen im Wesentlichen die heutige Jungmoränenlandschaft des östlichen Schleswig-Holsteins. Hier zeichnen sich erst die baltischen und jungbaltischen Eisvorstöße ab, wie sie mit dem Frankfurter Stadium vor 22.000 bis 20.000 Jahren vor heute und dem Pommerschen Stadium vor 18.200 bis 15.000 Jahren belegt sind. Während des Frankfurter Stadiums entstanden die Endmoränen zwischen Frankfurt an der Oder über Schwerin bis Kiel. Vor diesen erstreckten sich ausgedehnte Sander, die von der schleswig-holsteinischen niederen Geest zwischen den Jung- und Altmoränen bis nördlich von Berlin reichen. Nach dem Frankfurter Stadium erfolgte ein starker Eisrückgang.

Ein eigenständiger Eisvorstoß formte die Pommersche Eisrandlage, der deutliche Endmoränen bzw. Stauchmoränen ausbildete. Schmelzwassererosionen ließen Seen entstehen. Die Datierungen dieser Phase reichen von 20.100/18.000 bis 17.000 Jahre bis 16.500 Jah-

Blick auf den Niehuuser See, Rest eines Eisstausees aus dem Ende der Weichsel-Kaltzeit. Foto: Dirk Meier

re vor heute.[47] Deren Gletscher reichten vom Oderknie bei Eberswalde bis nach Lübeck-Travemünde und formten an der Ostküste Schleswig-Holsteins die Förden als U-förmig ausgeschliffene Täler in der Grundmoränenlandschaft.[48]

In Ostholstein und Lauenburg gliedern sich die Endmoränen nach traditioneller Einteilung in drei Haupteisrandlagen. Die äußere Randlage (A-Moränen), die man mit dem Frankfurter-Stadium verbinden kann, markieren mehrere Staffeln bei Mölln, Ahrensburg und Bad Segeberg. Die in der Regel östlich der A-Moränen verlaufende M-Moränenstaffel, die dem Pommerschen Stadium entspricht, charakterisiert die Eisrandlage nördlich von Bad-Segeberg. Entlang der Ostseeküste verlaufen die I-Endmoränen mit kleineren, sich auflösenden Gletscherzungen, die noch zum Pommerschen-Stadium gehören.[49] Zwischen Rendsburg und Apenrade reichen die I-Moränen weiter nach Westen.[50] Der letzte Eisvorstoß zwischen etwa 15.000 und 13.000 Jahren hinterließ in Schleswig-Holstein nur schwache Spuren.

Zwischen den Eisrandlagen des Frankfurter und Pommerschen Stadiums erstrecken sich Mecklenburgische und die Ostholsteinische Seenplatte. Die Stauchendmoräne des Pommerschen Stadiums greift am Ratzeburger See von Mecklenburg nach Holstein über. Südlich des ostholsteinischen Seengebietes schuf der Gletscher einen breiten Moränenzug. Dessen Eiszunge schürfte die Hohlformen von Plöner See bis zum Dieksee aus. Die Eutiner Eiszunge bildete die Becken des Eutiner und Keller Sees. Die in der Saale-Kaltzeit geformte Endmoräne des Bungsbergs umlagerten die Preetz-Plöner und Eutiner Eiszunge, deren Reste als Grundmoränen zurückblieben. Der Bungsberg ragte aus dem umgebenden Eis als isolierter Berg *(Nunatak)* heraus. Flachwellige Grundmoränenlandschaften prägen auch das Gebiet um Oldenburg und auf Fehmarn.[51]

Westlich von Heiligenhafen an der Hohwachter Bucht dokumentieren Jungmoränen aus verschiedenen Richtungen vorgestoßene Gletscherzungen. An diese schließen sich ältere Stauchendmoränen im Westen und Norden an.[52] Bei Dänisch-Nienhof, in Schwansen oder an der Flensburger Förde finden sich eindrucksvolle Steilküsten der Jungmoränenlandschaft.[53] Die Moränen zwischen der Schlei und der Eckernförder Bucht wurden meist in Kerben des abschmelzenden Eises abgelagert. Das deutliche Relief entstand durch die Energie wechselnder Stauchendmoränen, Binnensander und Gletscherzungenbecken. Weitere Stauchendmoränen bilden der 98 m hohe Aschberg im Naturpark Hüttener Berge, die Moränen am Westensee zwischen Rendsburg und Eckernförde sowie die Duvenstedter und Fröruper Berge.[54]

Das Rückschmelzen des Eises erfolgte nicht kontinuierlich. Kältere Abschnitte am Ende der letzten Kaltzeit führten immer wieder zu Gletschervorstößen, die im Grundmoränengebiet Endmoränenzüge als Rückzugsstaffeln hinterließen. Zu solchen gehören in Ostholstein der Gömnitzer Berg (94 m) bei Neustadt und der Pils Berg (128 m) mit dem Aussichtsturm Hessenstein bei Gut Panker, der Parnaß (64 m) in Plön oder der Schersberg (71 m) in Angeln. Während der Gletscherrückschmelze nahmen tiefschürfende Eiszungen örtliche Geschiebe auf, während Ferngeschiebe größere Gletschereinheiten räumlich und zeitlich gliederten.[55]

Die Schmelzwässer folgen unter Bildung großer Sander älteren saale-kaltzeitlichen Schmelzwassertälern. Sie räumten Teile der Eem-Ablagerungen aus und lagerten Talsande und Beckentone ab. Wo die Schmelzwasserströme Altmoränen, wie in der Eider-Treene-Region, erodierten, finden sich Geestinseln (Holme).[56] Die Entwässerung der jüngeren Eisrandlagen erfolgte in einer Niedertaulandschaft, wo ein flächenhafter Schwund des den Untergrund unzureichend abdeckenden Eises eintrat. Unter dem Eis formte das Schmelzwasser in Hohlräumen tunnelartige Kanäle. Als das Eis taute, drang mit wärmerem Klima im Verlauf der Ostseeentwicklung Wasser in die bis 20 m tiefen, durch Gletscherschurf und Schmelzwasser ausgeformten Täler unter den Grundmoränen ein und formte die heutigen Buchten und Förden an der schleswig-holsteinischen Ostseeküste, die überwiegend von Ostnordost nach Westsüdwest ausgerichtet sind.

Die Flensburger Innenförde mit ihren steil aufragenden Randmoränen bildet in ihrem westlichen Teil bis zur Südspitze von Broager ein ehemaliges Eisschürfbecken, das seine Form im Weichsel-Hochglazial und Spätglazial erhielt. In seinem weiteren Verlauf entwickelte es sich zu einem Tunneltal, das große Mengen Schmelzwassers tief und breit ausräumten. Der Förde-Gletscher stieß in breiter Front auf den sperrenden Querriegel der Harrislee-Wasserslebener Moränenhochfläche, drang aber während des Weichsel-Hochglazials über diesen bis nach Ellund vor und lagerte Blockschutt und Mergel ab. Die Entwässerung des an seinem Ende zweigeteilten Fördegletschers erfolgte durch Gletscheraustritte im Bereich des Krusauer-Niehuuser Tunneltals, bei Padborg sowie im Süden zwischen Jarplund und Weding zwischen den Moränenhochflächen. Dabei lagen die Schmelzwassertore etwa 35 m höher als die Gletschersohle. Nördlich von Flensburg durchfließt die Krusau ihr Tal in entgegengesetzter Richtung der Fließrichtung des ehemaligen Flensburger Gletschers. Unweit des Tunneltals liegt mit dem Niehuuser See der Rest eines Eisstausees. Im Süden der Flensburger Förde erstreckt sich das ausgeprägte Erosionstal des Mühlenstroms, in dem sich am Ende der Weichsel-Kaltzeit die Entwässerung ebenfalls umkehrte, sodass das Wasser in die Förde abfloss. Am Flensburger Ostufer mündet das Erosionstal des Lautrupbaches in die Förde.[57]

Weiter südlich folgte die Treene der westlichen Treßsee-Niederung, durchstieß dann den Endmoränenbogen der Fröruper Berge mit seinen in der Nacheiszeit vermoorten Senken und ergoss sich in den Raum der heutigen Ihlensee-Niederung. Infolge der Stromberuhigung schufen die mitgeführten Sedimente den Treenesander. Kies und Sand wurden in den Fröruper Bergen ebenso abgetragen wie noch heute auf dem Flensburger Sander zwischen Weiche, Wanderup, Harrislee und Ellund.

Weitere Gletscherschürfbecken bilden die Eckernförder Bucht, die Kieler Förde und Lübecker Bucht. Das Windebyer Noor als glaziales Ende der Eckernförder Bucht entstand als Zungenbecken zu einer Zeit, in der sich der Ostseegroßgletscher in Schleswig-Holstein in den Holsteiner und Eckernförder Gletscher teilte.[58] Ein anderer bildete mit seiner Schmelzwasserrinne die Kieler Förde mit ihren Seitenmoränen aus, zu denen der Hornheimer Riegel gehört. Letzterer verhinderte in der Nacheiszeit, dass die Eider in die Kieler Förde floss.[59] Durch Strandwälle abgeschnürte ehemalige Förden in Eiszungenbecken bilden der Hemmelsdorfer See nördlich von Lübeck und der untere Teil der Trave.[60]

Die Schlei ist keine eigentliche Förde, da sie nicht wie die Flensburger und Kieler Förde durch Gletscherschurf einer Gletscherzunge entstand, sondern lediglich dem Abfluss des Schmelzwassers diente.[61] Zu anderen glazialen Tunneltälern zählen das Ahrensburger Tunneltal oder der Langsee in Angeln, der seine Entstehung einer subglazialen Schmelzwasserrinne verdankt.[62]

Der Hauptabfluss des Schmelzwassers vom Eisrand im östlichen Schleswig-Holstein erfolgte im Norden über das Soholmer Au-Gebiet zur Nordfriesischen Rinne, im Westen über Eider und Treene zur Nordmann Rinne und im Südwesten über Stör, Alster, Bille und Stecknitz zum Elbeurstromtal. Dieses entstand wahrscheinlich vor 24.000 und 22.000 Jahren und führte die Schmelzwässer in das Nordseebecken ab. Die Basis des Elbeurstromtals ist bei Lauenburg etwas über NN nachgewiesen und sinkt dann von etwa NN -10 m im Hamburger Hafen auf -40 m bei Cuxhaven ab und liegt südwestlich von Helgoland bei -56 m. Hier verbreitert sich das Tal von 25 auf 40 km. Dessen Ufer begleitet eine unterschiedlich breite Terrasse. Schwache Erhebungen im alten Flussbett deuten auf Sandbänke hin. Die weichsel-kaltzeitliche Landschaft bedecken südwestlich von Helgoland etwa 4,5 m und im Bereich der Weißen Bank etwa 16 m mächtige nacheiszeitliche Meeressedimente. Die Mündung des Elbeurstomtals lag um 9.600 v. Chr. nordöstlich der Doggerbank.[63]

In dieses mündete etwa 50 km nordwestlich von Helgoland das Eidertal. Nördlich des Steingrundes flossen hier noch vor 14.000 Jahren Schmelzwässer durch die Sanderebene. Von Norden her brachte der Flensburger Gletscher Schwemmaterial hierher. In die bis 37 m über NN hohen Sandmassen des Flensburger Sanders drang der Schmelzwasserstrom der Ur-Treene ein. Während die Wurzel des Kegelsandes vor dem Owschlager Gletschertor noch

Die Eider bei Hamdorf. Foto: Dirk Meier

eine Höhe von 19 m erreicht, weist der Sorge-Sander nur Höhen von 10 bis 13 m auf. Schmelzwasser von Toteis füllten die vom Eis hinterlassenen Hohlformen auf, sodass sich in Lauenburg, in Ostholstein und im östlichen Schleswig Eisstauseen bildeten. Der größte Eisstausee bildet das Lübecker Becken. Infolge der Gletscherrückschmelze entstanden Zungenbeckenseen in Lauenburg und in Ostholstein. Schmelzwässer formten auch in langschmalen Tälern Rinnseen, die oft Flussläufe verbinden.

Mit den Schmelzwasserströmen verbreitete sich das fortgeschwemmte Gesteinsmaterial der Gletscher. Zugleich wurden große Mengen an Sand weit verblasen. So bildeten sich Flugsanddecken und aufgewehte Binnendünen, die im frühen Holozän schließlich zur Trennung und Herausbildung der heutigen Gewässersysteme von Eider, Treene und Sorge führten.[64] Zu den größeren, von Schmelzwasserströmen getrennten Sandern gehören der Flensburger Sander im Treene-Tal, der Sorge- und Eider-Sander, die holsteinischen Sander an der Stör und Bramau, die Rinnensander von Alster, Wandse und Bille in Südholstein sowie der Möllner Sander in Lauenburg.[65] In die etwa NN +20 m hohe Flensburger bzw. mittelschleswigsche Sandergeest schnitt die Treene ein 6 m tiefes Tal ein.

Als die Gletscher der Weichsel-Kaltzeit endgültig zurückschmolzen, verlagerte sich der Schmelzwasserabfluss an den Rand der heutigen Ostsee, sodass sich die Wassermassen im Eider-Treene-Sorge-Gebiet und im Unterelberaum verringerten. Mitgeführte Kiese und Schotter füllten die alten Schmelzwassertäler teilweise auf. Erodierende Gletscherwinde beeinflussten die früher von der Gletscherlast befreiten Gebiete länger. Je später das Land eisfrei wurde, desto höher ist die Bodenfruchtbarkeit. Der Dauerfrost verschwand nur langsam aus den Böden. Klimatisch herrschten während der kalten Stadien der letzten Kaltzeit im Bereich der Norddeutschen Tiefebene überwiegend periglaziale Verhältnisse. Mit der vor 18.000 Jahren einsetzenden Klimaerwärmung schmolzen die Gletscher ab, und der Eisrand verlagerte sich weiter nach Norden. Diese Phase des Spätglazials dauerte etwa 10.000 Jahre. Um 9.700 v. Chr. beginnt das Holozän.

BILDUNG DER NORD- UND OSTSEEKÜSTE

HOLOZÄNER MEERESSPIEGELANSTIEG

Während des Weichsel-Hochglazials vor etwa 24.000 Jahren war der Meeresspiegel auf etwa 110 bis 130 m unter das heutige Niveau gesunken. Während dieser Zeit verlief die Küstenlinie der Nordsee weit nördlich der Doggerbank. Mit der Wiedererwärmung und dem Abschmelzen der nordamerikamischen Gletscher sowie des fennoskandischen Eisschildes stieg der Meeresspiegel sehr schnell an, und das Nordseebecken mit seinen von Schmelzwasserrinnen durchzogenen ausgedehnten Sanderflächen wurde überflutet.[66]

Die frühe Phase des holozänen Meeresspiegelanstiegs von etwa NN -63 m bis -54 m fällt klimageschichtlich in die Zeit des Präboreals um 9.610 bis 8.690 v. Chr. mit seinen um 6 Grad Celsius wärmeren Durchschnittstemperaturen auf der Nordhalbkugel. Die Erwärmung betraf vor allem den Winter. Während dieser Zeit kamen Birken, Kiefern und Hasel aus ihren südlichen Refugien wieder zurück in den Norden und bildeten zusammen mit Ebereschen, Espen und Wachholder Wälder. Ab 9.350 v. Chr. stellten sich nasskalte Bedingungen ein, unter denen sich offene Graslandschaften etablierten. In den Seen lagerten sich Mudden mit organischen Resten ab.

Im nachfolgenden Boreal zwischen 8.690 und 6.400 v. Chr. prägten Mischwälder mit Eichen, Ulmen, Linden, Ahorn, Hasel und Eschen die Vegetation. In dieser Zeit stieg der Meeresspiegel von etwa NN -54 m auf etwa -30 m an. In den Seen lagerte sich erneut Mudde ab. Nachdem die Nordsee um 9.000 v. Chr. eine Schwelle westlich der Doggerbank (Doggerland) überspült hatte, umfasste sie diese von Süden und drang um 8.000 v. Chr. in das Elbe- und Eiderurstromtal vor. Um 7.200 v. Chr. wurde die Doggerbank zur Insel. Südlich der Doggerbank erstreckte sich ein von Mooren eingefasster Süßwassersee. Die Verkleinerung der Doggerbank ist neben dem Meeresspiegelanstieg auf die Storegga-Rutschung um 6.129±237 v. Chr. im Nordatlantik zurückzuführen, die einen mehrere Meter hohen Tsunami auslöste.[67] Zwischen 8.000 bis 6.050 v. Chr. suchten letztmalig Jäger und Sammler die Region der Doggerbank auf.[68]

Während der Warmphase des Atlantikums von 7.500 bis 6.400 v. Chr. verstärkte sich der Meeresspiegelanstieg auf etwa 2,3 m im Jahrhundert. Um 7.000 v. Chr. brach der Ärmelkanal in die spätere südliche Nordsee durch.[69] Das Klima in Nordeuropa war in dieser Zeit mit bis zu 2,5 Grad Celsius wärmer und feuchter als heute, sodass viele Moore ihr Wachstum begannen. Ferner dehnten sich Laubwälder aus den gemäßigten Zonen Süd- und Nordeuropas mit Eichen, Buchen, Linden, Hasel, Eschen und Ulmen in den Norden aus, während sich das offene Grasland verringerte. Kiefern hielten sich nur noch in höheren Lagen. Die Niederungen prägten Erlenbruchwälder. In Dänemark wuchsen wärmeliebende Pflanzen wie Mistel und Wassernuss. Zwischen 7.000 und 6.000 v. Chr. kam es zu einer Massenausbreitung der Hasel, was auch eine Folge der Sammelgewohnheiten der Menschen im Mesolithikum war. Schilf- und Seggentorfe kennzeichnen verlandete Seen.

Das weitere Vordringen des Meeres im Nordseeraum verkleinerte stetig, aber langsam den Lebensraum von Jägern und Sammlern des Mesolithikums. So verschob sich in der Zeitspanne des starken Meeresspiegelanstiegs zwischen etwa 9.000 und 5.500 v. Chr. die Küstenlinie mehrere 100 km landeinwärts.[70] Mit Beginn des Mesolithikums um 9.500 v. Chr. war es mit dem Präboreal wärmer geworden. Zwischen 7.000 v. Chr. und 5.000 v. Chr. verringerte sich der Meeresspiegelanstieg auf 1,25 m im Jahr-

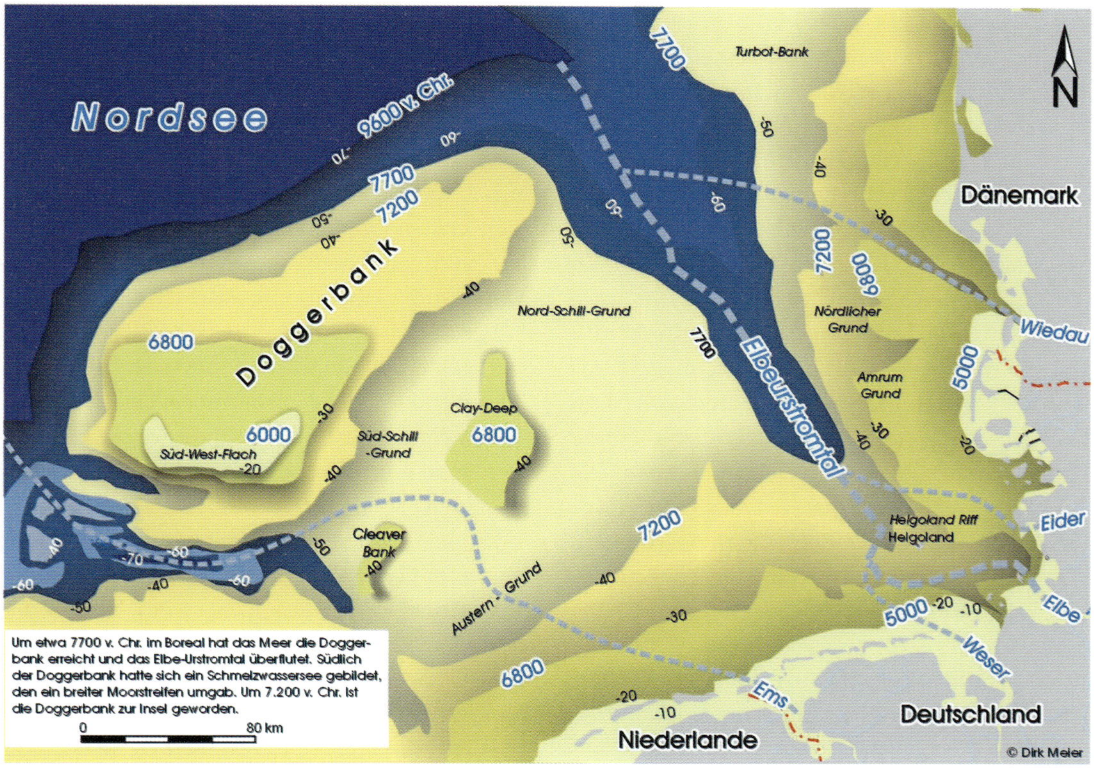

Im Verlauf des holozänen Meeresspiegelanstiegs überflutete die Nordsee die flachen Sanderebenen des Nordseebeckens.

hundert und ging dann zwischen 5.000 und 1.000 v. Chr. um weitere 0,14 m im Jahrhundert zurück. Parallel begünstigte der Grundwasseranstieg im anschließenden Landbereich die Bildung von Mooren. Vegetationsgeschichtlich umfasst dieser Zeitraum das späte Atlantikum und eher kühlere Subboreal von 3.710 bis 450 v. Chr. Nordeuropa charakterisierte ein Eichenmischwald mit wenigen Ulmen und Linden. Ferner begannen über verlandeten Seen und versumpften Niederungen Bruchwaldtorfe ihr Wachstum mit Torfmosen (Schwarztorfe). Infolge der Ausbreitung von Torfmooren starben viele Bruchwälder ab.

Die Veränderungen der Küstenlinien in dieser Zeit beeinflussten die Gezeitenwelle und damit die Höhe des sich ständig verändernden Tidenhubs. Dies erschwert neben der Erosion holozäner Schichtenfolgen in einzelnen Küstenabschnitten die Rekonstruktion von Wasserständen. Zudem lassen sich die Schwankungen des auch von der Küstenkonfiguration abhängigen Mittleren Tidehochwassers an den Küsten der Deutschen Bucht nicht einfach mit denen des globalen Meeresspiegels parallelisieren. Heute geht man davon aus, dass der Meeresspiegel ohne starke Regressionen langsamer anstieg. Zwar sind die in Sedimenten eingeschalteten Torfe (schwimmende Torfe) als Fixpunkte ihrer ehemaligen Höhenlage nur bedingt nutzbar, da sie unterschiedlichen Sackungsvorgängen unterlagen, doch ihre teilweise große Ausdehnung, einheitliche Bildungszeit und lange Wachstumsdauer belegen zeitweise einen verminderten Meereseinfluss.[71]

UNTERELBEGEBIET

Nachdem die Nordsee in das bis etwa 35 m tiefe Schmelzwassertal der Elbe um 6.500 v. Chr. weiter vorgestoßen war, schüttete das Meer dieses mit Sedimenten auf und breitete sich dann über die höher gelegenen Flächen des heutigen Küstenvorfeldes teilweise bis an den Rand der Altmoränen aus. Ferner verschob sich die Gezeitengrenze allmählich flussaufwärts.[72] Auf der Südseite der heutigen Elbmündung reichte um 6.000 v. Chr. eine Meeresbucht im Westen bis zur Hohen Lieth bei Cuxhaven und im Süden bis zum Geestrand bei Bederkesa. Nachgewiesen sind hier Meeressedimente oberhalb von Basistorfen auf einer bis zu NN -15 m tiefen pleistozänen Basis. Kurz nach 4.900 v. Chr. verlandete die Bucht mit Schilfsümpfen von ihren Rändern her, wie ein um 3.700 v. Chr. entstandener Torf auf einem Höhenniveau von NN -3,6 m belegt. Diesen bedeckten brackisch-tonige Meeresablagerungen eines erneuten Meeresvorstoßes, bevor die Bucht um 2.800 v. Chr. weitgehend verlandete. Die Landschaft prägten Hoch- und Niedermoore, Schilfsümpfe und Seen. Um 2.400 v. Chr. stieß die Nordsee wiederum in diesen Bereich vor und bedeckte das Moor mit brackigen Sedimenten. Diese kurzzeitige marine Phase endete um 1.500 v. Chr., wie ein bei etwa NN -1 m erfasster Torf belegt. In der ehemaligen Meeresbucht von Bederkesa dehnten sich wiederum Moore und Schilfsümpfe aus.[73]

Obwohl der Meeresspiegel nur noch langsam stieg, blieb die Zufuhr von Sedimenten in die Elbmündung intensiv. Im Stade-Buxtehuder-Gebiet bedeckten um 6.500 v. Chr. brackisch-lagunäre Ablagerungen die pleistozänen Schichten. Seit 4.300 v. Chr. gingen die Überflutungen zurück. Dies belegt ein Torf, der sich von den Geesträndern bis 4.000 v. Chr. nach Norden hin ausdehnte. Dessen Wachstum endete nahe der Elbe kurz nach 2.700 v. Chr. und um 2.100 v. Chr. im Hinterland. Nun lagerten sich erneut brackisch-lagunäre Sedimente bis zur heutigen Oberfläche ab, während nahe des Geestrandes Hochmoore aufwuchsen.[74]

Vor der Holsteinischen Geest erstreckte sich auf deren abfallenden Hängen während des Mesolithikums ein Niedermoorgürtel, der mit der Höhe der Elbewasserstände Schritt hielt. In der Höhe von Glückstadt befand sich ein unter jüngeren Sedimenten begrabener Geestkern oder eine Düne. Ein weiterer, von der Elbe teilweise angenagter Dünenzug bei Bielenberg reicht noch heute knapp über das Niveau der heutigen Elbmarschen. Im Schutz dieser kleinen, jedoch nicht zusammengewachsenen Sandwälle entstanden seit 7.000 v. Chr. Hochmoore. Von der Elbe her stießen Priele vor und lagerten über dem Moor Klei ab.[75] In Süder-

Die Ufer der Unterelbe um 5.500 v. Chr. prägten teilweise Schilfsümpfe und Moore. Die Bucht von Bederkesa südöstlich von Cuxhaven war weitgehend verlandet.

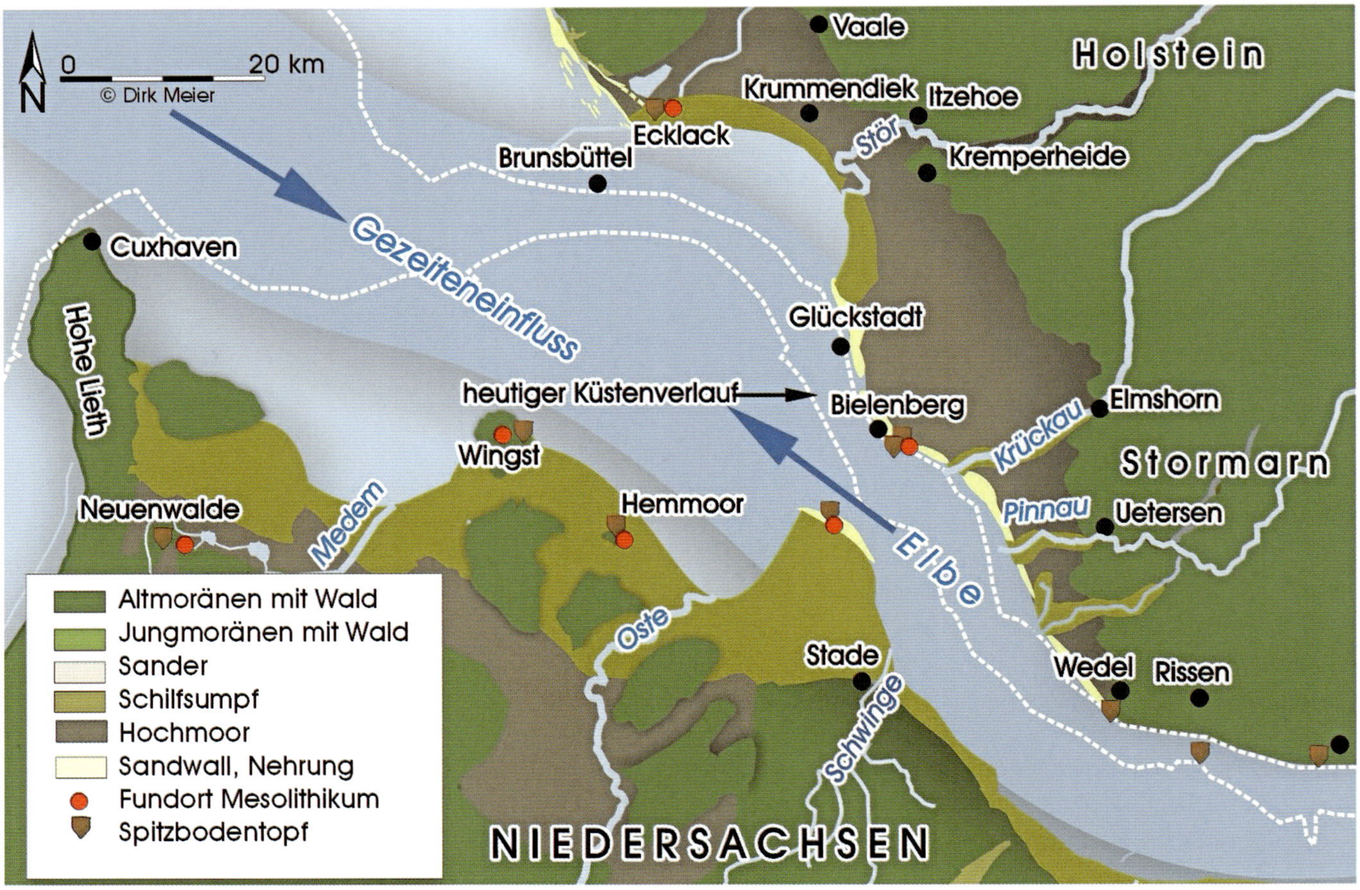

dithmarschen formte die Brandungswirkung des Meeres aus den älteren Steilhängen der saale-kaltzeitlichen Altmoränen an der Unterelbe Steilufer wie das Kleve bei St. Michaelisdonn.[76]

NORDSEEKÜSTE

Als die Nordsee in Folge des holozänen Meeresspiegelanstiegs den Bereich des heutigen schleswig-holsteinischen Küstenvorfeldes erreichte, drang das Meer zunächst in die alten Schmelzwassertäler ein und überflutete dann die höheren Sandflächen. Da parallel zum Meeresspiegel der Grundwasserspiegel anstieg, versumpften die niedrigeren Gebiete.

Westlich des Hemmingstedter Geestkliffs in Dithmarschen bedeckte die vordringende Nordsee nahe von Süderwöhrden in einer Tiefe von NN -7,3 m einen um 5.231±100 v. Chr. datierten Schilftorf mit Sedimenten.[77] Zwischen den Geestkernen bestanden dann im Atlantikum um 5.621±51 v. Chr. brackische Bedingungen, wie ein bei NN -6,5 m erfasster Torf im Meldorfer Moor belegt.[78] Um etwa 5.480 v. Chr. verlangsamte sich der Meeresspiegelanstieg.[79] Den Bereich von Hassenbüttel südlich von Wesselburen erreichte das Meer kurz nach 5.500 v. Chr. und erodierte hier die pleistozäne Oberfläche. In südlicher und östlicher Richtung steigt diese bis auf etwa NN -17,20 m leicht an, sodass die Nordsee den Bereich von Wellinghusen bei Wöhrden erst um 5.100 v. Chr. erfasste.[80] Danach verlagerte das Meer den Heider Geestvorsprung zurück. Vor diesem bedeckte die Nordsee bei Lohe Rickelshof zwischen NN -6 und +0,80 m einen Basistorf auf der abfallenden pleistozänen Oberfläche mit Sedimenten.[81] Aus dem abgetragenen kiesigen Material des erodierten Heider Geestrandes warf das Meer mit dem Küstenlängsstrom im 3. Jahrtausend v. Chr. zunächst kleinere Sandwälle bei Kleve und Fedderingen, Meldorf sowie ältere Nehrungen bei St. Michaelisdonn auf, später folgten jüngere, wie die Lundener Nehrung.[82] Um 2.250 v. Chr. war so eine Ausgleichsküste entstanden. Auf den Nehrungen wehten Dünen auf. Zur Zeit ihrer Entstehung lagen diese an der Seeseite in voller Brandung. In deren Schutz erstreckten sich Lagunengebiete mit offenen Wasserflächen, Niedermooren oder Bruchwaldtorfen.[83] Zwischen etwa 2.800 und 2.000 v. Chr. gehörte der Bereich der Heider Geesthalbinsel zu den letzten Küstenbereichen, deren niedrige Steilküsten noch an das Meer grenzten.[84]

Bei Wallen vermoorte ein Seitental der Eider im Präboreal. Nach einer Austrocknungsphase im Boreal im frühen Atlantikum entstand ein Moor, das um 5.985±83 v. Chr. überflutet wurde.[85] Als die Nordsee um 4.500 v. Chr. weit in das Eidertal hinein vorgestoßen war, ähnelte

Nachdem die Nordsee im Verlauf des holozänen Meeresspiegels das Vorfeld des heutigen Küstengebietes erreicht hatte, drang das Meer zunächst in die tiefen Urstromtäler vor und überschwemmte dann höhere Sandflächen.

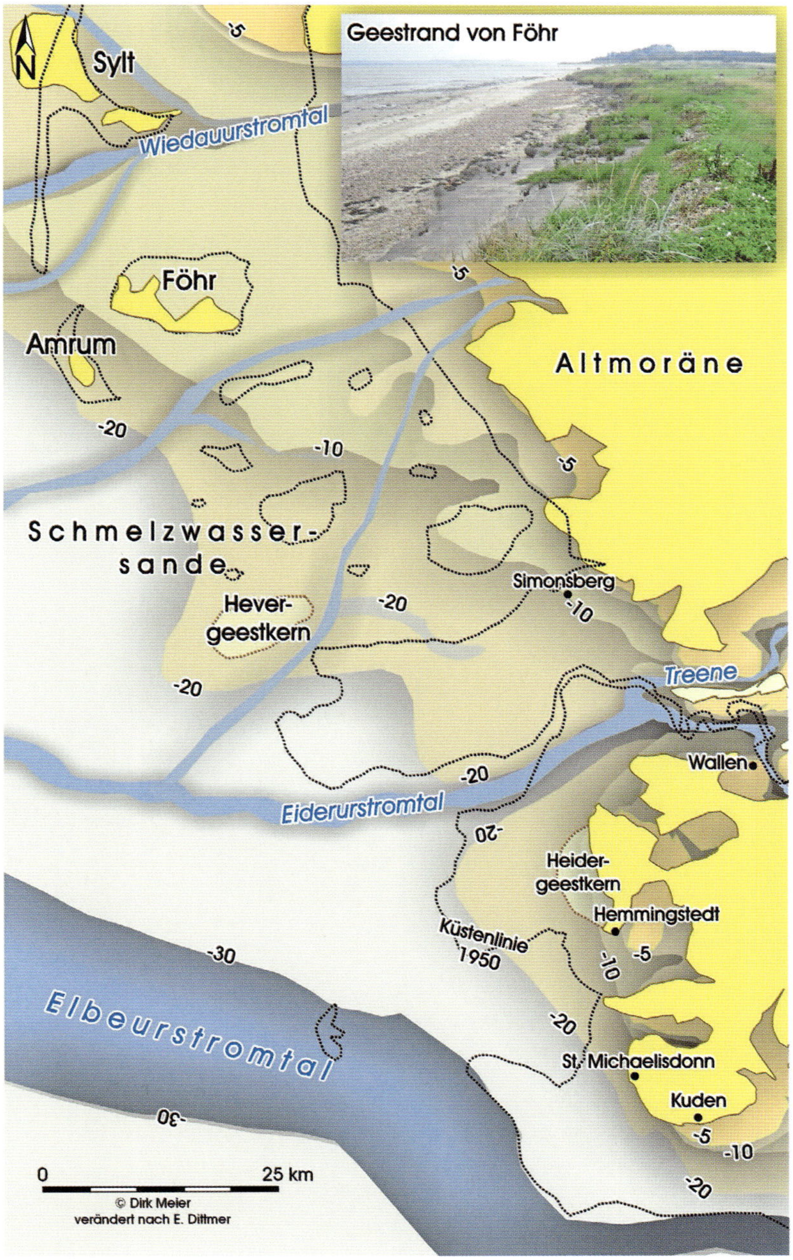

die Küste südlich von Fedderingen einer Förde, bevor das Gebiet nach der Bildung der Lundener Nehrung verlandete. Letztere entstand über einem Torf der Zeit um 2.526 v. Chr.[86] Bei Delve an der Eider lag das Mittlere Tidehochwasser der Eider um 3.781 v. Chr. bei etwa NN -3,7 m.[87]

Den Bereich des heutigen westlichen Eiderstedt mit seiner bis zu NN -20 m tiefen pleistozänen Oberfläche überflutete das vorstoßende Meer um etwa 7.500 v. Chr. Das mittlere Eiderstedt mit seiner moorigen Oberfläche bei etwa NN -16 m bedeckten etwa 200 Jahre später sandige und tonige Sedimente. Um 4.500 v. Chr. erreichte die Nordsee die heutige nordfriesische Festlandsgeest bei Husum. Hier entstanden durch Grundwasserstau Torfe. Diese Küstenrandmoore bedeckte das Meer bald wieder mit Sedimenten. Die Schwankungen des Meereseinflusses führten hier zu einem ständigen Wechsel zwischen Wasserflächen, Niedermooren oder Bruchwaldtorfen.[88]

Um 5.500 v. Chr. erreichte die Nordsee das Vorfeld des heutigen Dithmarscher Küstengebietes, verlagerte den Geestrand bei Heide zurück und drang in Niederungen ein.

Nördlich von Eiderstedt verlief die holozäne Landschaftsentwicklung im Gebiet des heutigen nordfriesischen Wattenmeeres anders, da hier die pleistozänen Oberflächen höher liegen als im Dithmarscher Küstengebiet. Hier bildeten die weiter nach Westen reichenden Geestkerne der heutigen Inseln Sylt, Föhr und Amrum die höchsten Erhebungen eines saale-kaltzeitlichen Gletscherzungenbeckens. Dieses füllten Schmelzwässer während der Weichsel-Kaltzeit mit Ablagerungen auf und ebneten die Täler zwischen den Moränenkuppen ein. Die Höhenunterschiede des pleistozänen Reliefs ändern sich bereits in kurzer Entfernung. So liegt die von Meeresablagerungen bedeckte pleistozäne Oberfläche bei Pellworm in einer Tiefe von NN -12 m, unterhalb Nordstrands bei etwa -11 m und unter der Hamburger Hallig bei -10 m. Im Prielstrom der Norderhever zwischen den Inseln Pellworm und Nordstrand reicht das Schmelzwassertal der Weichsel-Kaltzeit bis etwa NN -15 m hinab. Am Ausgang der Süderaue und am Schlütt sind es etwa -16 m und im Rocheley nahe des heutigen Ockholm sogar mehr als 20 m. Hingegen steigt das eiszeitliche Relief unter Pellworm und Nordstrand sowie unter Nordstrandischmoor und der Hamburger Hallig an.[89]

Als die Nordsee seit 6.500 v. Chr. das Vorfeld der heutigen Nordfriesischen Inseln erreichte, stieß das Meer in die tiefen Schmelzwassertäler vor und erreichte langsam die höheren sandigen Oberflächen und Moränenabhänge. Um 6.400 v. Chr. war der Raum des heutigen Pellworm überflutet. Der Meeresspiegel lag in dieser Zeit etwa bei NN -18 m. Etwa 500 Jahre später, als die Nordsee hier ein Niveau von NN -11 m erreichte, verlief die Küstenlinie etwa von der Westseite Nordstrands zur Hamburger Hallig und von dort nach Pellworm, um dann nach Norden in Richtung der Süderaue abzubiegen und deren Südseite zu folgen. Zwischen Pellworm und Nordstrand reichte die Bucht weit nach Osten. Im Raum zwischen den heutigen Halligen Südfall und Langeneß kamen sandige Sedimente zur Ablagerung. Um 4.900 v. Chr. überwogen hier Abtragungsvor-

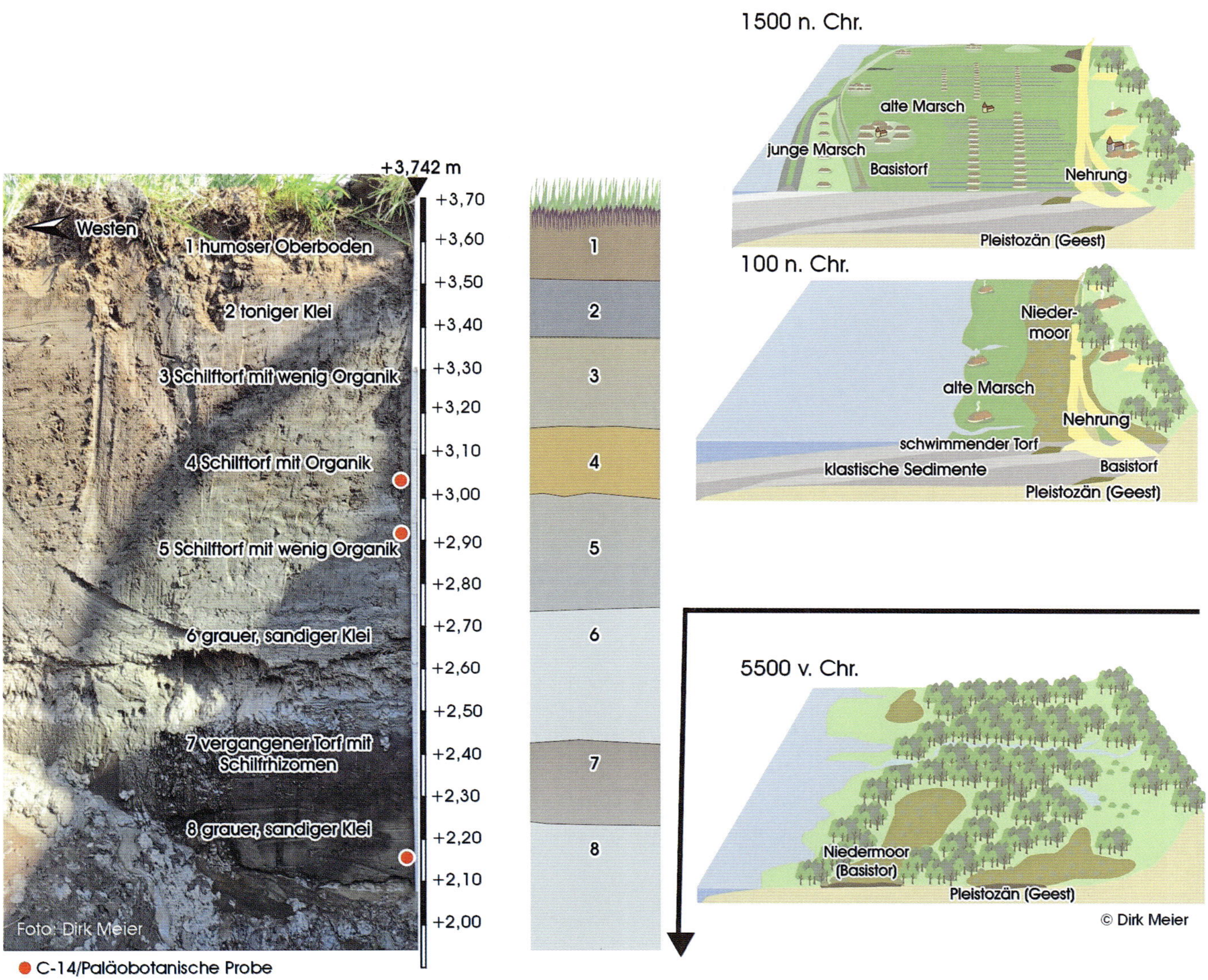

Profil des oberen Küstenholozäns am Geestrand bei Heide und Blockbilder der Landschaftsentwicklung zwischen 5.500 v. Chr. und 1.500 n. Chr. Foto: Dirk Meier

gänge. Diese stehen mit dem Abbau der weiter im Westen und Nordwesten liegenden Moränenkerne durch das Meer in einem Zusammenhang.[90] Während Reste dieser Moränen auf Sylt, Amrum und Föhr bis heute bestehen, hat die Nordsee die Pisa-Moräne weiter westlich von Sylt, die Amrum-Bank-Moräne und den Hever-Geestkern nordwestlich von Eiderstedt völlig abgetragen.[91]

Weiter östlich erstreckten sich bis zur nordfriesischen Festlandsgeest sandige Täler, die mit steigendem Grundwasserspiegel vermoorten.[92] In den Talauen lagen viele mesolithische Lagerplätze, die das vordringende Meer mit Sanden und Tonen bedeckte.[93] Diese Landschaftsentwicklung dokumentieren nahe der nordfriesischen Festlandsgeest Verzahnungen von Mooren und Sedimenten. Bei Schlüttsiel überschwemmte das Meer langsam einen um etwa 4.680±116 Jahre v. Chr. gebildeten Torf.[94] Dessen Oberfläche lag zu Beginn der Tonsedimentation unmittelbar oberhalb des Grundwasserspiegels. In meist abflusslosen Senken waren Seen vorhanden, die seit dem Atlantikum um 3.700 v. Chr., vielleicht auch schon früher, mit Mudde verfüllt wurden.[95] Der Raum zwischen dem heutigen Prielstrom Fuhle Schlot, dem südlichen Rungholtsand und des östlichen Pellworms war infolge der unter Pellworm ansteigenden Geestoberfläche nach Norden hin geschützt. Hier bestand eine Bucht mit ruhigen Sedimentationsbedingungen. Weiter im Norden brandete die Nordsee erstmals seit 5.500 v. Chr. an die bewaldeten Geestkerne

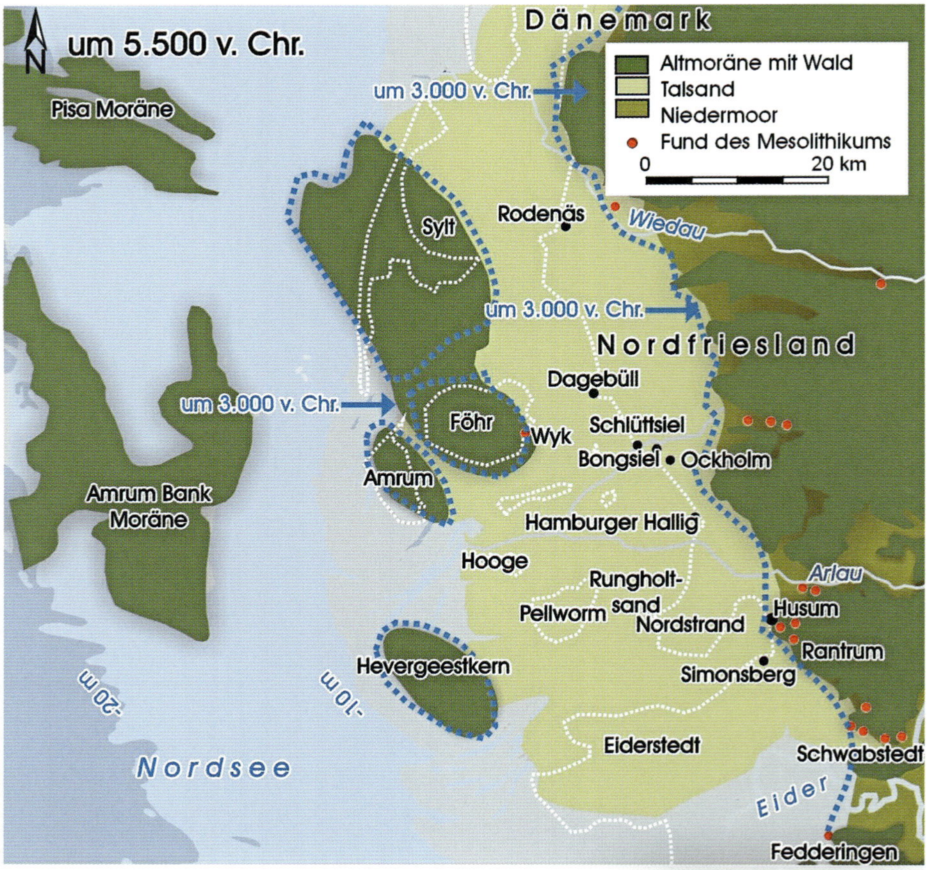

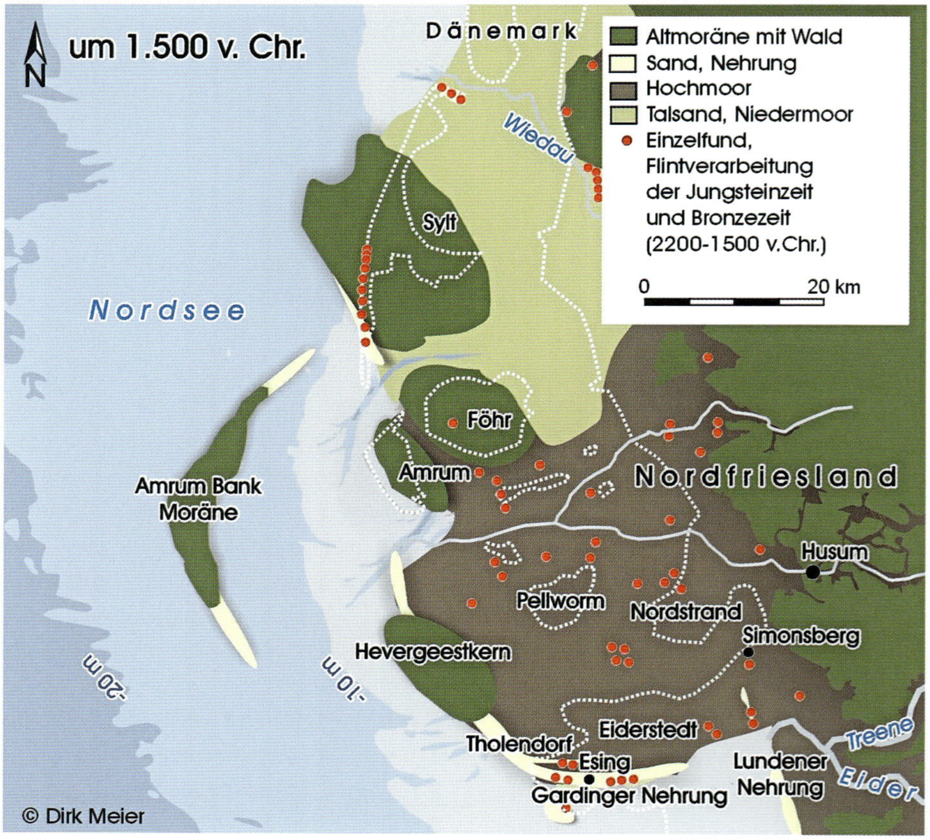

Um 5.500 v. Chr. bestanden in Nordfriesland noch mehrere Geestkerne, die die Nordsee später teilweise abtrug. Das Meer drang zunächst bis zur Festlandsgeest vor. Mit verlangsamten Meeressiegelanstieg entstanden im Schutz einer Barriereküste Moore, die weite Bereiche des heutigen Wattenmeeres einnahmen.

von Amrum und Sylt und überschlickte hier die alten Flussauen ebenfalls.[96]

Die folgende Aussüßung und Vermoorung des heutigen nordfriesischen Wattenmeeres und weite Bereiche Eiderstedts ist eng verbunden mit der Bildung von Nehrungen, die sich an die Geestkerne im Westen anschlossen. Deren Material aus Sanden und Kiesen verfrachtete der Küstenlängsstrom von erodierten Geestkernen. Nordwestlich der heutigen Halbinsel Eiderstedt reichte von dem später vom Meer abgetragenen Hever-Geestkern eine Nehrung nach Südosten bis nach Eiderstedt, deren äußerstes Ende der um 1.400 v. Chr. aufgeworfene Tholendorfer Sandwall bildet. Auf diesem wehten Dünen auf.[97] Der Sandwall grenzte zunächst noch an Watt. Zu dieser Zeit dürfte hier das Mittlere Tidehochwasser eine Höhe von NN -1,1 bis -0,6 m erreicht haben. Nördlich des Tholendorfer Sandwalls vermoorte das Gebiet allmählich, wie oberhalb einer um 79 und 72 n. Chr. bestehenden humosen Bodenbildung Torfe zeigen.[98] Zwischen 100 und 500 n. Chr. überschwemmte Salzwasser das Moor, nachdem der Prielstrom der Süderhever von der Eider im Süden nach Norden vordrang und im Nordwesten die Nehrungsküste durchbrach.

Die von der Süderhever geteilte langgestreckte Tating–Gardinger Nehrung ist in der Sandgrube von Esing aufgeschlossen.[99] Zuunterst bedecken hier Sande Wattablagerungen. An der Nordseite der Grube sind in einer Tiefe von NN -1 m Reste eines Bodens vorhanden. Etwa zwischen NN und NN +0,40 m überlagert die Sande ein um 803±60 v. Chr. entstandener Torf.[100] Die mobile Küste von Sandhaken und Vorsänden mit teilweiser Dünenbildung sowie von Prielen durchzogenen Watten unterlag den Kräften von Strömungen, Winden, Tiden und Sturmfluten. Südlich der Sandwälle bei Tholendorf, Tating und Garding schlickten Watten auf, auf denen später Seemarschen aufwuchsen, während die Gebiete nördlich vermoorten. Der im nördlichen Eiderstedt ausgeprägte, meist in einer Tiefe von NN -1 m über dem tonigen alten Klei erfasste Torfhorizont mit seiner ausgeprägten Süßwasservegetation wurde bei Westerhever auf ein Alter von 887±41 v. Chr. datiert.[101] Während der Bronzezeit suchten Menschen die Sände und Nehrungen zur Jagd und zum Fischfang auf.[102] Von den im Vergleich zu heute weiter nach Westen reichenden Eiderstedter Nehrungen aus könnten die Menschen mit Stammbäumen nach Helgoland gepaddelt sein, um den nur hier vorhandenen roten Feuerstein und grauen Plattenflint zu besorgen.[103] Dass man dieses Wagnis unternahm, lässt auf die Beliebtheit

In den versumpften Talauen Nordfrieslands lagen viele mesolithische Lagerplätze. Als das vordringende Meer diese überschwemmte, mussten die Menschen die Niederungen verlassen. Rekonstruktion Steinzeitpark Dithmarschen. Foto: Dirk Meier

des weit verbreiteten roten Feuersteins schließen.[104]

Nördlich des heutigen Eiderstedt dehnte sich noch bis um 1000 n. Chr. in weiten Bereichen des heutigen nordfriesischen Wattenmeeres ein Nieder- und Hochmoor aus, dessen Oberfläche ursprünglich bei etwa NN +0,80 m lag. Danach traten in den aus Ton aufgebauten Gebieten Sackungen ein. Nur zwischen Rodenäs, Aventoft und der Wiedaumündung blieb eine bis Sylt reichende Meeresbucht bestehen. Doch verringerte sich auch hier der Meereseinfluss, sodass im Gebiet des späteren Gotteskooges und der Dagebüller Bucht bis hin zur Wiedingharde eine Vermoorung einsetzte. Flüsse führten dem Gebiet Süßwasser zu. In Bongsiel nahe der nordfriesischen Festlandsgeest ist über tonigen, marinen Ablagerungen um 2.526 v. Chr. ein Moor in einer Höhenlage von NN -3,33 bis -3,2 m belegt.[105] Westlich der Hamburger Hallig dokumentiert ein um 2.300 v. Chr. von Menschen deponierter Auerochsschädel einen Teil der reichen Tierwelt. In der Grube belegen Große Brennessel, Schwarzer Senf, Rutenmelden und Kratzdisteln eine schilfbetonte Hochstaudenflur.[106] Bei Simonsberg wurde ein bei NN -1,70 m liegender Torf erbohrt, der in die ältere Bronzezeit um 1.622±63 v. Chr. weist. Nach 1.400 v. Chr. erfolgte dessen Überdeckung mit tonigen Sedimenten.[107] Schon bald traten in den Moorgebieten Setzungen ein.

Über Priele drangen Sturmfluten zwar in die Moorlandschaft vor, die Brackwassersümpfe mit Schilfrohr *(Phragmites communis)* wirkten jedoch wie ein Schwamm, hemmten die Strömung und banden das Wasser. Dadurch senkte sich der Wasserspiegel in den küstenfernen Gebieten. Nur feinste Partikel führte das Wasser durch das Halmdickicht mit und sedimentierte es, während sich gröbere nahe der Küste ablagerten. In den küstenfernsten Gebieten, wo sich von der Geest abfließendes Wasser und Regenwasser staute, wuchsen sich weiter erhöhende Schilftorfmoore. Wo hier Salzwasserüberschwemmungen unterblieben, entstanden Bruchwälder und Hochmoore.

Im heutigen nordfriesischen Wattengebiet aufgelesene Einzelfunde von Flintbeilen, Sicheln, Abschlägen aus der Zeit zwischen 2.300 bis 1.000 v. Chr. belegen, dass Menschen die ehemalige Moor- und Sumpflandschaft im späten Neolithikum und der Bronzezeit zur Jagd aufsuchten.[108] Aus dem Fundzusammenhang gerissen erlauben diese Funde jedoch keinen Rückschluss auf die Höhe der damals begehbaren Landoberfläche und des jeweiligen Meeresspiegels.

OSTSEEKÜSTE

Die Ostsee bildet ein Schelfmeer, dessen tieferer Untergrund mit Graniten, Gneisen und Sedimenten die gleichen Gesteine wie das umgebende Land aufweist. Dieses alte Sedimentationsbecken erhielt jedoch seine geologische Morphologie erst im Quartär. Kam in der Elster-Kaltzeit das Eis vorwiegend aus nördlicher Richtung nach Schleswig-Holstein und während der Saale-Kaltzeit aus Nordosten, drang das späte Weichsel-Eis auf seinem Weg durch das Ostseebecken aus Südosten vor. Die Schubrichtungen der Gletscher dokumentieren das Bodenrelief des Ostseeuntergrundes sowie die heutigen Küstenlinien zwischen Fehmarn und Alsen. Aus dem Ende der Weichsel-Kaltzeit stammen dicht hintereinander liegende Endmoränenzüge. Diese reichen teilweise bis unter die Wasserlinie der heutigen Ostsee, wo sie als Untiefen und Schwellen erhalten sind, andere brechen als Steilküsten an den heutigen Küsten ab. Die pleistozäne Topographie orientiert sich dabei an den geologischen Untergrundstrukturen.[109]

Nachdem das Gebiet der heutigen Ostsee um 10.000 v. Chr. zu großen Teilen eisfrei geworden war, blieben Eisstauseen zurück. Der größte nahm als Baltischer Eisstausee Teile des nördlichen und östlichen Ostseebeckens ein. Sein Wasserspiegel lag oberhalb der Nordsee, die sich über den Skagerrak bis zum Öresund ausgebreitet hatte. Dieser sank erheblich ab, nachdem an der Billinger Pforte zwischen Vätter- und Vänersee in Südschweden unter dem Rand des Gletschersees ein Abfluss entstand. Das wieder vorstoßende Eis blockierte jedoch diese Verbindung, sodass der Seespiegel wieder anstieg.[110]

Mit steigendem Meeresspiegel stieß seit 8.000 v. Chr. Meerwasser des nach der Kaltwassermuschel *Yoldia arctica* benannten Yoldia-Meeres über die von ehemaligen Gletschern ausgeschliffenen Hohlformen des Großen Beltes in das zentrale Ostseebecken vor. Während der ersten brackigen Phase des Meeres herrschte für etwa 300 Jahre in der zentralen Ostsee salzreiches Wasser vor. Den Meeresspiegelanstieg kompensierte zunächst die glaziale isostatische Hebung Skandinaviens nach der Befreiung von der bis 3.000 m mächtigen Last des Inlandeises. Die tektonische Nulllinie verläuft von den dänischen Inseln über Südschweden bis zum Baltikum. Das südlich anschließende Gebiet unterliegt einer leichten, räumlich differenzierten glazialen isostatischen Senkungstendenz. Infolge der skandinavischen Landhebung verlor das Yoldia-Meer um etwa 7.500 v. Chr. seine bis dahin über Südschweden führende Verbindung zum Weltmeer. Noch heute beträgt die Hebung etwa 9 mm im

Die heutige Ostsee entwickelte sich im Holozän über viele Stadien hinweg.

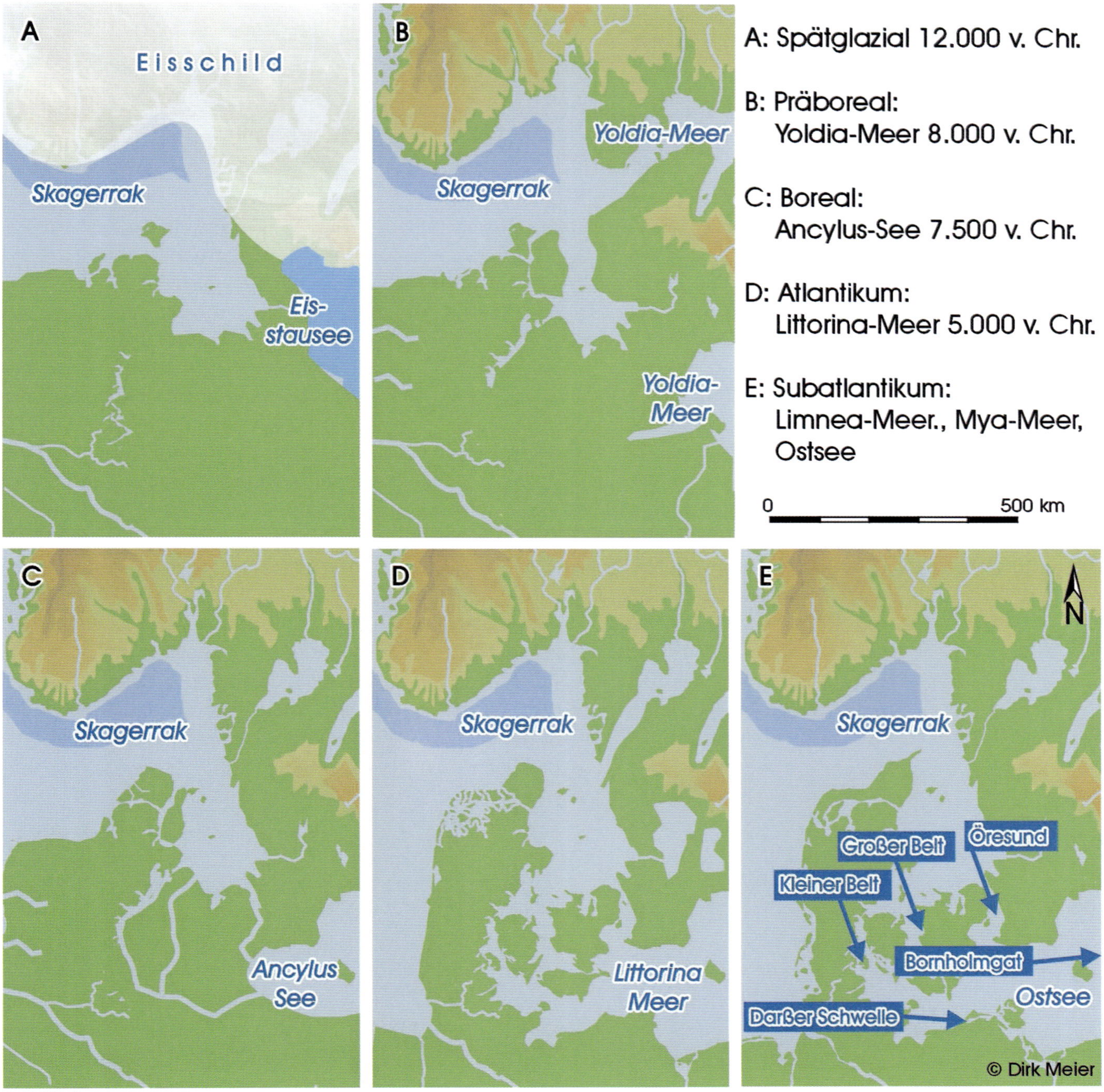

Jahr im Süden des Bottnischen Meerbusens zwischen Schweden und Finnland.

So bildete sich unterhalb von NN -8 m der Ancylus-See, benannt nach der Süsswasserschnecke *Ancylus fluviatilis*. Diesen trennte eine schmale Landzunge von der Nordsee, deren Meeresspiegel bei etwa NN -30 m lag. Den Wasserzufluss des Sees, der über den Großen Belt entwässerte, speisten Schmelzwässer. Nachgewiesen sind weitere Zuflüsse im Öresund, Großen Belt, im Fehmarnbelt und in der Darßer Schwelle in Mecklenburg.[111] Mit steigendem Meeresspiegel überflutete das Meer seit 7.000 v. Chr. das nördliche Dänemark und zerstörte die Landbrücke nach Schweden, sodass einströmendes Salzwasser aus dem Kattegat zu brackischen Verhältnissen führte. Am Ostseegrund herrschten teilweise sauerstofffreie Bedingungen. Um 6.700 v. Chr. konnte die Ancylus-See über die Darßer Schwelle abfließen. Hier wurden in 10 m Wassertiefe Reste eines Waldes aus dieser Zeit nachgewiesen, deren jüngste Bäume vor ihrer Überflutung aus der Zeit um 6.500 v. Chr. datierten.

In der nachfolgenden Littorina-Transgression während des warmen Atlantikums stieg der Meeresspiegel von einem Niveau von NN -27 m auf -11 m an.[112] Um 6.000 v. Chr. war über den Öresund sowie Großen und Kleinen Belt eine neue Verbindung zur Nordsee entstanden. Am Grund des Littorina-Meeres herrschte zeitweilig Sauerstoffmangel. Das nach der Gemeinen Strandschnecke *Littorina littorea* benannte Littorina-Meer war salziger als die heutige Ostsee. In dieser Zeit bildeten sich die Ostseeküste der Jütischen Halbinsel mit ihren Buchten und Förden und die Inseln in der westlichen Ostsee heraus. Zwischen 5.700 und

Das Sehlendorfer Binnenwasser in Ostholstein bildet ein Beispiel für Küstenlinienveränderungen in der Littorina-Zeit.
Foto: Dirk Meier

5.400 v. Chr. stieg der Meeresspiegel von NN -7,5 auf 6 m weiter an, bis dieser sich um 4.800 v. Chr. bei einem Niveau von NN -4,2 m verlangsamte.

Um 5.000 v. Chr. erreichte das Littorina-Meer auf einem Niveau von NN -20 m die Grundmoräne des Brodtener Ufers bei Travemünde, das etwa 8 km weiter in die Ostsee hinausragte.[113] Dieses Kliff verlagerte das Meer im Laufe der Zeit um etwa 6 km zurück. Die ehemaligen glazialen Zungenbecken des bis 44 m tiefen Hemmeldorfer Sees bei Travemünde und des unteren Travetals wurden infolge Littorina-Transgression zu Förden. Später schnürten Strandhaken am Timmendorfer Strand und bei Travemünde die Ostsee ab, sodass der Hemmelsdorfer See und die kleine Mündung der Trave entstanden. Weitere Nehrungen befinden sich bei Haffkrug nahe von Scharbeutz. Bei Sierksdorf schließt sich eine Steilküste an. Der Priwall und die heutige Lage der Traveförde bildeten sich erst in einer jüngeren Phase des Meeresspiegelanstiegs zwischen NN -5 und -4 m.

Das Hohwachter Steilufer in Ostholstein bildet die Aufhängung für einen Strandwall mit aufgewehten Dünen, der die Mündung der Mühlenau in die Ostsee abriegelte und das Sehlendorfer Binnenwasser formte. Teile des Sehlendorfer Strandwalles mit seinen Dünen sowie ein strandnaher Flachwasserbereich stehen heute unter Naturschutz. Im Oldenburger Graben hatte das Littorina-Meer zwischen Hohwachter und Lübecker Bucht einen Meeresarm gebildet. Dieser verlandete und vermoorte, nachdem sich an dessen Enden Sandwälle mit aufgewehlten Dünen vorbauten. Diese erhielten ihr Material mit dem Küstenlängsstrom ebenfalls von Steilufern.

EIDER-TREENE-SORGE-NIEDERUNG

TOPOGRAPHIE UND HYDROLOGIE

Die Flusslandschaft von Eider, Treene und Sorge ist mit über 1.600 km², 116 Gemeinden und 100.000 Einwohnern zwischen Heide, Husum, Schleswig und Flensburg das größte zusammenhängende Niederungsgebiet Schleswig-Holsteins. Es reicht nach Norden bis Hollingstedt und Treia, im Osten bis Rendsburg, im Westen bis zur Eidermündung in die Nordsee und zum Geesthang zwischen Schwabstedt und Husum. Diese Flusslandschaften leiten im Bereich der Jütischen Halbinsel das größte Volumen allen oberflächlich abfließenden Binnenwassers in die Nordsee ab.

Ursprünglich waren Eider, Treene und Sorge unregulierte, mäandrierende, von der Tide beeinflusste Gewässer in einer von Mooren, Marschen und Geestkernen geprägten Landschaft. Die Flussmäander unterlagen auf der Außenseite eines jeden Bogens (Prallhang) einer Erosion (Abtragung) und auf der Innenseite (Gleithang) einer Akkumulation (Anhäufung) von Sedimenten. Bei einem schmalen Mäanderhals kann Hochwasser zu einem Durchbruch der Schlingen führen.[114] Eine im 1. Jahrtausend n. Chr. bestehende Eiderschleife zwischen Langenhemme nordöstlich von Tönning in Eiderstedt und Nesserdeich–Hemmerwurth südwestlich von Lunden in Dithmarschen ist noch heute erkennbar. Ein Priel an der Basis der frühmittelalterlichen Marschensiedlung vom Elisenhof bei Tönning in Eiderstedt lässt sich für den noch unbedeichten Fluss auf ein Mitt-

Wassereinzugsgebiet der Eider-Treene-Sorge-Region.

Eiderbrücke bei Friedrichstadt.
Foto: Dirk Meier

leres Tidehochwasser (MThw) von NN +0,60 m im 8. Jahrhundert schließen.[115] Infolge der Einschnürung der Eider durch Deichbau seit dem 12. Jahrhundert stiegen die Wasserstände an.[116] Für den Pegel Tönning kann man für 1500 einen Wert des MThw von NN +1 m annehmen, der sich für 1550 während der kühlen Phase der Kleinen Eiszeit auf +0,3 m allenfalls schätzen lässt. Seit der Mitte des 16. Jahrhunderts ist der Sturmflutscheitel um 25 bis 30 cm pro Jahrhundert gestiegen.

Wasserwirtschaftliche Maßnahmen haben die Eider, mit 188 km (reguliert heute 108 km) der längste Fluss Schleswig-Holsteins, einschneidend verändert. Die Quelle der Obereider speist sich aus dem See am Forstenhaus Mannhagen südlich von Schönhagen und dem Heickenteich beim Overdorfer Redder, der den geringeren Wasseraustritt aufweist. Die Ausflüsse beider Quellteiche sind heute teilweise verrohrt und laufen unterhalb von Klein Buchwald zur Drögen Eider zusammen. Diese fließt nordöstlich von Bordesholm in den Bothkamper See, verläuft weiter nach Südwesten, biegt dann nach Norden Richtung Flintbek um, erreicht Molfsee und schließlich den Schulensee am südwestlichen Kieler Stadtrand. Eine Endmoräne der Weichsel-Kaltzeit, der Hornheimer Riegel, verhindert ihre Mündung in die nahe Kieler Förde. Deshalb fließt die Eider vom Schulensee aus nach Westen in den Westensee und dann weiter nach Norden. Seit 1914 führt sie der Achterwehrer Schifffahrtskanal in den Nord-Ostsee-Kanal.

Dieser folgt bis Rendsburg teilweise der ehemaligen Obereider sowie dem ehemaligen Schleswig-Holsteinischen-Kanal. Dessen Bau hatte zwischen 1774 und 1784 mit seiner Schleuse bei Rendsburg das Obereidergebiet mit 64.000 ha vom Tideeinfluss abgeschnitten.[117] In Rendsburg entspringt heute die Eider neu, da kein Wasser aus dem Nord-Ostsee-Kanal mehr in den Fluss gelangt. Dieser bezieht sein Wasser aus der Alten Eider. Ursprünglich trennten in Rendsburg Seen Ober- und Untereider. Mit dem Bau des Nord-Ostsee-Kanals zwischen 1887 und 1895 verblieben infolge der Abtrennung des Niederschlagsgebiets der Obereider mit ihren Nebenflüssen Gieselau, Hanerau, Haalerau, Lunau, Jevenau und Wehrau der Eider nur noch 200.000 ha. Gleichzeitig kam es zwischen 1895 und 1936 zu einem Anstieg des Mittleren Tidenhubs bei Rendsburg von 1,1 auf 1,8 m, was infolge zunehmenden Wasserstaus Deichbrüche und Überflutungen nach sich zog, sodass man die Untereider 1936 bei Nordfeld abdämmte.[118] Diese Abdämmung hatte weitreichende Folgen für die Untereider, die zunehmend versandete. Zugleich erfolgte 1936/37 zum Ausgleich der Wasserstände zwischen Eider und Nord-Ostsee-Kanal der Bau des Gieselaukanals mit einer Schleuse.

Treene bei Hollingstedt. Foto: Dirk Meier

Westlich von Rendsburg mäandriert die Untereider nach Westen über Pahlen, Erfde und Friedrichstadt bis nach Tönning, wo sie mit dem Purrenstrom in das etwa 9 km lange und 2 km breite, seit 1973 abgedämmten Ästuar in die Nordsee mündet. Diese große Flussmündung hatte sich infolge der Katastrophenfluten des späten Mittelalters gebildet, wodurch sich die Tidegrenze weiter flussaufwärts verlagerte. Bei Kating in Eiderstedt weicht der Deich daher aufgrund von Landverlusten nach Norden zurück. Mehrere seit dem 17. Jahrhundert eingedeichte Köge bilden heute das Nordufer der Außeneider. Auf der Dithmarscher Seite verläuft der Eiderdeich nördlich von Lunden entlang des Preiler Kooges (1877), des Lundener Kooges (1615), des Karolinenkooges (1800) und des Wesselburener Kooges (1862). Vor dem Bau des Eidersperrwerks wechselte der Purrenstrom der Eider mehrfach zwischen einer südlichen Position entlang der Küste Norderdithmarschens bis nach Eiderstedt im Norden.

Die Treene als größter Nebenfluss der Eider weist eine Wassereinzugsgebiet von ca. 786 km^2 auf, das Niederungsgebiet der Untereider von Nordfeld bis Rendsburg mit der Sorge von 946 km^2.[119] Der Rest verteilt sich auf die Geest und das östliche Hügelland. Die Quellflüsse der Treene bilden die bei Mohrkirch in Angeln entspringende Bondenau und die Kielstau als Abfluss des Winderatter Sees, die sich im Treßsee bei Großsolt sammeln. Hier beginnt die Treene, die nach 95 km bei Friedrichstadt über eine Schleuse in die Eider mündet. Vom Treßsee bis nach Tüdal bei Eggebek durchfließt sie das Naturschutzgebiet Obere Treeneland-

Treene bei Schwabstedt. Foto: Dirk Meier

schaft. Die Ostseite des Treenetals zwischen Treia und Friedrichstadt gehört zur Landschaft Stapelholm. Auf der Geeststrecke von Oeversee bis unterhalb von Treia verläuft die Treene in einem 200 bis 300 m breiten und bis 10 m tiefen Tal. Die Niederungen kennzeichnen alte, teilweise mit Wasser gefüllte Hochwasserbetten.[120]

Zusammen mit dem Unterlauf ihres größten Nachbarflusses, der Bollingstedter Au, bildet die Treene eine der biologisch reichhaltigsten Gewässer Schleswig-Holsteins. Wäh-

Eider-Treene-Sorge-Region zwischen Lunden und Hamdorf mit Eindeichungen.

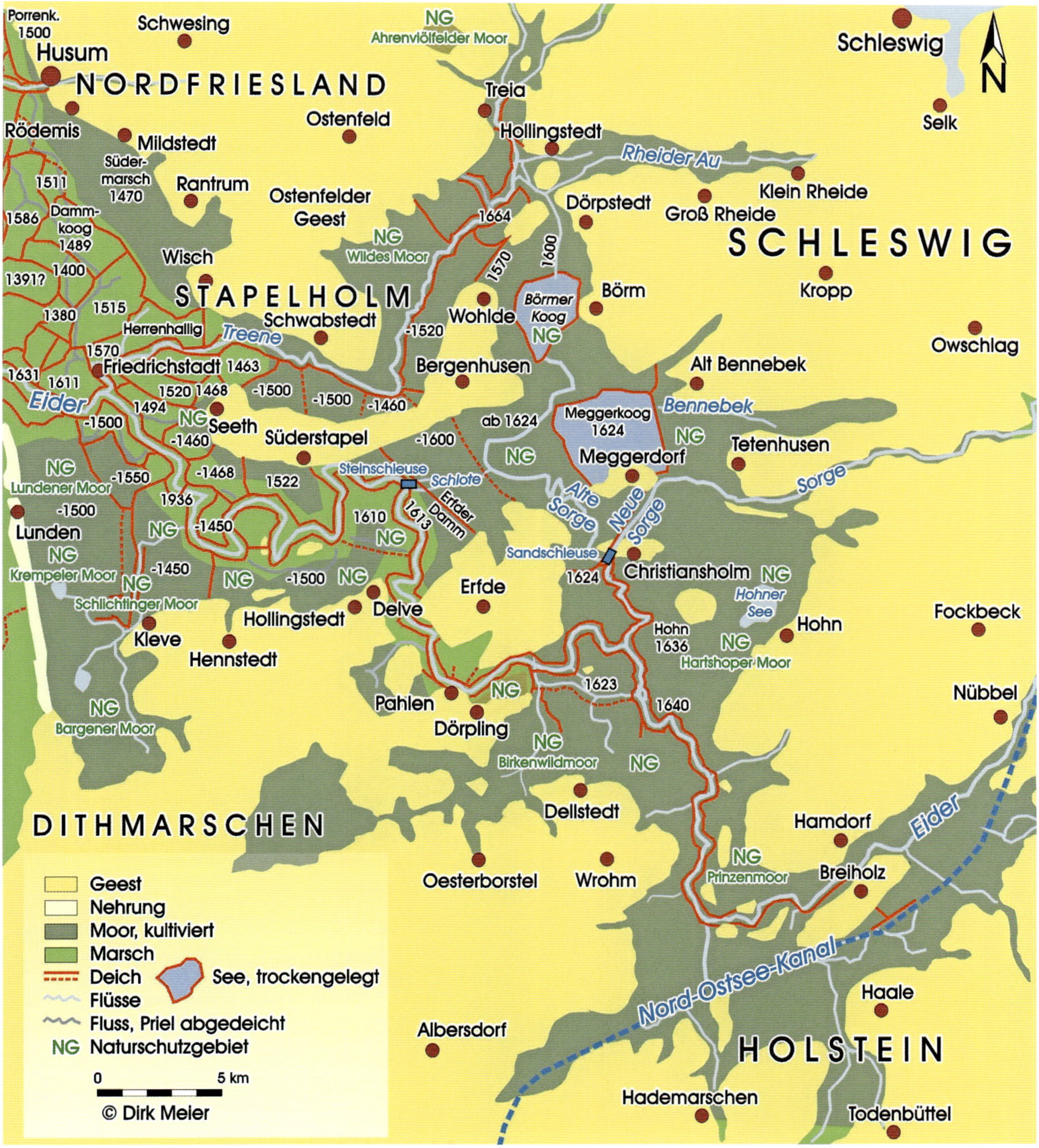

rend der Oberlauf der Treene bis heute naturnah belassen ist, führen entlang des teilweise begradigten Unterlaufs Deiche. Ihre Mündung in die Eider wurde 1570 auf Anordnung Herzog Adolfs I. von Schleswig-Holstein-Gottorf dort umgeleitet und abgedämmt, wo später Friedrich III. 1621 Friedrichstadt gründete. Damit waren etwa 78.000 ha, mit der Umleitung der Sorge 1631 etwa 31.000 ha dem Tideeinfluss entzogen worden.[121] Bis zur Fertigstellung der Sperrwerke bei Nordfeld 1936 und an der Eidermündung 1973 besaß der Unterlauf der Treene die Funktion eines Auffangbeckens für das Tidewasser. Wie weiträumig sich nach Starkregen auch heute Überflutungen auswirken, belegt der Deichbruch bei Dörpstedt 1998.

Zwischen den Flusstälern von Eider und Treene bildet die Sorgeniederung mit ihren früheren Seen eine natürliche Verbindung. Die Sorge entsteht nordwestlich von Alt-Duvenstedt aus der Vereinigung von Stente als Ausfluss des Bistensees sowie der Mühlenau. Sie fließt dann fast 30 km nach Westen bis zu ihrer Mündung in die Eider. Das umgebende Feuchtgebiet prägten ursprünglich weite Moore und Seen.[122] Mit der Bedeichung der Außen- und Untereider seit dem 12. Jahrhundert erhöhte sich die Flut. Daher überschwemmten regelmäßig Hochwässer die bis vor 400 Jahren noch

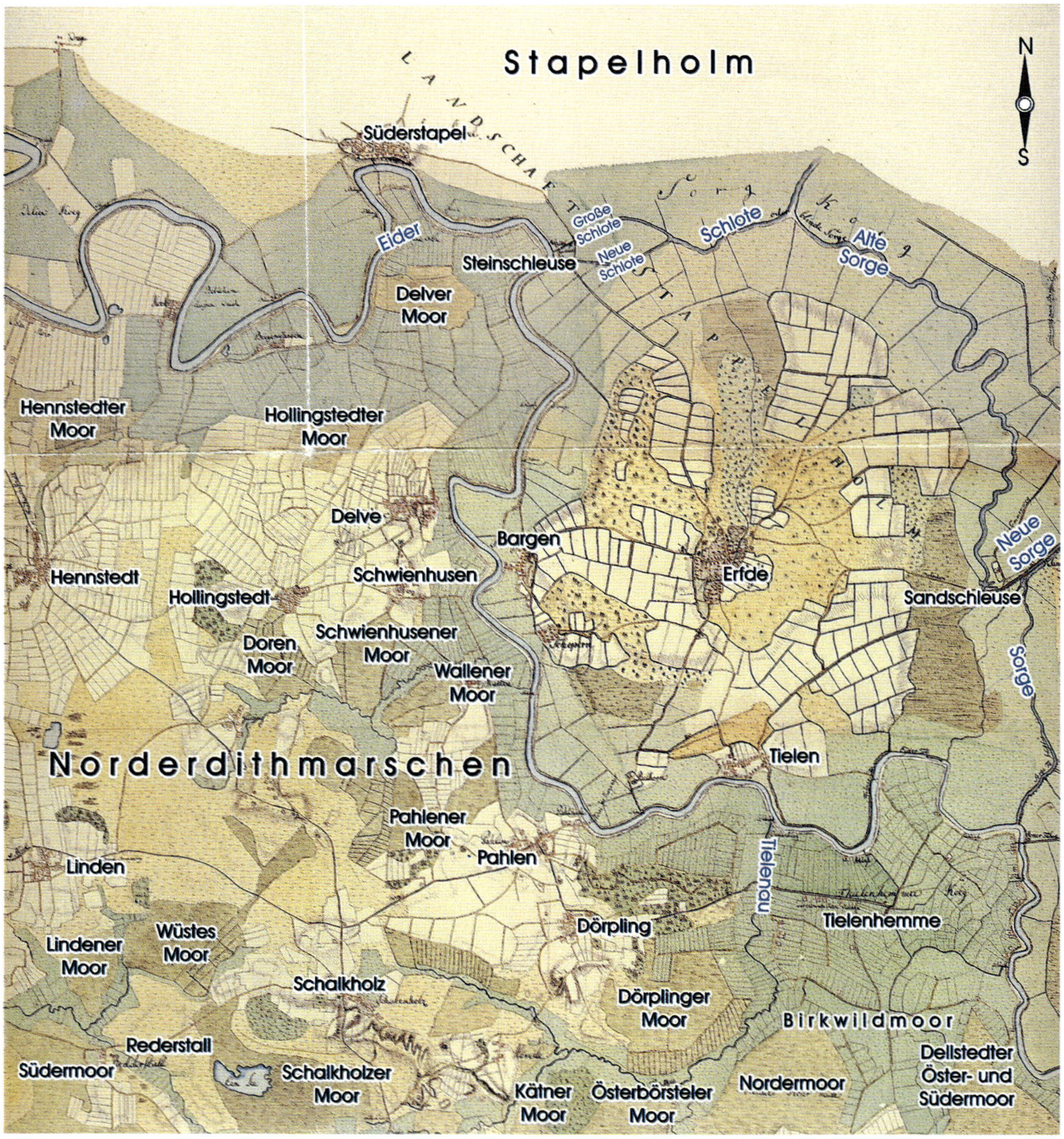

Untereider auf der Topographisch Militärischen Charte des Herzogtums Holstein (1789–1796) von Gustav Adolf von Varendorf.
Quelle der Karte: Kort&Martikelstyrelsen, Danmark

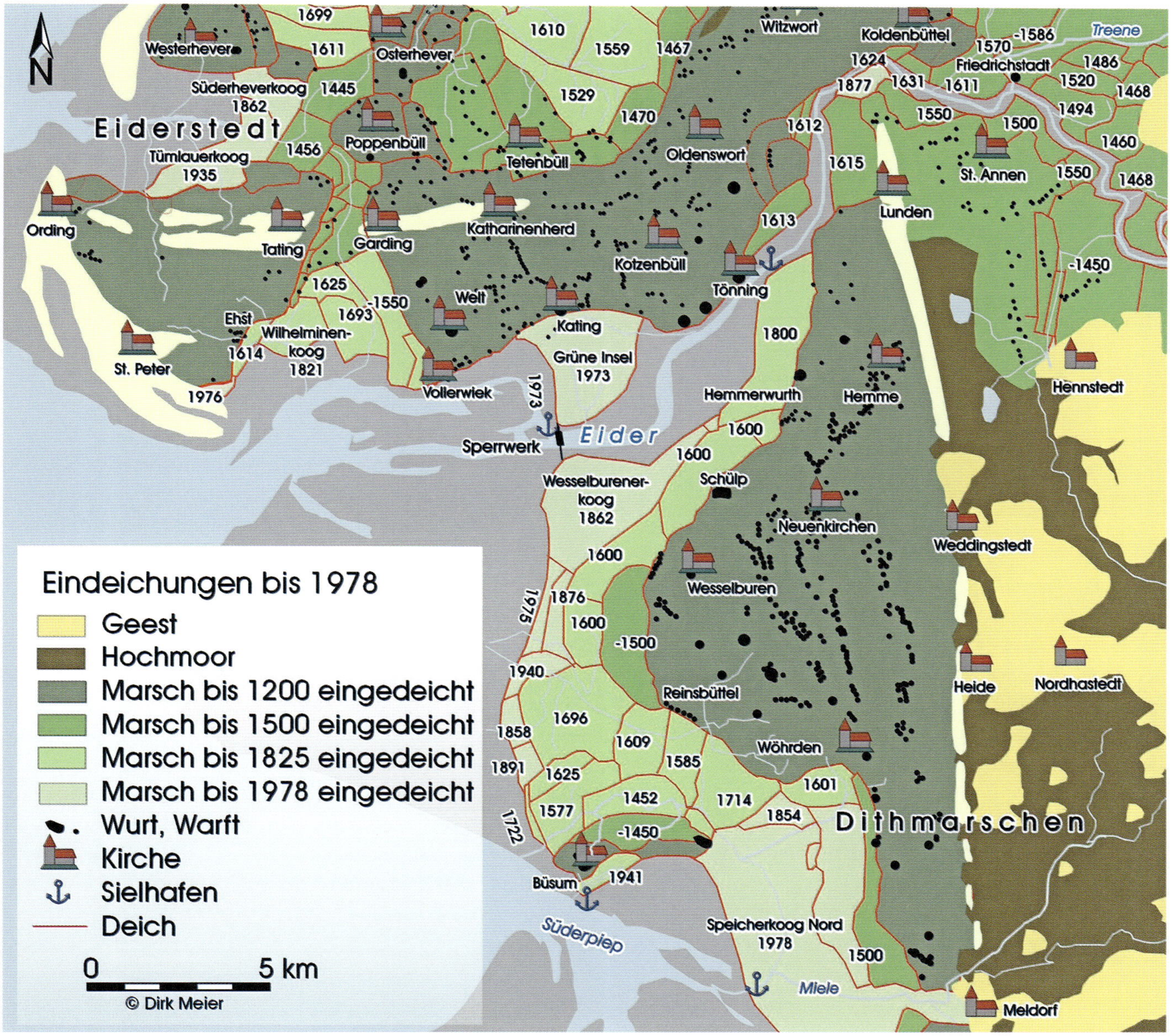

Eidermündungsgebiet mit Eindeichungen bis 1978.

unbedeichte Sorgeniederung. Die Sorgeniederung bildete somit ein natürliches Speicherbecken für überschüssiges Wasser von Eider und Treene. An den ursprünglichen Tidefluss erinnern noch die Mäander der Alten Sorge nördlich von Erfde. Daher erklärt sich hier deren ähnliche Breite wie die der Eider von ca. 100 m. Das Niederungsgebiet veränderten Deichbau, Entwässerung und Trockenlegung von Moorseen seit dem 17. Jahrhundert nachhaltig, wie ein Vergleich der heutigen Karte mit der topographischen Karte des 18. Jahrhunderts von Varendorff oder älteren von Johannes Mejer erkennen lässt.[123]

Der von der Geest herabfließende Oberlauf der Sorge mit seinem Einzugsgebiet von ca. 26.700 ha wurde ab Meggerdorf in einen neu angelegten Kanal (Neue Sorge) entlang eines 1624 errichteten Umleitungsdeiches geführt, von dem man die Alte Sorge abschnitt. Der künstlichen Entwässerung dient die Sandschleuse mit ihrem Pumpwerk. Als etwas breiterer Fluss fließt die Sorge von hier nach Westen durch Wiesen, nimmt durch ein weiteres Schöpfwerk das Wasser der Rinne als einem Entwässerungskanal des Hohner Sees auf und mündet bei Hohnerfähre in die Eider.[124] Die Alte Sorge erhielt mit der Großen Schlote als

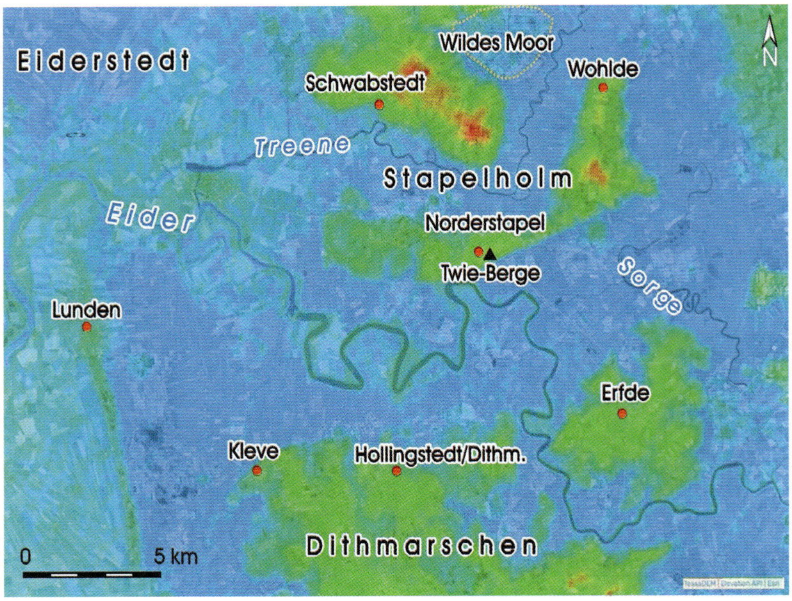

Die heutige Satellitenhöhenkarte zeigt die hohen Holme (braun) und die Niederungen (blau). Die dunklen blauen Flächen markieren anthropogen urbar gemachte Moore. Kartengrundlage: Topographic-map.com mit Ergänzungen

Verlängerung der Stapelrönne 1629 einen neuen, mit der Steinschleuse regulierten Abfluss in die Eider bei Süderstapel, in den auch die Neue Schlote als zweiter künstlicher Wasserarm mündet. Die wiederholt zerstörte Schleuse ersetzten 1915, 1938 und 1956 Neubauten. Die neuen Schöpfwerke an der Stein- und Sandschleuse lösten zwar die Überschwemmungsprobleme der Sorgeniederung, veränderten aber auch die Hydrologie. So sackten durch die intensive Entwässerung 5 bis 8 m mächtige Moorschichten infolge der Zersetzung organischen Materials an ihren Oberflächen. Große Flächen gerieten unter das Niveau des Mittleren Tideniedrigwassers der Außeneider.[125] Erst in der Neuzeit rückte der Fokus auf die Schutzwürdigkeit der Sorgeniederung, wo deren alte Flussschleife seit 2009 als Bestandteil des EU-Vogelschutzgebiets Eider-Treene-Sorge-Niederung ausgewiesen ist. Die noch erhaltenen Moore umfassen insgesamt ein Drittel des schleswig-holsteinischen Gesamtbestandes.

GEOLOGIE

Am Ende der Elster-Kaltzeit vor etwa 320.000 Jahren waren im Eider- und Treene-Raum tiefe Rinnen ehemaliger Schmelzwasserströme vorhanden. In diese drang während der nachfolgenden Klimaerwärmung das Holstein-Meer ein und lagerte marine Tone ab.[126] Die aus den Niederungen von Eider, Treene und Sorge herausragenden Geestkerne schufen ein oder zwei durch das Saale-Warthe-Interstadial getrennte Eisvorstöße vor etwa 130.000 Jahren.[127] Diese Holme bestehen teilweise aus älteren Sanden und Kiesen, Geschiebemergel und Lehm. Abtragungskräfte der nachfolgenden Warmzeit und der Weichsel-Kaltzeit ebneten diese ein.[128] Die Altmoränen von Stapelholm erreichen

Blick in die weite Eiderniederung von Norderstapel. Foto: Dirk Meier

Wildes Moor bei Schwabstedt. Foto: Dirk Meier

südöstlich von Wohlde Höhen von 30 m und westlich bei Bergenhusen von 41 m. Zu den charakteristischen gestauchten Endmoränen dieser Zeit gehören die 28,8 m hohen Twie-Berge bei Norderstapel. Deren westlicher Teil steht unter Naturschutz, während der übrige Bereich durch den Abbau von Sand, Lehm und Ton teilweise abgegraben ist. Auf den Twie-Bergen wächst ein Trockenrasen, der sich nur unbeschattet auf nährstoffarmem Untergrund entwickelt. Die Niederungen von Tielenau und Schalkholzer Au als Nebenflüsse der Eider in Norderdithmarschen verdanken ihre Entstehung vorstoßenden Gletscherzungen der Saale-Kaltzeit. In den von Randhöhen begleiteten Tälern sammelte sich Schmelzwasser, das zur Nordfriesischen Rinne hin entwässerte. Diese erodierten auch den Talboden der Ur-Treene. sodass deren Sohle zwischen Hollingstedt und Schwabstedt 30 bis 40 m tief liegt.

In der nachfolgenden Eem-Warmzeit vor etwa 126.000 bis 115.000 Jahren bildeten diese Täler Förden des vorgestoßenen Meeres, die an der Treene mit der Nordmannrinne bis nach Hollingstedt sowie an der Eider bis weit oberhalb der Sorgemündung hinauf reichten. Noch im Bereich von Oldenbüttel südlich von Prinzenmoor finden sich im Eidertal marine Ablagerungen dieser Zeit. Diese erreichen im Treenetal über Wohlde hinaus eine Mächtigkeit von bis zu 20 m. Feine Tonablagerungen füllen den tieferen Untergrund der heutigen Talböden aus. Die Geestholme Stapelholms bildeten Kliffe am Eem-Meer.[129]

Während der kältesten Phasen der nachfolgenden Weichsel-Kaltzeit suchte sich bis vor 14.000 Jahren das Schmelzwasser ausgehend von den Gletscherrändern im Osten Schleswig-Holsteins seinen Weg durch die Niederungen im Gebiet von Eider, Treene und Sorge, erodierte die Geestränder und schuf Steilkanten. Etwa 50 km nordwestlich von Helgoland mündete die Ur-Eider nördlich des Steingrundes in das Elbeurstromtal. Die Schmelzwässer räumten Teile der Eem-Ablagerungen aus und lagerten bis 10 m mächtige Talsande und Beckentone ab, die den Untergrund der Moore und Marschen entlang von Eider und Treene bilden. Wind und Wasser transportierten losgerissenes Material weiter und sedimentierten es in Tälern als Sande. Wo Schmelzwasserströme die Altmoränen erodierten, erhielt die Landschaft mit ihren Geestinseln ein inselartiges Gepräge. Der Schmelzwasserstrom der Ur-Treene schnitt vor dem Eisrand tief in den bis 37 m über NN hohen Flensburger Sander ein.[130]

Nach dem Ende der Weichsel-Kaltzeit und dem Anstieg des Meeresspiegels im Holozän stoppte die vordringende Nordsee der Geestvorsprung bei Schwabstedt. Bohrungen im Wilden Moor östlich von Schwabstedt zeigten, dass hier die Treene frei von Salzwassereinfluss tonige Sedimente ablagerte. Im Präboreal von 9.610 bis 8.690 v. Chr. bestand bei Winnertfeld ein See, der im Boreal von 8.690 bis 7.270 v. Chr. verlandete. Mit dem Grundwasserspiegelanstieg im Atlantikum von 7.270 bis 3.710 v. Chr. prägten Niedermoore und Erlenbruchwälder weite Bereiche der Eider-Treene-Sorge-Niederung.[131]

WASSERBAUTECHNISCHE EINGRIFFE VON 1150–1559

Vor der Bedeichung seit dem 12. Jahrhundert wurden Teile der Eider-Treene-Niederung regelmäßig überschwemmt. Am ersten Deichbau an der Außen- und Untereider auf Dithmarscher Seite waren die Kirchspiele Lunden, Hennstedt, Tellingstedt und Delve beteiligt.[132] Zunächst sicherte das Kirchspiel Lunden seine Marschen mit einem Deich, der von Wollersum über Preil bis Dammsdiek und von hier als Flügeldeich bis an das Lundener Moor verlief. Östlich der Lundener Nehrung dienten Verwallungen (Schüttungen) dem Schutz des Weide- und Wiesenlandes vor sommerlichen Hochwässern, bevor diese höhere Deiche ersetzten. Im Kirchspiel St. Annen liegen die hochmittelalterlichen Deiche auf einem von Sedimenten bedeckten Torf mit Funden der ersten nachchristlichen Jahrhunderte.[133] Im Niederungsgebiet zwischen Schlichting und Delve erfolgte mit dem *Ulendam* eine Abdämmung der Broklandsau in die Eider, wo der Sielhafen der Norderhamme entstand.[134] Das nicht immer zuverlässige *Chronicon Holtzatiae* berichtet, dass der Wintersturm 1402/03 die Eider so anschwellen ließ, dass diese den *Ulendam* durchbrach. In einer Streitsache von 1480 wird von einem Ausfluss im Ulendam gesprochen, der auch 1492 erwähnt wird.[135] Die ursprüngliche Mündung der Broklandsau lag bei *Lammersbole*, wo Deichschäden für 1388 bekannt sind.[136] Ein zweiter Mündungsarm verlief nach Norden in Richtung auf Neuensiel, einem 1543 erwähnten Eiderhafen. Infolge der Bedeichung der Untereider erhöhten sich durch Wasserstau die Sturmfluten, was Deichbrüche förderte. Vielleicht gingen deshalb einige der im Erdbuch des dänischen Königs Waldemar II. von 1231 genannten Orte und Besitzungen an der Eider zwischen Lunden und St. Annen unter, die sich aber nicht mehr sicher lokalisieren lassen.[137]

Wohl noch vor der Zweiten Marcellusflut von 1362 erfolgte die Bedeichung des Delver Kooges in der großen Eiderschleife.[138] Die Entwässerung nahm den restlichen Eiderarm auf, in den 1447 eine *Sluse* entwässerte. Nach Zerstörung dieses Kooges infolge von Sturmfluten wurde hier 1610 der Neue Delver Koog errichtet. Den Mitteldeich zum alten Koog trug man später ab. Bis 1447 existierte nachweislich der *Halveskoog* auf der ehemaligen Insel Bergewöhrden (Borgwöhrden).[139] Zusammen mit der Abriegelung des Eiderarms mit einem Querdeich entstand die später bedeichte Halbinsel Horst. Zusammen mit der Abdämmung der Broklandsau erfolgte um 1450 der Bau des Nordfelder Kooges.

Bis zur Bedeichung spaltete sich östlich der Lundener Nehrung die Eider in mehrere Arme zwischen den Inseln Bösbüttel nördlich von St. Annen und Horst sowie weitere bei Tielenhemme auf.[140] Die Dammlegung nach Bösbüttel erfolgte nach dem Dithmarscher Chronisten Neocorus 1491. Nach dem Bau eines zweiten Damms wurde der Bösbütteler Koog eingedeicht.[141] Im Zusammenhang damit entstand die Kirche St. Annen von Lunden aus. Das aufgelandete Vorland wurde um 1550 als Hehmkoog bedeicht. Kurz nach 1437 dürften die Inseln *Betjehem* und *Delen* an Stapelholm angeschlossen worden sein.[142] Nach der Rechtsfindung von 1480 gehörten diese zu Stapelholm. Prozesse von 1447 und 1480 belegen weitere Deiche zwischen St. Annen und Delve.[143] Ihren Bestand als Eiderinsel hat die *Tilen Hemme*, die die Dithmarscher 1480 gleichfalls beanspruchten, bewahrt. Weitere *Hemmen* existierten noch 1561, als Norderdithmarschen schon zum Herzogtum Schleswig-Holstein-Gottorf gehörte.

Für die Eiderniederung oberhalb von Pahlhude lässt sich eine Bedeichung der Eider erst in einem Prozess König Christians I. gegen Dithmarschen 1480 nachweisen. Im Urteil wurden die Bewohner von *Hashovede* in der *Vogtei tor Tilen* von den Dithmarschern zu Abgaben genötigt.[144] Auch *Hashovede* war wohl als Folge der Sturmflut von 1436 eingedeicht worden. Infolge weiterer Überschwemmungen wurde das Dorf Tielen 1533 am Geestrand neu errichtet.

Weiter flussaufwärts existierte noch im 16. Jahrhundert die Eiderinsel Tielenhemme an der Mündung der Tielenau in die Eider.[145] Am rechten Ufer lag vermutlich die Insel *Hashovede*, die im Unterschied zur Tielenhemme schon früh bedeicht worden war. Über deren Zustand geben Bereisungen königlicher und herzoglicher Räte 1561 Aufschluss. So heißt es,

Eindeichungen, Wurten (Warften), Kirchorte, Sielhäfen, untergegangene Orte und Burgen bis 1500 an Untereider und Treene.

dass sich die Eider hier *in zwei oder sogar mehr Ströme* teilt, zwischen denen etliche *Hemmen* (Inseln) liegen. Diese gehören zu Dithmarschen und werden *Sehebruck, Hulffshemme und Tilenhemme* genannt. Die Stromspaltung der Eider beginnt bei *Sehebruck* und endet unterhalb der *Tilenhemme* beim Dorf Tielen. Nun sollte der Fluss auf der Dithmarscher Seite *alte Eider* und auf der Stapelholmer Seite *neue Eider* genannt werden. Weil die Dithmarscher 1501 eine Brücke über die *alte Eider* errichtet und den Strom *verbauet* hätten, sei die *neue Eider* breiter und tiefer geworden. Hingegen behaupteten die Dithmarscher, dass der Eiderarm auf ihrer Seite *Tilike* hieß und der andere Arm als Eider von jeher die Grenze gebildet hätte. Einige Jahre später kaufte Herzog Adolf die Insel *Sehebruck*, worüber sich die Bauerschaften von Pahlen und Dörpling als Eigentümer beschwerten. Schließlich überließ der Herzog diesen den Ort *Halshuete von dem Sehebrocke*. Die drei Hemmen in der Eider wurden 1568 in die Grenzziehung einbezogen. *Sehebruck* verblieb im Eigentum des Gottorfer Herzogs, *de Hulpeshemme* kam an König Friedrich und *de Vorhemme* an Herzog Johann von Hadersleben.[146] Nach dem Tode Johanns 1581 gelangte diese an den Herzog von Schleswig-Gottorf.

Neben Auseinandersetzungen über Grenzfragen gab es Streit ums Wasser. So wurde 1447 der Tielenburger Burgvogt von den Dithmarschern wegen Überflutungen aufgrund absichtlicher Deichzerstörungen angeklagt.[147] Dieses behauptete das Kirchspiel Delve von seinem *Slusedam*, wodurch die Dörfer *Zebeke, Esterwisch, Langenhorn, Brodersham* und *Gotikenbergen* verloren gegangen sein sollen. Ähnliche Beschuldigungen hatten schon die Dorfschaft *Lammersbole* im Kirchspiel Hennstedt sowie das Kirchspiel Lunden 1388 für *Schluse-Grawen* im Bereich der späteren Kirche von St. Annen und einen weiteren Deich erhoben. Ebenfalls 1447 beklagten sich die Stapelholmer über die Dithmarscher, dass diese den Deich des Horster Kooges zerstört hätten, dessen Fertigstellung mehr als 20 Jahre gedauert habe. Die Aussage

im Prozess, dass die Bauern 1437 *to Betzehemme de Sluse makeden*, dürfte sich auf die Abdämmung eines Eiderarms beziehen. Infolge der Errichtung der Dithmarscher Eiderdeiche und deren teilweiser Vorverlegung drückte das Wasser häufiger und länger in die Betjehemme, sodass die Bauern die dortigen Wiesen aufgaben.[148]

Stapelholm erscheint erstmals in einer Urkunde von 1260. Es bildete in dieser Zeit einen Pfandbesitz der Grafschaft Holstein.[149] Zu Stapelholm gehörten mit *St. Johannis* (Dornebüll), *Stapel* (Süderstapel), *Arwede* (Erfde) und *Beveringhusen* (Bergenhusen) drei Kirchspiele, deren größter Bevölkerungsanteil auf den gerodeten kleinen Geestinseln lebte, während die Niederungsgebiete an der Treene nur partiell besiedelt waren. Stapelholm mit seinen vermoorten Niederungen konnte nur wenige Abgaben an das Schleswiger Domkapitel liefern. Als eine Verbindung zwischen der Geestinsel von Süderstapel und Erfde diente im Hochmittelalter der Erfder Damm.[150] Eine zweite Wegeverbindung bildete weiter im Norden der Bünger Damm. Im Zusammenhang mit einem Dithmarscher Überfall 1402 auf Erfde und Süderstapel bemerkt das *Chronicon Holtzatiae* zutreffend, *dass die Eider zwischen Friesen und Dithmarschen Ebbe und Flut hat*.[151] Weitere Hinweise zu Stapelholm finden sich in den schon erwähnten Prozessakten von 1447 und 1480 sowie in Zinsbüchern des Schleswiger Bischofs, dem *Registrum capituli Slesvicensis* von 1450 und dem *Liber censualis* von 1462/63.

Die Halbinsel Delen in der Stapelholmer Eiderniederung wurde 1516 als Deljer Koog (Koog in der Niederung) durch die holsteinische Landesherrschaft eingedeicht, die sich das Verfügungsrecht über Vorländer und ausgedeichte Ländereien vorbehalten hatte. Mit der Fertigstellung des Süderstapeler Westerkooges 1522 war die gesamte Eiderniederung bei Süderstapel bedeicht. Ferner verband seit 1520 der Deich des Schlickkooges den Mildter und den Olden Koog.[152] Am 26. Februar 1525 beauftragte der dänische König Friedrich I. die Be-

Untereider bei Tielen. Foto: Dirk Meier

Schwabstedt mit Schloss und Kirche auf einer Handzeichnung um 1600 (Ausschnitt). Landesarchiv Schleswig, Abt. 402 B II, Nr. 144.

wohner von Seeth, Drage, Norder- und Süderstapel mit der Eindeichung des Fresenschlicks.[153]

An der Treene finden sich im Mittelalter bischöfliche Pächter in der bedeichten *Norderstapel Mersch.*[154] Während um 1460 die Ostermarsch von Norderstapel ein Deich sicherte, erhielt die Westermarsch einen solchen erst 1512. Beide Gebiete trennte das Nordmoor. Hier nutzten auch Bewohner des Dorfes Hude Ländereien bis zur Zeit des Bischofs Eggert Dürkopp (1488–1499). Da sie nicht jenseits der Treene deichen wollten, taten dies die Bauern aus Norderstapel. Die daraus herrührenden Streitigkeiten wurden unter Amtmann Hans von Ahlefeld 1512 beigelegt. Danach sollte Norderstapel die *Hudering Fenne* so lange behalten, bis die anteiligen Deichkosten erstattet würden. In einem Prozess wurde Norderstapel schließlich die Ländereien zugesprochen.[155] Nördlich von Norderstapel am Uferwall der Treene sind spätmittelalterliche Funde bekannt.[156]

Bei Drage ist 1468 von der Bedeichung der Marsch und des Wiesenlandes die Rede, womit der Oldenfelder Koog (Oldes Feld) gemeint ist.[157] 1479 erging der Beschluss, den noch unbedeichten westlichen Teil von Dornebüll zu sichern. So bezeugte das Kirchspiel *Stapel* (Süderstapel) einen Vertrag, den Bischof Helrich in Schwabstedt mit den Besitzern der Seether und Dornebüller Ländereien geschlossen hatte. Die Genannten dürfen danach bedeichen, *was noch von Dornebüll im Westen der Marsch… nicht is diket wesen* mit anderen Äckern *dessulven Dorfes.* Nach zwei Jahrem wollte der Bischof den Deich, der in einem *guten Verlauf* errichtet werden sollte, mit Hilfe der Eigentümer unterhalten. Die 17 Äcker des Bischofs bleiben jedoch unbedeicht. Weiter war Bedingung, dass der neue Deich 14 Ruten (ca. 67 m) von der Schwabstedter Hemme entfernt zu bleiben hätte und ein Grenzgraben zu errichten wäre.[158] Das Recht für den neuen Koog, für den 16 Deichrichter zu wählen waren, sollte bei der Burg Schwabstedt liegen. Falls ein Deichbau unterbliebe, gälte die alte Regelung weiter. Dieses Landstück liegt nach einer Handzeichnung von 1600 in der großen Treeneschleife. Zwar benennt die Urkunde von 1479 diesen Koog nicht, doch dürfte es sich um den Nordfelder bzw. Gehrlandskoog handeln, der um 1500 oder 1507 fertig gestellt wurde.[159]

Vor 1460 dürfte eine Eindeichung des Olden Feldes erfolgt sein, dessen *Butner Diek* (Außendeich) 1494 nach der Fertigstellung des Oldekooges zum Mitteldeich wurde. Zwischen beiden Kögen erstreckte sich bis zur Bedeichung von 1520 eine Wattfläche mit einem Priel.[160] Östlich des Olde Feldes entstand um 1468 der an das Moor grenzende Süderfelder Koog (Redeker Koog). Zu diesen Bedeichungen macht Caspar Danckwerth in seiner Landesbeschreibung von 1652 nicht nachprüfbare Angaben. Danach soll *das Oldefeldt bei Drage an der Eyder der älteste Kog hieherumb, diesem nechst die Milda oder der Mildekog Anno 1436 aus der Treen eingenommen* sein. Daneben ist *der Oldekog aber erst Anno 1436 und Oldeschlick Anno 1540 beyde aus der Eyder eingedeichet.* Ein Dematregister von 1500[161] nennt jedoch das Areal noch *Milderfeld,* was auf eine unbedeichte Lage hinweist. Der Anwachs wurde bis 1550 bedeicht, wobei der Mildter Koog 1550 *Nygemilt* Koog genannt wird.

Der Deichbau seit dem 12. Jahrhundert konnte jedoch die Auswirkungen schwerer Sturmfluten nicht verhindern. So vergrößerte die Zweite Marcellusflut von 1362 den Mündungstrichter der Eider und stieß weit in die Niederungen von Eider und Treene vor. Ferner hatte sich der Fluss im späten Mittelalter bei Harbleck einen neuen Lauf gesucht, während die alte Eider zwischen Tofting und Langenhemme in Eiderstedt und bei Hemmerwurth in Dithmarschen zuschlickte. Auf Landverluste südlich von Kating an der Außeneider deuten Sodenbrunnen von Warften mit Funden aus dem 12. bis 14. Jahrhundert hin.[162] In der Kornflut vom 21. August 1573 wird der Untergang des Ortes Spallenbüll südlich von Kating vermeldet.[163] Der wohl schon im späten Mittelalter zurückverlegte Deich dürfte dabei bis an seinen heutigen bogenförmigen Verlauf bei Spannbüllhörn zurückgenommen worden sein.

Im Schwabstedter Westerkoog (dem südlichen Teil der bis 1470 bedeichten Südermarsch) kamen unter Sedimenten hoch- und spätmittelalterliche Scherben auf einer Sandkuppe zu Tage, wohl Überreste des im späten 14. Jahrhundert überfluteten Ortes Wisch.[164] Auch die Cecilienflut von 1412 und die St. Elisabeth Flut von 1421 waren verheerend.[165] Über die Allerheiligenflut von 1436 heißt es, dass der Bürgermeister von Tönning, Aut Detleff, eine Frau bei seinem Haus retten wollte und ein Boot bestieg. Eine Woge trieb ihn jedoch vom Land ab, dann über den zerstörten Deich in die Außeneider und die Nordsee, bis er schließlich in Büsum an Land kam.[166] Vieth erwähnt, dass *das Wasser an dem Lunder=Kirchof zu Norden gestanden* sein soll.[167] Der Sturmflut von 1470 hielt der Eiderdeich stand.

Auf den Dünenhöhen nördlich von Seeth lag südlich der Treene Dornebüll *(Dornebul)*. Das dem Schleswiger Bischof gehörende Kirchdorf wurde infolge der Sturmflut von 1436 oder kurz danach aufgegeben. Dessen Ländereien grenzten im Norden an die Norderstapeler Treenewiesen und reichten im Westen bis zur Eider und Treene, die vor 1362 noch bei Reimersbude in die Eider mündete. Eine Urkunde von 1470 bezeugt die Zugehörigkeit des später an Dithmarschen angedeichten Dornebülls zur Schwabstedter Gerichtsbarkeit. Ferner wird ein Salzkoog erwähnt.[168] Zu Dornebüll mit dem Wester- und Osterfeld gehörte die Eiderinsel Bösbüttel. Im Osterfeld besaß der Bischof 10½ Äcker. Nach der Zulassung der später zustande gekommenen Bedeichung Dornebülls sollte von allen eingedeichten Äckern der Zehnte abgegeben werden.[169]

Die Kirche St. Johannis befand sich nicht in Dornebüll, sondern westlich der Straße von Seeth nach Schwabstedt. Im Seether Nordfelder Koog wird noch heute eine Stelle als Karkhof bezeichnet. Dass Dornebüll ein Kirchdorf sein könnte, lässt sich aus dem *Liber censualis* erschließen, da dies in den ursprünglich bewohnten Marschen der Wisch mit St. Johannis (nicht die oben erwähnte an der Straße nach Seeth), St. Christinen und St. Catharinen drei Kirchen ausweist, die zur *parochia Dornebul* gehörten.[170] Das ehemalige Kirchspielgebiet von Dornebüll trennte ein Treenearm, der bei Schwabstedt zum Eiderarm bei Bösbüttel führte, von der Geest. Dessen Verlandung dürfte ebenso wie die bleibende Gefährdung Dornebülls eine Folge der Zweiten Marcellusflut von 1362 gewesen sein. Die Preisgabe des Dorfes, dessen Bewohner sich in Seeth ansiedelten, erfolgte nach einer weiteren Sturmflut 1436. Die Neueindeichung der ehemaligen Dornbüller Ländereien erlaubte 1460 der Schleswiger Bischof.[171]

Weiter flussaufwärts lagen in der Treeneniederung die ehemaligen Dörfer *Trenstade* (Treenstade)[172] und *Buynghe* (Bünge). Während ersteres dem Herzog gehörte, unterstand letzteres der Gerichtsbarkeit des Schleswiger Bischofs und seiner Burg in Schwabstedt.[173] In *Trenstade* besaß dieser Äcker. Von beiden Dörfern heißt es nur, dass sie von den Bewohnern bei der großen Flut aufgegeben wurden. Sicher existierten beide 1430 nicht mehr, wie indirekt eine Aussage des Rektors der Kirche von St. Jacobi in Schwabstedt belegt. *Bynghe* wird in dem ab 1462 abgefassten *Liber censualis episcopi Slesvicensis* als ein großes verlassenes Dorf bei den Dörfern Wohlde und Hollingstedt bezeichnet.[174] Die Bewohner kamen nach ihrer Umsiedlung auf die Wohlder Geest unter die Hoheit des holsteinischen Herzogs. Für ihre Ländereien in der Niederung blieben sie aber weiterhin nach dem bischöflichen Schwabstedt zehnt- und pachtpflichtig.[175] Die Vögte der Tielenburg übernahmen 1375 ehemalige Bewohner *Trenstades* als herzogliche Untertanen, indem sie eine Abwesenheit des Bischofs ausnutzten.[176] Somit könnte Sturmhochwasser das Dorf 1362 verwüstet haben. Auch der Vertrag des Bischofs mit den Besitzern der *Mersch* bei Wohlde von 1446 über die Eindeichung enthält einen Hinweis auf die Preisgabe *Trensta-*

des.[177] Offensichtlich waren seit der Zweiten Marcellusflut von 1362 keine Schutzvorkehrungen für Weiden und Wiesen in der Niederung erfolgt. Die Lage *Trenstades* ist nach Funden bei Schierhoe bekannt, die beim Abbau des Dünensandes zu Tage traten.[178]

Während *Trenstade* in Wohlde ein Nachfolgedorf fand, entstand für *Bynghe* eine Neugründung gleichen Namens auf der Bünger Geestinsel. Flurnamen von Westerbünge und Bargfenne erinnern an das Vorgängerdorf. Nach dem bischöflichen Zinsbuch bestand auf dem östlichen Treeneufer noch der Ort *Winderingmoor*, der bei einer ersten Bedeichung in der Niederung genannt wird. In einem Zinsbuch von 1509 heißt es, dass das Dorf wüst läge. Vermutlich erfolgte die Aufgabe zwischen dem späten 14. und der Mitte des 15. Jahrhunderts.[179] So waren die St. Gallenflut vom 16. Oktober 1476 und die von 1483 verheerend.[180] In letzterer ging wohl auch der zuletzt 1479 erwähnte Ort *Metaes* (Metz) an der Eider bei Lunden unter.[181]

Das Zinsbuch weist noch an anderen Stellen Stapelholms bischöflichen Landbesitz nach. Die Pächter in *Norderstapel Mersch*, die neben ihren Landstücken auf der Geest auch eingedeichte Wiesen nutzten, entrichteten ihre Pacht und den Zehnten nach Schwabstedt. Ferner besaß der Bischof im Dorf *Zete* (Seeth) Ländereien auf der Geest und in *Zeters Mersch*. Bei *Drahte* (Drage) lagen in der Marsch abgabepflichtige Wiesen. Deren abgabepflichtigen Bauern zogen jedoch infolge einer Überschwemmung nach Seeth. In Süderstapel gebot der geistliche Herr über eine mittlere Hufe mit zwei Viertelhufen. Außerdem werden Heulieferungen von Wiesen in *Jepperen* aufgeführt. Die Wiesen in *Beetzeem* (Betjehemme, Bethjehemme) tragen nur noch Schilf, was eine zunehmende Vernässung andeutet. Beachtenswert ist der Hinweis auf Salztorfgewinnung in Betjehemme, die ein bischöflicher Pächter betrieb und dafür jährlich 2 Tonnen Salz zahlte. Ebenfalls erhielt der Bischof Zehntausgaben vom Kirchspiel Erfde.[182]

Diesen Schriftzeugnissen und archäologischen Funden nach hatten vor allem die Zweite Marcellusflut von 1362 ebenso wie die Allerheiligenflut von 1436 den Meereseinfluss in der Untereider- und Treene-Region vergrößert und zur Aufgabe von Nutzland und Dörfern geführt.[183] Neu abgelagerte Sedimente erreichten nur in Ufernähe von Eider und Treene größere Mächtigkeiten, wo Marschen aufwuchsen. Flussaufwärts wird die junge Marsch kleiner. Die Marschuferwälle behinderten eine Aufschlicklung der dahinter liegenden Niederungen, was deren Vermoorung weiter begünstigte. Der Überflutungsgefahr für Stapelholm begegnete der dänische König mit Deicherneuerungen, wie sich aus einem Privileg Christians I. von 1463 schließen lässt.[184] Das Seether Nordfeld an der Treene dürfte zu den ältesten Neubedeichungen in Stapelholm gehören, die im Zusammenhang mit der Eindeichung von *Dornebul* nördlich von Seeth steht. Innerhalb des Deiches war von allen Äckern der Zehnte zu entrichten. Zudem durfte kein Land im neuen Koog in der Hemme gegenüber der Burg Schwabstedt in der Treeneschleife beweidet werden. In der Seether Marsch hatte der Bischof größtenteils bedeichten Grundbesitz. Vom Seether Nordfeld aus entstanden vermutlich in dieser Zeit mehrere Kleinköge.

WASSERBAUTECHNISCHE EINGRIFFE VON 1559–1864

Wie schon im späten Mittelalter wirkten sich auch die Sturmfluten des 16. Jahrhunderts auf die Außeneider und die anschließenden Niederungen aus. Am 13. November 1508 brach der Katinger Eiderdeich und *de vloet* ging über *Eyderstede*[185], und am Marientag (wohl 8. September) 1531 trieben nach weiteren Zerstörungen des Eiderdeiches Garben auf den Äckern herum.[186] Die schwerste Sturmflut des 16. Jahrhunderts war die Allerheiligenflut vom 2. November 1532, die den Eiderdeich zwischen Oldersum, Kating, Süderhöft und Sankt Peter teilweise zerstörte.[187] Acht Tage vor St. Martin (11. November) ereignete sich eine weitere große Flut, in der viele Menschen und Vieh in Eiderstedt ertranken. An einem Montag vor Allerheiligen 1533 ging die Flut nochmal über Eiderstedt.[188] Die Sturmflut vom 21. August 1573 soll sich hauptsächlich auf die Eiderdeiche beschränkt haben.[189] In dieser ging auch das

Kirchspiel Spallenbüll südlich von Kating unter, was eine nochmalige Rückverlegung des Deiches bei Spannbüllhörn erforderte.[190] Die überaus hohe Flut zerstörte auch das Siel an der Außeneider bei Reimersbude, wo eine große Wehle entstand und 17 Menschen starben.

Vermutlich waren viele Deiche an der Eider, an die kein Vorland grenzte, im 16. Jahrhundert als Stackdeiche erbaut. So berichtet Sax 1636, *dass wegen der beiden großeren Waßeren, Eyder und Treenen, welche mechtig auf die Süder Teiche anlieffen, böße Teiche seien, welche des Ortes mit hohen Bollwerken unterhalten worden.* Weitere Landverluste traten im 16. Jahrhundert bei Süderhöft an der Außeneider ein, bevor dort die Wiederbedeichung des Ehster Kooges von 1611 bis 1614 gelang.[191]

Nachdem das Untereidergebiet 1559 unter der Herrschaft der Herzöge von Schleswig-Holstein-Gottorf kam, wollten sie dieses aus fiskalischen Gründen entwickeln. Ihre Maßnahmen fallen in eine Zeit wasserbautechnischer Innovationen, wie sie sich von den niederländischen Generalstaaten entlang der Nordseeküste verbreiteten.[192] Das Augenmerk des Herzogs Johann Adolf richtete sich zunächst auf die

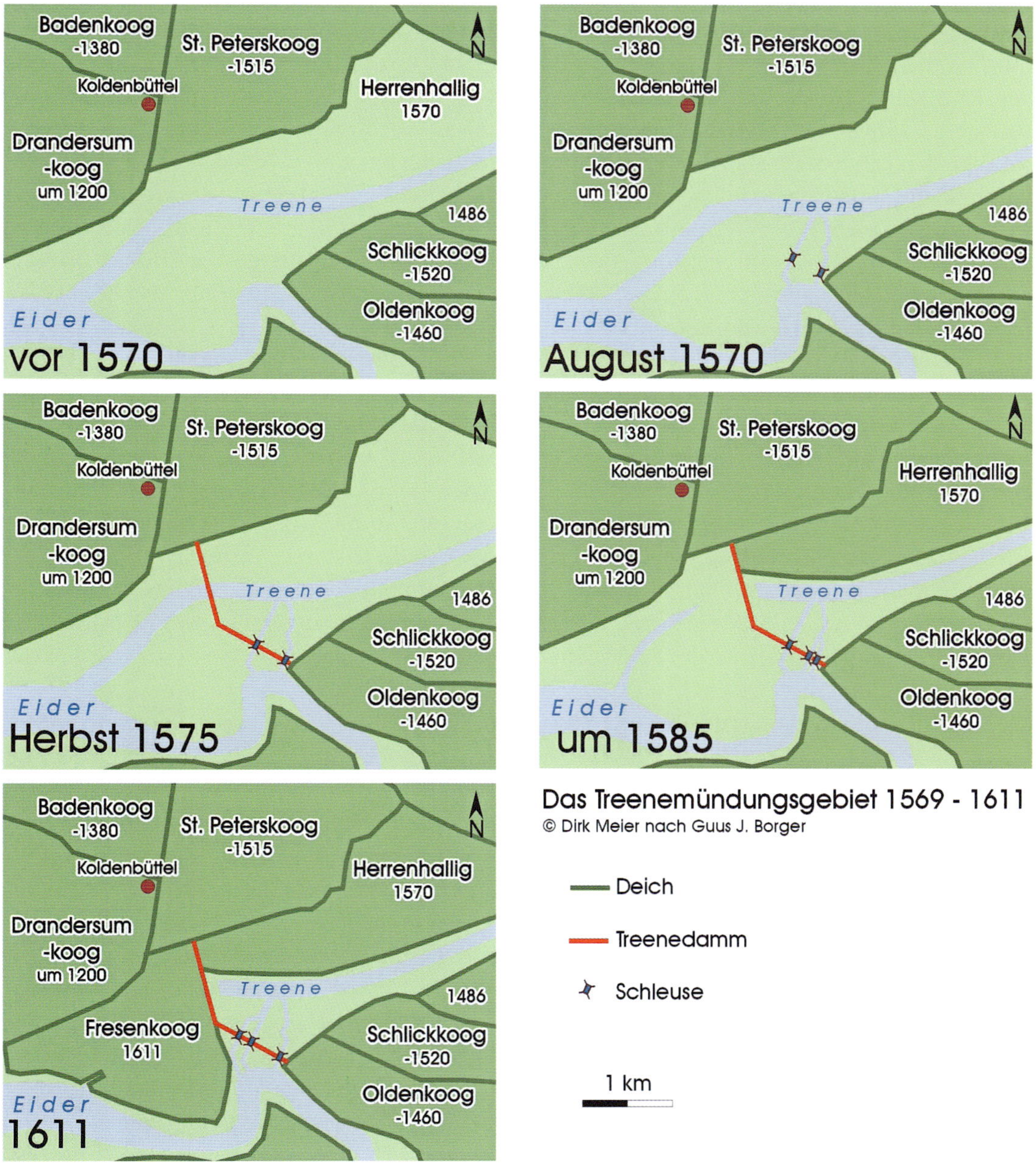

Die Treenemündung in die Eider 1569 bis 1611 mit der Treeneabdämmung.

nicht überall bedeichte Treene, an der sich bis Hollingstedt die Gezeiten bemerkbar machten und wo die Niederungen oft unter Wasser standen. Seit der Gewinnung des St. Peterskooges 1515 bestand die beiderseitige Deichlinie am Unterlauf der Treene auf Jahrzehnte hinaus fort. Der Deich auf dem rechten Treeneufer verlief zwischen Koldenbüttel und dem Schwabstedter Geestrand, während er auf dem linken Ufer bis zur Niederung bei Wohlde reichte. Oberhalb von Norderstapel war der Treenedeich in den moorigen Untergrund gesackt. Daher fasste der Herzog einen Deichschutz für die ganze Treeneniederung, die Gewinnung von Vorländern und die Abschleusung des Wasserlaufes ins Auge.[193]

Im Frühjahr 1570 begann das Werk, an dem alle Kirchspiele Eiderstedts, die Lundenberghardе, die Hattstedter Marsch sowie die Bewohner der Landschaft Stapelholm mit Ausnahme Schwabstedts mitwirken mussten, soweit sie Ländereien in der Treeneniederung besaßen.[194] Noch vor der Abriegelung des bis 12,5 m tiefen Flussbettes mit einem 455 Ruten (2,17 km) langen Damm von Koldenbüttel bis zum Olde Koog wurde der Zufluss der Treene durch vier Sielzüge mit vier *doppelten Haffsielen* in die Eider umgeleitet, obwohl der Peterskoog schon zwei eigene besaß. Deren Bau erfolgte in der geplanten Deichlinie auf dem Vorland.[195] Die Schleusen erhielten Doppelöffnungen. Mängel verursachten aber eine Abänderung des ursprünglichen Plans. So hatten sich nach der herzoglichen *Notanda* die *Ostersleus, Lassen Schleuse (Lachsen Schleuße)* und das Eiderstedter Siel in den Untergrund gesenkt.[196] Aufgrund der starken Aufschlickung des Fresenkooges musste man vermutlich 1571 das Eiderstedter Siel und die Lassenschleuse aufgeben. So verblieben nach dem Tod Herzog Adolfs 1616 nur die *Cran-* oder *grosse Schleuse*, die *Olde Schleuß* oder Mittelschleuse und die *Newer Schleuße* östlich des Fährhauses, die innerhalb weniger Jahre die Osterschleuse ersetzte. Die *Cran Schleuse* diente als Schifffahrtsschleuse.[197]

Nach der Aufgabe des Eiderstedter Siels und der Lassenschleuse wollten sich die betroffenen Dorfschaften ihrer Pflichten entziehen. Die Streitigkeiten regelten 1586 die Außenkoogsleute. Gleichzeitig mit den Schleusen war der Deich auf dem hohen Vorland hergestellt worden, danach ging man an die Abdämmung des Treenebetts. Mit Hilfe von Buschwerk trieb man zwischen den gerammten Pfahlreihen Häupter voran und deckte sie mit Erdmaterial ab, das Schiffe heranführten. Nach etlichen Schwierigkeiten gelang am 4. Juli 1570 die Schließung zwischen beiden Häuptern. Noch vor dem Winter baute man den Damm zum Seedeich aus.[198]

Das *Newwerck* bei Koldenbüttel schützte zwar die Treenemündung vor Überschwemmungen, verkleinerte jedoch den Tidestauraum, sodass sich nach 1570 die Hochwässer in der Eider noch stärker bemerkbar machten. Dieses war neben den schwachen Deichen auch ein Grund für die schon genannten Landverluste von 1599 bei Wollersum in Norderdithmarschen. Auch das aufgeschlickte Land der Herrenhallig musste 1570 oder 1573 mit einem Deich vor dem Treenehochwasser geschützt werden.[199] Eine Verbesserung der Entwässerung war nicht so eingetreten wie erhofft. Die Niederungen an der Treene litten immer noch an Überschwemmungen.

Die westlichen Köge Stapelholms besaßen, vom Seether Nordfeld ausgehend, eine gemeinsame Entwässerung mit dem Olde Koog Sielzug als einem gemeinsamen Vorfluter in die Eider. Der Mildter Koog entwässerte ebenfalls seit 1607 in die Treene. Der Oldenfelder Koog der Ortschaft Drage führte das Wasser bei der Goschenfähre in die Eider ab. Der Süderfelder- oder Redeker Koog besaßen zwei Siele im Eiderdeich, der Deljer Koog ein weiteres. Wie der Süderfelder Koog nahm auch der zu Süderstapel gehörende Westerkoog das Geestwasser auf und führte es durch die Vormarsch-, Nie- und Horn-Schleuse zur Eider. Im Osterkoog verlaufen die Große und Neue Schlote mit der Stein- und Balkenschleuse an der Eider. Das Seether Osterfeld, das eine Sietwende (niedriger Entwässerungsdeich) vom Nordfeld trennt, entwässert zur Treene. Die Norderstapeler Treenemarsch besitzt drei Deichsiele. Eigene haben ferner die Erfder Marsch, der Bargener Koog, die Scheppern Marsch und der Tieler Koog. Östlich des Tielener Flügeldeiches zur Erfder Geest besteht für die Niederung eine natürliche Vorflut zur unteren Sorge. Auch auf dem rechten Eiderufer wurden 1636 und 1640 mit dem Hohner und Rendsburger Koog zwei Teilbedeichungen zum Schutz der Niederung ausgeführt, um auch die Erreichbarkeit der Hohner Fähre zu verbessern. Die hier oft überschwemmten Deiche wurden 1876 auf NN +2,5 m erhöht. Zwischen dem Tielener und dem Hohner Koog ermöglichte eine Deichlü-

Auswirkungen der Weihnachtsflut von 1717.

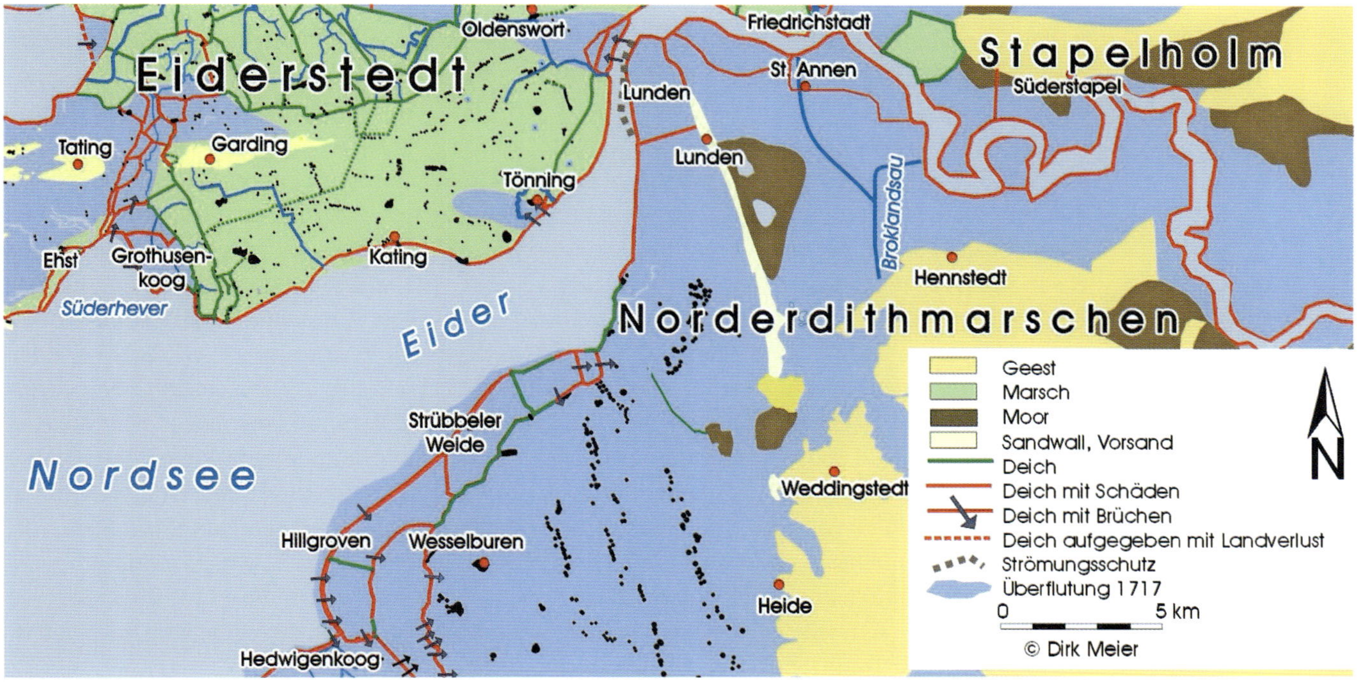

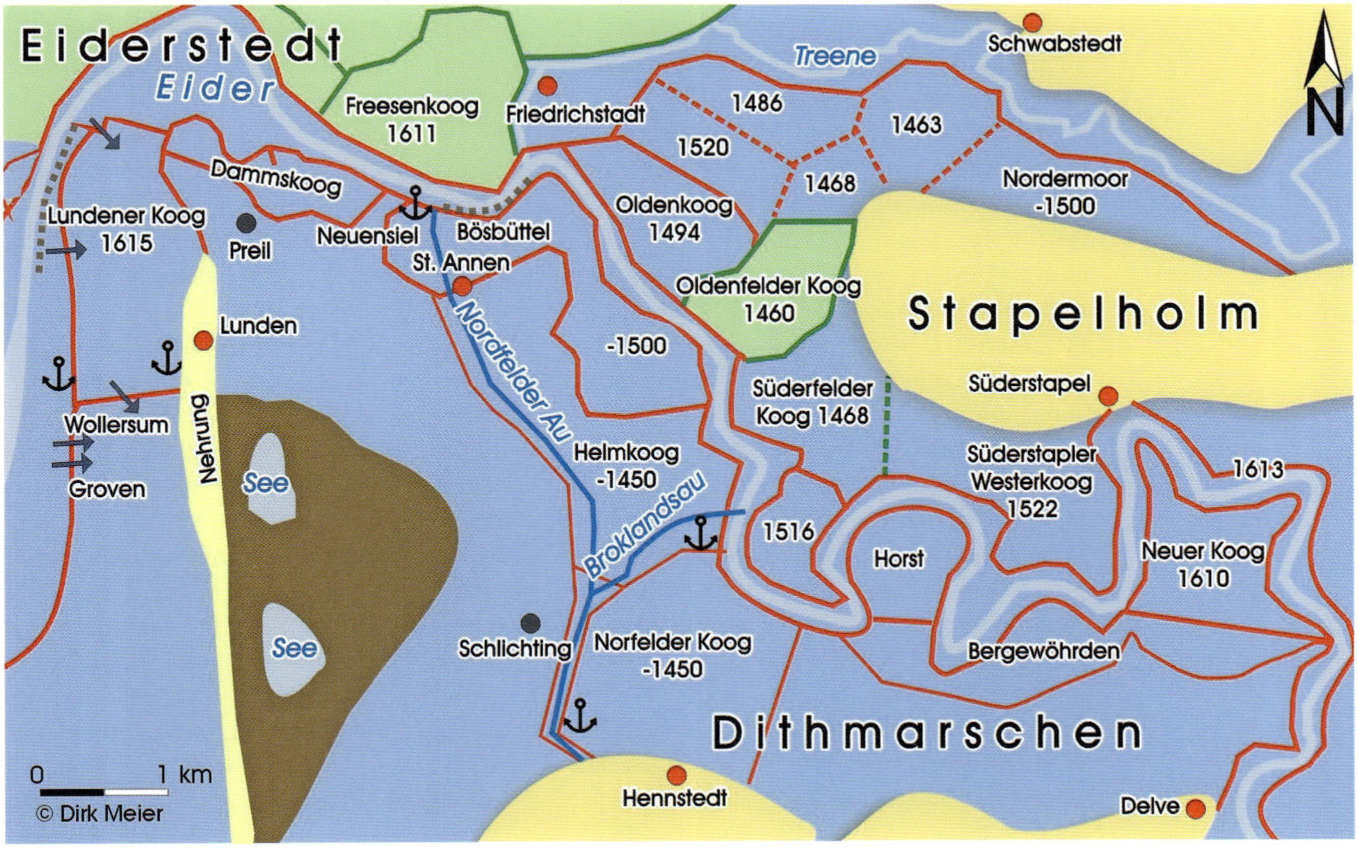

cke eine Ausbreitung von Hochwässern beiderseits der unteren Sorge.[200]

An der Eider hatte das Kirchspiel Koldenbüttel das Recht zur Eindeichung des Vorlandes erhalten, wo 1515 der St. Peterskoog fertiggestellt wurde.[201] Die durch den Koog führenden Wasserläufe verschlickten infolge der Eindeichung des Dammkooges schnell, nur die Abdämmung eines Tiefs bereitete Schwierigkeiten. Danach wurde 1613 der Friedrichskoog (Süder-Friedrichskoog) vollendet.[202] Der Anwachs oberhalb von Reimersbude wurde als Johann-Adolf-Koog 1624 gewonnen. Ferner verlieh sein Nachfolger Herzog Friedrich III. Vorland zur Eindeichung an seinen Kammersekretär Schwenk, der es jedoch an Koldenbüttel abtrat.[203] An ihn erinnert der 1631 eingedeichte Schwenkenkoog. Neueindeichungen an der Außeneider gelangen 1625 noch mit dem Dreilandenkoog.[204]

Für Dithmarschen galt das 1567 von den Landesherren gemeinsam erlassene Landrecht, wenn auch den Kirchspielen und Bauerschaften das Deichwesen mitsamt Lasten weiter überlassen blieb. Traditionell fiel infolge der großräumigen Dithmarscher Bedeichung die Wasserlösung den Sielverbänden zu, die oft über das Kirchspielgebiet und die Bauerschaft hinausgingen.

Für den Eiderdeich bei Wollersum war 1584 nach Ansicht der herzoglichen Kommission eine Sicherung des hohen Flussufers durch zwei feste *Heupter* (Holzbauten) zum Strömungsschutz erforderlich. Das 1585 fertiggestellte Stromwehr wurde schon 1599 zusammen mit der Dorfwurt von Wollersum zerstört und der Koog aufgegeben.[205] Nach dem Urteil von 1584 sollte die bisherige Verteilung der Deichlast und der Entwässerung auf die Bauerschaften von *Metze, Wollersum, Neßerdik und Groven, Hemme, Flede, Nienkerken, Strubbel, Schulpe und Nordick* sowie auf die Kirchspiele beibehalten werden.[206] Zu dieser Zeit gehörte das Vorland noch den Einheimischen, bevor es Herzog Johann Adolf 1615 beanspruchte.[207] Um 1600 wurde mit dem Bau niedriger *Siddeldike* als Grenzen der einzelnen Bauerschaften Vorland entlang der Außeneider eingedeicht (Rathsmeder Koog, Strübbeler und Schülper Weide, Hillgrovenkoog, Heringsander Koog). Während die ersten drei Köge gemeinsam durch das Neue Schülper Siel entwässern, erhielten Hillgroven und Heringsand ihre eigenen Deichsiele.[208] Das Wollersumer Siel führte teilweise das Wasser von Lunden ab, während das Hemmer Siel die Entwässerung Hemmes und teilweise ebenfalls von Lunden regelte. Der neue Eiderdeich brach schon 1601. Auch die Sturmflut vom 14. November 1622 verursachte weitere Zerstörungen.[209]

Trotzdem wuchs entlang des Dithmarscher Eiderdeiches Vorland auf, dessen Bedeichung Herzog Johann Adolf einigen Interessenten unter Auflagen erlaubte. Am 20. September 1615 war der Lundener Koog mit einem Siel fertiggestellt[210], doch schon in der Dezemberflut erlitt der Deich infolge angetriebener *Balcken und Holtzwercke* einen *nicht geringen Schaden*. Zur Behebung erteilte Johann Adolf 1615 an den Landvogt die Anweisung, dass unter Einbeziehung genügenden Vorlandes der Deich durchgehend etwas zu erhöhen sei.[211] Das Vorland im Norden wurde als *Preyler Außenteich* 1623 zwar zur Eindeichung verliehen, doch unterblieb diese.[212]

Zur gleichen Zeit richtete sich der landesherrliche Zugriff auf das Vorland von der Fähre Wollersum bis zur Schülper Südgrenze, das bis zum Rathsmeder Koog erheblich angewachsen war. Dieses gehörte den Bauerschaften Nesserdeich, Flehderwurth, Groven, Hemmerwurth und Zennhusen. Mit der *Conzession* vom 13. August 1623 überließ der neue Herzog Friedrich III. jedoch das ganze Vorland den Hamburger Kaufleuten J. und H. Mohrs. Aber im April 1624 kaufte die Bauerschaft Schülp ihren alten Anteil wieder zurück. Im Sommer 1624 unternahmen die Brüder Mohrs ohne sachverständige Leitung einen vergeblichen Eindeichungsversuch ihres verbliebenen Vorlandes. Da somit ein neuer Deichschutz unterblieb, besserten die Bauerschaften der Kirchspiele Hemme und Lunden ihren Eiderdeich selbst aus. Die Hamburger Kaufleute veräußerten im Juli 1625 das Vorland (Mohrsens Hallig) an die Bewohner Norddeichs. Im Oktroi vom 10. März 1695, dem später weitere folgten, setzte sich auch Herzog Friedrich IV. über die Eigentumsrechte der Einheimischen hinweg und vergab das Vorland zwischen der Außeneider und der Nordsee an Herrn von Pincier, das 1696 als Hedwigenkoog eingedeicht wurde.[213]

Weitere Streitigkeiten verursachten Binnenentwässerung und Stauwasser. So wurde etwa 1621/22 den Fedderingern vorgeworfen, den *Damm Klamp*, der dem Schutz der Schlichtinger Feldmark in Dithmarschen diente und zugleich die Wegeverbindung zur Kirche nach Hennstedt bildete, *an mehreren Stellen aufgerissen zu haben, wodurch viele Häußer und Höffe mit selbigen überschüssigem Waßer überschwemmet würden*. Bei dem Klamper Damm handelt es sich um eine bis zur Geest reichende Schüttung.[214] Infolge der Überschwemmungsprobleme an der Untereider hatte schon Herzog Friedrich III. 1622 seinen Generaldeichgraf Rollwagen und den Unternehmer de Moll mit einem Eindeichungsentwurf beauftragt. Die bäuerlichen Interessenten wollten jedoch aufgrund der hohen Kosten die Eindeichung selbst vornehmen. Der Herzog entsprach im wesentlichem ihrem Gesuch, sodass 1623 der Tielenhemmer Koog mit einer *Schleuße* bei *Thielenburgh* entstand. Da die herzoglichen Gutachter die Entwässerung als unzureichend beurteilten, wurde ein zweites Siel bei *Hülpsgrube* erbaut. Im gleichen Jahr war *der Paler Eiderteich dero Bauerschaften Palen und Dörpelingen zu gering und undüchtig* befunden worden. Deshalb wurde 1624 ein *Schüttingsdeich* bei *Thileken* angelegt.

Da sich auch die Vorflutverhältnisse für das Gebiet von Kleve und Schlichting weiter verschlechterten, die Ländereien regelmäßig Geestwasser überschwemmte und die Eiderwasserstände stiegen, entschlossen sich beide Bauerschaften für eine Trennung der Marsch- und Geestentwässerung. Dies erforderte den Bau eines Kanals, der 1736 mit einer Schleuse im Eiderdeich fertiggestellt wurde und ein Jahr später begleitende Deiche erhielt. Die Klever Feldmark entwässerte darunter mit einem Düker. Den neuen Kanal nannte man Broklandsau, die alte Mündungsstrecke Nordfelder Au.[215] Der 3,7 m breite Kanal konnte jedoch den vergrößerten Abfluss der Weideflächen und der urbar gemachten Moore und Heiden nur unzureichend ableiten, sodass 1816/17 große Überschwemmungen im Broklandsautal eintraten. Auch der Bau einer neuen Kanalschleuse 1817 behob die Schwierigkeiten nicht. Schließlich wurden 1819 die Durchflussweite unter der Eishemmbrücke um 6 m erweitert und der Kanal ausgekleit. Eine 1853 erbaute neue Schleuse erwies sich ebenfalls dem starken Wasserdrang nicht gewachsen, was 1888 eine zweite notwendig machte.[216]

Da die Vordeichungen entlang der Außen- und Untereider den Flusslauf weiter einschnürten, drückten die Sturmfluten des 17. Jahrhunderts das Salzwasser weit in das Gebiet der Untereider.[217] Steigender Wasserdruck verursachte neben Eisschollen im Winter 1625 Deichschäden. Eine Sturmflut durchbrach am 26. Februar 1624 die Dithmarscher und Eiderstedter Deiche an vielen Stellen, wobei das Wasser in Eiderstedt 14 Tage gestanden haben soll. Weitere Schäden verursachte die Sturmflut im März des gleichen Jahres.[218] Die schwere Burchardiflut vom 11. Oktober 1634, in der in den Uthlanden die Insel Alt-Nordstrand auseinanderbrach, verursachte beiderseits der Eidermündung keine Landverluste.[219] An der Eider waren u.a. Teile des Freesenkoogdeiches beschädigt. Die Wassermassen zerstörten die große Schleuse an der Kirche Koldenbüttel, sodass die Überschwemmung auch auf den St. Peterskoog übergriff. Der Deichvorsprung von Olversum war mehrfach durchbrochen und wies zwei Wehlen auf. Vor Kating verringerten sich die Deichschäden, hingegen befanden sich bis Vollerwiek zwei Wehlen. Auch der Deich des Dreilandenkooges war gebrochen. Nach seiner Wiederherstellung ereignete sich 1635 ein neuer Einbruch. Zu den überschwemmungsfreien Orten gehörten eine Teilfläche des St. Peterskooges und der dortige Mitteldeich zur Südermarsch, einige Ländereien im Dingsbüllkoog sowie die hochgelegenen Stellen in *Büttel, Spuyt, Oldenswort, Offenbüll, Tönning, Diekhusen* und die höheren Sandwälle. Die Mitteldeiche und die Sietwenden hatten sich als unzureichend erwiesen. In den Eiderstedter Kirchspielen kamen 425 Menschen und 1.844 Stück Großvieh ums Leben.[220]

In Dithmarschen erstreckte sich die Überschwemmung von 1634 angeblich über die gesamte Marsch.[221] Im Lundener Koog an der Außeneider waren *unterschiedliche Wehlen eingestoßen*, wobei die im Nordwesten erst 1636 durch Umdeichung geschlossen werden konnte. Das herausgerissene Siel erbaute man bei Wollersum neu. Ferner stauten sich die Fluten am Heringsander Koog an der Außeneider, wo schon 1625 die *Teiche fast gar hinweck gegangen* waren. *Nur wenig vom Teich stehet* heißt es über den Seedeich, vor dem sich das Wasser höher staute, das infolge des Wahrdammkooges (1609) nicht mehr in den Wardstrom nach Süden abfließen konnte. Der Deich am *Hehrensand* war an *33 Orten eingerissen* und das *Bollwerck* des Deiches zerstört worden.[222] Die Oktobersturmflut zerstörte den Eiderdeich des Heringsander Kooges fast ganz. Am 20. August 1635 ordnete Herzog Friedrich III. die *Wiederbeteichung des Heringsandischen Koges* an. Vor Beendigung der Bauarbeiten brach das *saltze Wasser abermahlen* in der Sturmflut des Herbstes 1635 in den Koog ein, zudem waren im vorhandenen Deich *vier Wehlen eingelaufen*. Erst im folgenden Jahr war der Deich vollendet.[223] Nach Vieth ertranken im Kirchspiel Lunden 65 Menschen, 181 Pferde, 725 Stück Hornvieh, 163 Schafe, 162 Gänse. Ferner war ein großer Teil der Wintersaat verdorben und 4.383 Tonnen Korn weggetrieben.[224] Nach der schweren Burchardiflut unterblieben in Eiderstedt zunächst Neubedeichungen. Erst unter Herzog Christian Albrecht erfolgte 1693 die Eindeichung des Welter und Vollerwieker Vorlandes als Grothusenkoog südlich des Dreilandenkooges.[225]

Weihnachten 1717 brach die verheerendste Naturkatastrophe der Neuzeit über die Nordseeküste herein.[226] Da die Wassermassen in das Eiderästuar drückten, entstanden zwischen St. Peter und Tönning mehr als 80 Brüche am Deich, der auch Kammstürze aufwies. Der Grothusenkoogdeich brach an mehreren Stellen, zwei weitere Wehlen rissen in der nachfolgenden Eisflut von 1718 ein. Am Seedeich des Dreilandenkooges traten zwei Durchbrüche ein. Zwar verursachte auch die Eisflut vom 25. Februar 1718 Schäden an den Utholmer Eiderdeichen, aber keine Durchbrüche mehr. Die meisten der Sicherungsarbeiten machte die Dezemberflut 1720 zunichte.[227]

Die 1717/18 entstandenen Brüche im Hemmerdeich bei Groven auf der Dithmarscher Eiderseite waren bis Herbst 1718 geschlossen. Das breite Vorland verhinderte 1720 einen erneuten Bruch. Größere Zerstörungen befanden sich 1717 auch am Deich des 1600 eingedeichten Rathsmeder Kooges. Einströmendes Wasser zerstörte hier die Mitteldeiche. Der nach der Eisflut von 1718 wiederhergestellte und verstärkte Eiderdeich hielt der Sturmflut von 1720 dann stand. Die Wiederherstellung des Lundener Koogdeiches gelang bis Sommer 1721.[228]

Die Stapelholmer hatten schon 1704 ihre Notlage nach Überschwemmungen geschildert. So waren in den *Oster- und Wester-Marsch Koegen 16 Wehlen eingebrochen*. Eine weitere befand sich bei *Paalhorn*. Ferner kam es zu Kappenrutschungen. Die Bewohner könnten aufgrund ihrer *Mohrländereyen*, wie es heißt, ihre Deiche nicht allein unterhalten. 1707 richteten die Bewohner Süderstapels eine neue Bitte an den Landesherrn, da die *Oster- und Wester-Marsch Koege Teiche bey jüngst gehabten harten Sturmwinde ümbgewühlet und ruinieret worden*. Erheblich beschädigt waren auch die Betzehemmer *Buten Teiche*. Infolge der Weihnachtsflut von 1717 und der *Einbrechung der Eyderteiche* mit Ausnahme des Oldenfelder Kooges waren sämtliche Köge an der Eider ganz *inundieret* worden.[229] Wellenüberschläge an den zu niedrigen Eiderdeichen führten zu Kappenrutschungen bei den Drager, Süderstapeler und Erfder Deichen. Auch für Friedrichstadt bestand 1717 die Gefahr eines Deichbruchs.[230]

Die Fortschritte im Küstenschutz glichen viele Schäden wieder aus. Nach 1720 lag der Regelquerschnitt der Seedeiche bei einer Höhe von 18 Fuß (5,37 m) über *ordinärer Flut*, die Außenböschung betrug 1:4, die Innenböschung 1:1,5. Bei den Deichen ohne Vorland befand sich ein niedriges Bohlwerk. Trotz dieser Abmessungen konnten die Deiche den nachfolgenden Sturmfluten vom 11. November 1751 und 7. Oktober 1756 nicht widerstehen, sodass erneute Überflutungen von Teilen der Halbinsel Eiderstedt die Folge waren. So wiesen die Eiderdeiche der Kirchspiele Tating und St. Peter *Riße und Löcher* auf.[231] Die Dithmarscher Eiderdeiche wurden nur überströmt.

Die Sturmflut von 1751 ging in Stapelholm örtlich mehr als 2 Fuß (ca. 0,6 m) über die Deiche. Dabei war die *große Wasserflut, solang man denken kann, niemalen so hoch gewesen*, so dass ein *großer Schaden verursacht* wurde. Der Deljer Koog mit dem Meyerhof Palhorn wurde *gänzlich unter Waßer gesetzet.* Besonders hart traf es Drage und Süderstapel, da noch vom *Getreyde nichts geborgen und alles durch diese außerordentliche Sturmflut entweder weggespület oder von dem salzen Wasser verdorben* war. Infolge der Deichbrüche im Deljer- und Süderstapeler Westerkoog drang das Wasser in das Moor und spülte Torf auf die Ländereien, die dadurch verdarben.[232] Zwischen Friedrichstadt und Tielen entstanden Kammstürze und 25 Wehlen, ferner wurde die kleine Schleuse im Westerdeich Süderstapels weggerissen. Notdürftig legte man an vielen Stellen für den Winter Kajedeiche an, da die Schadensbeseitigung längere Zeit dauerte.

Die nach 1752 durchgeführten Maßnahmen blieben unzureichend, wie die Sturmflut vom 7. Oktober 1756 zeigte.[233] Da keine Entlastung des Wasserdrucks durch Deichbrüche auf Dithmarscher Seite eintraten, brachen der Seether und Drager Eiderdeich mehrfach, sodass *alle Koege in besagter Landschaft gänzlich unter Wasser* standen. Nach Ansicht der Deichgeschworenen aus Drage war dies die Folge der schlechten Erhaltung des *Mohrteiches.* Auch die Schwabstedter Ostermarsch wurde nach Brüchen des Treenedeiches überschwemmt.[234] Bei heftigem Südwind gab es bis zum Mittag des 7. Oktober kein *extraordinäres Wasser*, sondern dieses stieg erst mit der Winddrehung auf Westen, und binnen einer Stunde überspülte es *die höchsten Deiche* bis zu 2 Ellen (ca. 1,2 m). Bereits um 4 Uhr nachmittags waren sämtliche Köge überschwemmt. Das Wasser drang auch in Häuser von Drage ein. Der Einbruch in den Mildstedter Koog erfolgte *mit solcher Heftigkeit, daß die Bewohner der dasigen Höfe ihre Hauberge verlassen und sich nach der Geest retitieren müßten.* Dennoch ertrank nur ein Bewohner aus Süderstapel sowie einiges Vieh, anderes musste man mit Booten retten. Zudem hatte das Salzwasser die Wintersaat verdorben.[235]

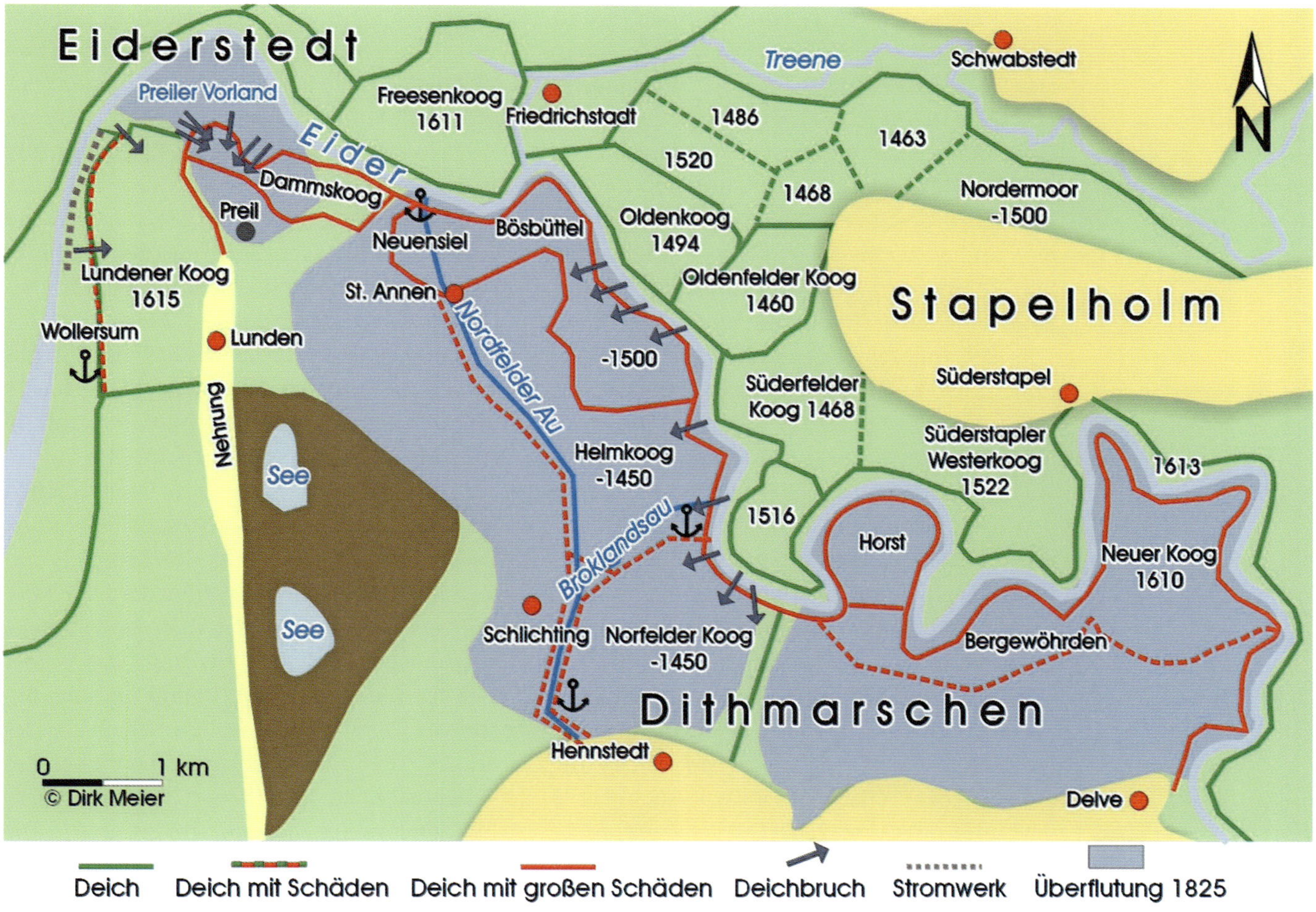

Auswirkungen der Februarflut von 1825 auf das Untereidergebiet.

Blick auf das Vorland an der Eider bei Nordfeld.
Foto: Dirk Meier

Am Oldekoogdeich befanden sich zwei Wehlen von 24 und 41 m Länge sowie 1,8 bis 2,4 m Tiefe. Der Deich des Oldenfelder Kooges wies fünf Brüche auf, davon waren einige über 95,5 m lang. Im Deich des Redeker (Süderfelder) Kooges existierten drei Einbrüche und eine Grundwehle. Zudem wies der Drager Deich Kammstürze auf. Auch die Süderstapeler Deiche waren *heftig beschädigt*. Der Deich des Westerkooges mit seinen vier Wehlen war an einigen Stellen zwischen 190 und 240 m weggespült worden. In den Eiderdeich des Osterkooges und weiter bis Tielen befanden sich ebenfalls Kammstürze und Löcher. An der Grenze zum Süderfelder Koog bei Süderstapel hatte sich das eingedeichte Land bis 0,6 m hochgehoben, wodurch einige Stücke wegtrieben. Aufgrund der Entlastung der Sturmflutwelle überflutete das Wasser den Sorgekoog nicht, auch Friedrichstadt blieb von größeren Schäden verschont.

Die 1756 eingeleiteten Maßnahmen des Stapelholmer Landvogts sahen Deichererhöhungen und Strohbestickungen vor.[236] Eine eingesetzte Kommission wies auf die vorbildlichen Oldenburger Deiche hin und bemängelte den Zustand der eigenen sowie die mangelnde Erfahrung im Bau von *Schlengen oder Höftern*, die Stromangriffe verhindern sollten. Auch wurde die Einführung einer *guten Deichordnung* propagiert. Es blieb jedoch bei der bisherigen kleinteiligen ungerechten Deichverfassung. Daher verursachte 1763 schon ein normales Eiderhochwasser bei Süderstapel *eine nie zu füllende Wehle*.[237] Besonders schwer wirkten sich auch die Sturmfluten von 1791 bis 1794 auf die Eiderniederung aus, obwohl diese die Höhe der vorherigen nicht erreichten. Noch ausgedehnter als ein Jahr zuvor war nach Deichbrüchen 1792 die Eiderniederung Norderdithmarschens betroffen. Binnenwasserstau führte auch zu Überschwemmungen in den Kögen an der Treene.[238]

Im Dezember 1793 wiesen die Stapelholmer Eider- und Sorgedeiche aufgrund der nicht entlasteten Sturmflutwelle erneut Schäden auf. Sie wurden *fast geschleift und dem Erdboden gleichgemacht*. Durch den Bruch des Tielener Deiches überschwemmte das Wasser die Sorgeniederung mit Teilen des Sorgekooges.[239] Während Norderdithmarschen bei der schweren Sturmflut vom 26. Januar 1794 von Deichbrüchen verschont blieb, wurden die Drager und Süderstapeler Deiche wiederum durchstoßen und die Niederungen mit Ausnahme des Olde Kooges überschwemmt. Infolge einer großen Brake im Süderstapeler Osterkoog drang das Wasser über den niedrigen Erfder Damm und überflutete die Sorgeniederung einschließlich des Megger- und Börmerkooges.[240] Nach einem zeitgenössischen Bericht war *außer der hohen Geest alles wie vormals unter Wasser gesetzt*. Die bisherige Höhe des Eiderdeiches von 3,2 m über *ordinäre Flut* sowie die Kronenbreite von

1,8 m wurden beibehalten, an den Stellen mit breiterem Vorland sollte die Außenböschung jetzt 1:3, die Innenböschung 1:1,5 betragen, bei geringerer Breite hingegen 1:4 bzw. 1:2 sowie bei direkt an das Schlickwatt grenzenden Strecken 1:5 bzw. 1:2. Hier sollte der Fuß bis zur halben oder normalen Fluthöhe mit Faschinenwerken versehen werden, um ein Ausspülen zu verhindern.[241]

Wenn auch die Dithmarscher Deiche teilweise nach 1756 erneuert worden waren, bemängelte der Naturforscher Johann Nicolaus Tetens die teilweise zu steile Außenböschung sowie die Bohlwerksicherung.[242] Die eingeleiteten Maßnahmen bewährten sich *in der ungewöhnlich hohen Flut* vom 22. März 1791, in der zwar Wellen über die Wesselburener Deiche schlugen, aber Brüche ausblieben.[243] Die wiederholten Sturmfluten im Dezember 1792 betrafen vor allem die Eiderdeiche des Kirchspiels Hennstedt, wo vor dem Kiebizmoor ein Bruch entstand. Dabei wurde auch der 1717 angelegte Notdeich der *Stuhrenschüttung* zerstört, sodass die Überschwemmung bis Delve reichte und auch die Gebiete von St. Annen und Schlichting betraf. Die Sturmflut von 1793 vergrößerte die Schäden zwar, zerstörte aber nicht die auf Wurten gelegenen Häuser. Auch die Schlichtinger Kirche stand unter Wasser. Schutzvorkehrungen verhinderten ein weiteres Vordringen des Wassers über Rehm und Stelle bis in die Marschen von Hemme und Neuenkirchen. Da eine Schließung des zerstörten Deiches zunächst nicht möglich war, standen die Ländereien in der Eiderniederung drei Monate unter Wasser.[244] Trotz dieser Rückschläge finanzierte die königliche Kreditkasse 1786 die Bedeichung des Karolinenkooges, der im Sommer 1800 mit eigener Entwässerung zur Eider hin fertiggestellt wurde.[245]

Die schadensreichen Naturereignisse erforderten eine Neuorganisation des Deichwesens.[246] Daher erließ 1803 der dänische König Christian VII. mit dem *Allgemeinen Deichreglement* eine einheitliche Rechtsgrundlage für das Deich- und Sielwesen. Staatliche Deichinspektoren führten nun die Deichaufsicht aus.[247] Seit dieser Zeit bestand eine geschlossene Deichlinie beiderseits der Eider stromaufwärts bis zur Sorgeniederung.[248] Auf dem rechten Stromufer endet diese am Tielener Koog, dessen Flügeldeich bis zum Falkmoor reicht. Zwischen dem südlichen Ende des Delltstedter Ostermoores und der Süderdithmarscher Grenze erstreckt sich der im 17. Jahrhundert angelegte Wrohm-Schelrader Koog mit seinem Mitteldeich. Als allgemeines Bestick für die Landschaft Dithmarschen wurde eine Deichhöhe von 18 Fuß (5,33 m) über der *gewöhnlichen Flut*, eine Kronenbreite von 2,46 m, eine Außenböschung von 1:3 und eine Innenböschung von 1:1,5 festgesetzt.

In der Sturmflut vom 3. bis 5. Februar 1825, der schwersten des 19. Jahrhunderts, ertranken zwischen den Niederlanden und Schleswig-Holstein etwa 800 Menschen. Ihr ging ein sehr stürmischer, regenreicher Herbst voraus, der die Deiche durchweichte und die Wege unpassierbar machte.[249] In Tönning übertraf die Februarflut die von 1756 um 2 Fuß (0,60 m). Hier brachen die *an dem Karstenschen Hause zwischen Pfählen vorgesetzten Schotten* durch. Von dort drang das Wasser in die Norderbootfahrt und in die Straßen. Der Deich über der Schleusendecke war *völlig weggespült*. Hingegen blieb die Schleuse intakt. In einigen Straßen riss das Wasser das Pflaster auf und beschädigte Häuser. Von den aus Tönning ausgelaufenen Schiffen waren fast alle verloren. Nahe der Rotenspieker Eiderschleuse trat ein Deichgrundbruch von etwa 50 m Länge ein, *wodurch der Tetens Koog unter Wasser kam*. Hier wurde sofort ein Sicherungsdeich gebaut. Den neuen Deich des Wilhelminenkooges an der Außeneider hatten fast auf seiner gesamten Länge die Wellen überströmt und an einigen Stellen bis 2,40 m tief *ausgespült*. Weitere Schäden befanden sich am Grothusenkoog. Bereits am 22. April 1825 waren die Wiederherstellungsarbeiten vorläufig beendet.[250]

Im Holsteinischen Deichdistrikt waren die größten Schäden an den Deichen Norderdithmarschens zu verzeichnen, so auch entlang der Eider.[251] Bereits die Novembersturmfluten 1824 hatte den Eiderdeich von Delve beschädigt. Obwohl Notdeiche die Brüche seit Anfang November sicherten, brachen die Deiche am 15. November erneut. An der Außeneider hielten hingegen trotz Schäden der *regelmäßig und gut angelegte Deich* des Karolinenkooges der Sturmflut 1825 ebenso stand wie der von Wesselburen.

Während der Stapelholmer Eiderdeich hielt, drückte auf der Dithmarscher Seite das Wasser gegen den zu niedrigen Deich an der Untereider. Die durch Stromangriffe gefährdeten Stellen hatten zwar schon 1816 bis 1822 *Rammwerke* bei Tielenhemme, Bergewöhrden, St. Annen und Lunden erhalten, aber auch diese konnten Kappenstürze und Brüche des Eiderdeiches nicht verhindern. Nur der Tielenhemmer Koog blieb verschont. Infolge der vielen Deichbrüche stromabwärts konnte sich das Wasser jedoch ausbreiten *und so verhindert werden, weiter hinauf zu steigen*. Jedoch wurde das Kirchspiel Delve seit 1824 zum dritten Mal unter Wasser gesetzt, nachdem ein längeres Deichstück nördlich von Bergewöhrden stark beschädigt worden war. Auch Ländereien des Kirchspiels Hennstedt standen nach zehn Deichbrüchen unter Wasser, wobei aber *nur der Durchbruch bei der Broklandsau-Schleuse gefahrbedrohend* war. Das überstürzende Wasser zerstörte jedoch mehrere Häuser hinter dem Eiderdeich. Im niedrigen Gebiet von Schlichting waren die Verheerungen durch das Salzwasser besonders groß. Hier ertranken sechs Menschen.[252] Im Kirchspiel Lunden waren bei Preil sieben dicht beieinander liegende Deichbrüche mit Wehlen zu verzeichnen. Diese trennte allerdings ein breites Vorland von der Eider, was den Bau von Notdeichen ermöglichte. Diese erreichten fast die Höhe des ca. 3,76 bis 4,08 m über *ordinärer Flut* hohen Deiches. Die überschwemmte Dorfschaft Preil überdauerte die Katastrophe aufgrund ihrer hohen Lage, die auch den Wasserablauf begünstigte. Der mehrfach zerstörte Deich wurde an der besonders betroffenen Strecke nicht wieder hergestellt, sondern weiter flussseitig neu errichtet. Die mit Reet bewachsenen Kolke und Reste der alten Deichtrasse sind hier noch erkennbar.[253] Bis Sommer 1825 hatte man alle Schäden beseitigt. Die Notdeiche im Hedwigen- und Hillgrovenkoog erhöhte man zu Seedeichen, auch der Wesselburener Seedeich erhielt eine Erhöhung. Die Eiderdeiche im Kirchspiel erhöhte man nur dort, wo Grundbrüche drohten.

Auf der Nordseite der Außeneider war der restliche Teil der Süderhever Bucht weiter aufgeschlickt, wo 1821 der Wilhelminenkoog entstand.[254] Aufgrund seiner geschützten Lage erhielt der Deich eine Höhe von 5,34 Fuß (2,83 m) über der gewöhnlichen Flut. Die Innenböschung betrug 1:2. Vor der 1:3¼ geneigten Außenböschung befand sich eine 1:15 geneigte Berme von 42,4 m Breite. Der Koog entwässerte durch ein Holzsiel mit äußeren Stemmtoren und einem inneren Schutzverschluss.[255] Zwar waren viele Seedeiche nach der Februarflut 1825 zu Bermedeichen ausgebaut worden, doch blieb der Eiderdeich bei Vollerwiek gefährdet. Der anhaltende Stromangriff des Flusses gegen den sog. *Fünfkommünendeich* verursachte zusammen mit der Unterhaltung der Stromwerke hohe Kosten. Außerdem bedrohte der Stromangriff der Außeneider den Welter und Vollerwieker Deich.[256] Das Watt erreichte hier nur noch ausnahmsweise eine Breite bis 30 m und nahm nach Westen ab. An einer Stelle verlief der Haupteiderstrom direkt am Deich. Deshalb ließ die Deichkommission die Stromwerke vervollständigen und die Buschwerke an den Bermedeichen teilweise mit Steindecken versehen. Weitere Stromwerke befanden sich bei Olversum. Den hier bereits im 16. Jahrhundert zurückverlegten Deich bedrohte die Annäherung einer Stromtiefe, bevor sich dann seit der Mitte des 19. Jahrhunderts die Strömung änderte.

WASSERBAUTECHNISCHE EINGRIFFE SEIT 1864

Mit der Übernahme der Herzogtümer Schleswig und Holstein durch Preußen nach dem für Dänemark verlorenen Krieg von 1864 blieb die landschaftliche Organisation der sog. Deichbände zunächst bestehen.[257] Für die Deichhöhe legte man die hohe Sturmflut von 1825 zugrunde. Die Eiderdeiche erhielten noch einen Zuschlag nach den jüngsten Fluthöhen von 1858 und 1860 unter Berücksichtigung der *Höhe des Wellenschlages*. Bei der Sturmflut vom 1. Januar 1855, die in Büsum auf 3,02 m über *ordinärer Flut* (gewöhnliche Flut, Mittleres Tidehochwasser) anstieg und damit nur 0,73 m unter der Sturmfluthöhe von 1825 blieb, erfolgte ein Wellenaufschlag von 1,57 m. Im neuen Be-

Einen großen Einschnitt in die Eider bedeutete der Bau des Nord-Ostsee-Kanals. Das Foto zeigt die Eisenbahnbrücke von der alten Drehbrücke in Rendsburg 1935. Foto: Erich Meier, Archiv Meier

stick wurde die Außenböschung an den Seedeich Norderdithmarschens und der Außeneider 1:3 bis 1:6 festgesetzt, wobei eine Böschung von 1:4 die Regel war. Dies galt auch für den bis 5,33 m über Mittlerer Flut hohen Lundener Deich an der Außeneider, während der Deich an der Untereider bei Delve nur eine Höhe bis 3,08 m und eine steilere Außenböschung von 1:2,5 bzw. 1:3 besaß.[258]

Mit der Auflandung des „großen und kleinen Quellers" seit der Mitte des 18. Jahrhunderts im Eiderästuar infolge der Stromverlagerung nach Süden ergaben sich weitere Eindeichungsmöglichkeiten.[259] Durch die Norddeicher Interessengemeinschaft erfolgte 1856 ein Dammbau über den Priel, der das Vorland und den Queller trennte. Nach dessen Verlandung beschloss die „Norddeicher–Schülper–Außendeichsgesellschaft" 1861 eine Eindeichung des ausgedehnten Vorlandes (Hundsknöll). Bei dem 1862 fertigen Seedeich kamen je nach der Gefährdung drei verschiedene Querschnitte zur Ausführung: Das Profil I im Nordwesten besaß eine Höhe von 5,68 m über *ordinärer Flut* und eine Außenböschung von 1:6, das Profil II mit 5,38 m Höhe eine Außenböschung von 1:5 und das Profil III mit 5,07 m Höhe eine Außenböschung von 1:4. Aufgrund der sandigen Beschaffenheit des Bodens betrug die Kronenbreite einheitlich 3 m und die Binnenböschung 1:2. Die Eindeichung erhielt 1863 den Namen Wesselburener Koog. Dessen Deich wurde bald durch die Stromverlagerung der Eider gefährdet, wie Peilungen von 1876 und 1885 zeigten.[260] Dies erforderte Steinschüttungen, wie sie auch weiter stromabwärts notwendig wurden. Unterhalb des Schülper Hafenpriels war eine Sandbank entstanden. Ferner errichtete man neue Siele aus Stein oder Stahlbeton.[261] Seit der zweiten Hälfte des 19. Jahrhunderts wurden an der Außeneider auf Dithmarscher Seite noch der Preiler, Grovener, Wesselburener und Hedwigen Sommerkoog eingedeicht. Um die Zersplitterung im Deich- und Entwässerungswesen zu beseitigen, entstanden 1940 und 1941 die Deich- und Hauptsielverbände von Norder- und Süderdithmarschen, aus denen nach der Zusammenlegung beider Kreise der heutige Gesamtverband hervorging.[262] Vordringlichste Aufgabe war die Sicherung des vorspringenden Wesselburener Seedeiches, da hier die bis 1903 fertiggestellte Steinsicherung im Ersten Weltkrieg zerstört worden war und die Rinne des Purrenstroms dichter an den Deichfuß heranrückte.

Die Gefahren hatte die Sturmflut vom 15. Oktober 1881 gezeigt, die nach Deichbrüchen an der Untereider die Niederungen in einem nicht bekannten Ausmaß überschwemmte. Sie erreichte eine Höhe von NN +4,07 m in

Friedrichstadt, +2,74 m in Pahlhude, +1,82 m in Lexfähre und +1,92 m in Rendsburg.[263] Als Folge wurden die Deiche erhöht, darunter auch 1893 der an der Gieselauniederung, der eine Höhe von NN +2,25 m erhielt. Ferner erfolgten von der preußischen Bauverwaltung Erhebungen zu den Stapelholmer Deichen und Schleusen.[264]

Da die Eiderdeiche vor Tating nur Höhen von NN +3,6 bis +3,8 m aufwiesen, sah man deren Erhöhung auf bis zu +4,2 m vor. Südlich von Vollerwiek lag die Deichhöhe bei NN +5,8 m und sollte um 20 cm erhöht werden.[265] 1883 waren auch die Sicherungsarbeiten am Eiderdeich bei Rothenspieker abgeschlossen, wo ein Bohlwerk mit Steinschüttung auf Faschinen die alten Stromwehre ersetzte. Ferner erneuerte man neben den Hauptsielzügen auch die Deichsiele in Stein.[266] Das baufällige Tönninger Deichsiel wurde erst 1955 zusammen mit dem Hochwasserschutz für die Stadt Tönning neu errichtet. Dem Wunsch des Fischereigewerbes nach einer hochwasserfreien Abschleusung des Tönninger Hafens entsprachen die Behörden nicht.[267]

Der bedeutendste wasserbautechnische Eingriff für die Eider bildete 1887 der Bau des Nord-Ostsee-Kanals. Davor ließ sich die Eider noch 100 km stromaufwärts von Tönning mit Schiffen bis zu 3,5 m Tiefgang befahren, da sich bis hierhin Flut- und Ebbstrom auswirkten. Das Überflutungsgebiet der Eider reichte weiter in das Binnenland als heute. Bei jedem Wechsel der Tide bildeten die angrenzenden niedrigen Wiesen, die Flussverbreiterungen und Seen bei Rendsburg ein Spülbassin. Bei halber Ebbe verstärkte sich die Strömung und hielt so das Bett von Sinkstoffen frei. Die Zuflüsse bewirkten eine Vergrößerung des abfließenden Wassers während des Ebbstroms, womit sich das Vordringen des Salzwassers aus der Nordsee und die Ablagerung von Schlick verringerten. Der 1895 fertiggestellte Nord-Ostsee-Kanal führt das Wasser der Obereider, der Wehrau, der Jevenau, der Luhnau und Gieselau ab. Wasser aus dem Kanal gelangt nur über die Rendsburger Schleuse in die Eider. Insgesamt verringerte sich das natürliche Abflussgebiet des Flusses um etwa 1.180 km².[268] Die ehemalige Stromrinne versandete teilweise und Wattflächen schlickten höher auf, sodass Ende des 19. Jahrhunderts das Vorland der Grünen Insel im Eiderästuar aufwuchs.

Infolge des Kanalbaus kam es zu Versandungen und Verschlickungen an der Untereider. Bereits 1901 hatten diese auf einer Länge von 6,6 km vor der Rendsburger Schleuse so zugenommen, dass seit 1902 Ausbaggerungen für die Schiffbarkeit erforderlich wurden. Die Versandngen lassen sich vor allem auf aufgearbeitete Sedimente der Eem-Zeit zurückführen, in die sich der Fluss eintiefte, während der Sedimenttransport von der Nordsee geringer ist. Zwischen Rendsburg und Pahlhude wurden die Ausbaggerungen im Ersten Weltkrieg eingestellt und nur 1925 unterhalb von Rendsburg nochmals durchgeführt. Bei Breiholz vertiefte man die Stromsohle in einer Breite von 40 m auf NN -5 m. Der Abschlussbericht der Wasserbauinspektion Rendsburg zur *Verbesserung der Schiffahrtstraße in der Untereider* betonte, dass sich die Veränderungen des Flusslaufes erst über Jahre bemerkbar machten und eine Regulierung desselben zur Erhöhung seiner Spülkraft umsonst sei. Nur Durchstiche der Eider könnten Erfolg bringen, um so die Stromkraft in den Flussschleifen zu verringern. Zwar befassten sich weitere Entwürfe mit der Regulierung der Untereider zwischen Rendsburg und Friedrichstadt, doch, so hieß es aufgrund zu hoher Kosten dazu, sofern nicht die Marine, *welche die Eider in den letzten Jahren mit Minenlegern und Torpedobooten häufig befährt, etwas anderes veranlasst.* Insofern musste man sich auf *die Korrektion des Flusslaufes, die Begradigung des Flusslaufes und die Ausrichtung von Ufervorsprüngen beschränken.*[269]

Im März 1906 traten ausgedehnte Überschwemmungen der Eiderniederungen hinter den Sommerdeichen ein, während die Winterdeiche hielten. Diese wiederholten sich bei der Sturmflut vom 4. Dezember 1909, die auch ohne besondere Höhe den Damm vor der Osterschleuse in Friedrichstadt teilweise zerstörte. Ursache war der Wasserstau vor der fast geschlossenen Eiderdeichlinie und den seit Sommer 1909 erhöhten Sommerdeichen. Weitere Deicherhöhungen bis 1912 unterbrach die Sturmflut vom 5. November 1911.[270] Diese betraf das gesamte Untereidergebiet. In Friedrichstadt stieg die Sturmflut auf 3,3 m über das Mittlere Tidehochwasser (MThw) und übertraf die von 1881 um 0,5 m. Das Hochwasser überschwemmte nach zwei Eiderdeichbrüchen die ganze Niederung von Pahlen bis Delve, weshalb hier die Norderdithmarscher Kreisbahn ihren Betrieb einstellte. Zwischen Pahlhude und Lexfähre erreichte die Sturmflut etwa eine Höhe von 1,9 m über MThw und beschädigte die Eiderdeiche.

In Friedrichstadt hatte man zwar die Schotten im Deichdurchlass angebracht, aber die Wellen schlugen über den Deich und füllten die Gräben mit Salzwasser. Im Hafen gab es an Einrichtungen und Schiffen Zerstörungen. Zwischen Friedrichstadt und Bargen brach der Eiderdeich nach Kappenstürzen an 16 Stellen. Im Deljerkoog war der Deich auf einer Länge von 60 m zerstört. Der Bruch des Mohrdeiches zwischen dem Reeker und Oldenfelder Koog vergrößerte das Überschwemmungsgebiet noch. Da der nach Seeth führende Mitteldeich hielt, blieben die Köge an der Treene und Friedrichstadt verschont. Im Süderstapeler Westerkoog befanden sich zwei Deichbrüche mit tiefen Kolken, ein weiterer im Deich der Erfder Marsch sowie zwei im Scheppern Koog. Die Straße von Süderstapel nach Erfde machte die Überschwemmung unpassierbar. Von Bargen und Tielen aus überschwemmte die Sorgeniederung. Die Häuser im Fünfmühlen und Meggerkoog mussten geräumt werden. Herbeigerufenes Militär aus Schleswig half an gefährdeten Deichabschnitten.

Schon am 9. April 1912 brach der provisorisch angelegte Fangedamm an der im Bau befindlichen Horster Schleuse. Infolgedessen wurden der Horster und Bergwöhrdener Koog überflutet. Der Bericht des Wasserbauamtes Rendsburg unterstrich die unhaltbaren Verhältnisse an der Untereider und sprach sich für eine Deicherhöhung aus. Zudem sollte eine Regulierung des Wasserstandes der Untereider durch das Öffnen der Kronwerker Schleuse bei Rendsburg geprüft werden. Dazu kam es nicht. Nochmals wurden die Eiderdeiche bis 1914 an gefährdeten Abschnitten erhöht und verstärkt.[271]

Die Sturmflut vom 16./17. Februar 1916 erreichte in der Eider mit etwa 3,44 m über MThw einen höheren Stand als die von 1911. Nach der Überströmung und dem Bruch von Deichen bahnte sich das Wasser seinen Weg. Nur verstärkte Deiche hielten. Noch am 18. Februar 1916 strömte das Wasser durch den zerstörten Mitteldeich in den Süderfelder Koog. Während des Ersten Weltkrieges war nur eine Wiederherstellung der Deiche im alten Zustand möglich. Die weniger hohe Sturmflut vom 23./24. Dezember 1916 verursachte weitere Schäden. Infolge zweier Deichbrüche im Deljer Koog strömte das Wasser auch über die unzureichenden Mitteldeiche in die Nachbarköge.

Zu den Überschwemmungen hatten die wasserbautechnischen Maßnahmen beigetragen. So waren infolge der Bedeichung der Eider das Mittlere Tidehochwasser (MThw) und der Hochwasserstand (HThw) angestiegen. Während in Pahlhude eine geringe Erhöhung der hohen Sturmfluten, aber keine größeren Veränderungen der mittelhohen eintraten, erhöhten sich die mittleren und hohen Sturmfluten in Rendsburg. Für die unbedeichten Niederungswiesen bedeutete dies eine Nutzungseinschränkung. Zudem verlagerten sich die Sturmflutwirkungen die Eider hinauf. Die Sturmflut vom 24. August 1922 gefährdete nicht nur die Rendsburger Bereiche an der Untereider, sondern auch die Stadt selbst. Deshalb bemängelten einige Interessenten an der Untereider 1923 in ihrer Eingabe an die Regierung der preußischen Provinz Schleswig-Holstein in Schleswig die Einschränkung von Überflutungsflächen und verlangten die Öffnung der Rendsburger Schleuse bei zu hohen Wasserständen. Das Wasserbauamt Rendsburg argumentierte, dass die erhöhten Sommerdeiche nicht hoch genug bemessen worden seien, die Entlastung durch die Öffnung der Rendsburger Schleuse zu gering sei und eine Verschlickung der Obereider drohe.[272] Die Stapelholmer Deichinteressenten sprachen sich nach der Sturmflut von 1916 für einen Deichverband aus, woraus bis 1936 der Eiderverband entstand. Eider- und Treeneverband fusionierten 2003.[273]

Die Maßnahmen einer zunehmenden Einengung der Eider durch Erhöhungen der Sommerdeiche konnten jedoch keine Lösung sein.

So waren diese 1925 nochmals verstärkt worden, was ein Sturmflutwasserstau bis zu einer bis dahin nicht gekannten Höhe bedingte. Daher waren 1926 an der Untereider 38 Deichbrüche entstanden. Während 1881 in Pahlhude und Rendsburg Wasserstände von NN +2,74 und 1,74 m eintraten, waren es 1928 schon bis 3,3 m. Von den beiden Sturmfluten am 17. und 24. November 1928 hatte die letztere neben zahlreichen Deichbrüchen auch den Eisenbahndamm zwischen Christiansholm und Erfde unterspült und die dahinter liegende Straße auf einer Länge von 250 m zerstört. Mit der Verfügung vom 26. Februar 1930 erhob die Regierung zwar keine Bedenken gegen eine Wiederherstellung der zerstörten Deiche, behielt sich aber Erhöhungen vor. Noch vor Gründung des Eiderverbandes wurde von mehreren Eigentümern der Eiderniederung ein Prozess gegen das Deutsche Reich als Träger des Nord-Ostsee-Kanals geführt, da dieser verantwortlich für das schnelle Ansteigen der Wasserstände gewesen sei. Das 1934 ergangene Urteil des Oberlandesgerichtes in Kiel betonte, *dass Sturmfluten elementare Naturereignisse sind … Für sie kann kein Mensch und Menschwerk verantwortlich gemacht werden.*[274] Mit überflutbaren Entlastungskögen befasste man sich nicht, sondern bevorzugte eine Optimierung der landwirtschaftlichen Nutzung.

Die Entwässerung des Treeneraums führte seit dessen Abdämmung 1570 und dem Ausbau des Friedrichstädter Hafens über dessen Schleuse in die Eider. Die Ursachen der Vorflutschwierigkeiten schildert bereits 1843 ein Gutachten.[275] Da die in Kultur genommenen moorigen Niederungsböden von vielen Gräben durchzogen wurden, stiegen in diesen die Wassermengen. Vor allem bei sommerlichen starken Gewitterregen traten Überschwemmungen auf Wiesen und Äckern ein. Zudem drangen große Wassermassen von der Ober- in die Untertreene vor. Bei Westwinden geschlossene Schleusentore bei Friedrichstadt erhöhten die Wasserstände noch. Daher wurde 1886/88 ein neues Entwässerungssiel als dritte Schleuse erbaut. Man erhöhte zudem die Treenedeiche und baute sechs Schöpfwerke. Der 1937 gegründete Treenezweckverband ließ die Sandablagerungen des Flusses bei Hollingstedt beseitigen. Ebenfalls erneuerte man 1919 die Schifffahrtsschleuse bei Friedrichstadt, die 1936 nach einer Sturmflutbeschädigung ausgebessert werden musste.[276]

Die ausgedehnten Überschwemmungen der Eiderniederung seit dem Ende des 19. und zu Beginn des 20. Jahrhunderts erforderten neue Lösungen. Daher begannen 1924 die Vorarbeiten für *das Projekt einer Abschließung der Eider gegen die von See eintretende Tidewelle*. Für ein projektiertes Eidersperrwerk fasste man eine Lage bei Nordfeld etwa 5 km oberhalb von Friedrichstadt an der Spitze des Südfelder Kooges ins Auge, wo der Strom das Moorgebiet zugunsten des tragfähigen Marschbodens verlässt. Hier ließ sich zudem das 6.500 ha große Broklandsautal einbeziehen.[277]

Die Vorteile sah das Vorarbeiteramt in einer optimierten natürlichen Entwässerung in der abgedämmten Niederung durch das Halten eines niedrigen Binnenwasserstandes und im Sturmflutschutz. Somit stand die landwirtschaftliche Nutzung der Niederungen im Vordergrund. Allerdings stand zu erwarten, dass sich die Sturmfluten unterhalb der Abdämmung aufgrund des Wasserstaus erhöhen und sich die Gezeiten und damit die Räumungskraft in der abgesperrten Untereider verringern würden. Um die Nachteile für die Binnenschifffahrt auszugleichen, waren außer einer Schleuse bei Nordfeld ein Zwischenwasserstau bei Lexfähre und eine Fahrwasservertiefung vorgesehen. Ferner verstärkte und erhöhte man die Eiderdeiche unterhalb der Abdämmung.[278]

Die 1934 begonnenen Anlagen zur Entwässerung und Aufrechterhaltung der Schifffahrt in Nordfeld und Lexfähre waren 1936 fertiggestellt. Den Unterhalt des von der preußischen Provinzregierung finanzierten Baus musste der Eiderverband gewährleisten. Das aus Backsteinen errichtete Nordfelder Entwässerungssiel erhielt fünf 6 m breite Öffnungen mit einer Sohle auf NN -4,5. Außen befinden sich als Verschluss Stemmtore und innen Schützen als Notverschluss sowie zur Stauung des Binnenwassers in abflussarmen Zeiten. Gegründet wurde die Entwässerungsschleuse auf bis zu NN -13 m eingerammten Pfählen, die bis in den tragfähigen pleistozänen Untergrund rei-

Links: Schleuse Nordfeld und Schöpfwerk Broklandsau
Rechts: Eiderabdämmung Nordfeld, Schöpfwerk Broklandsau und Schleuse Nordfeld.
Foto: Dirk Meier

chen. Die Schifffahrtsschleuse mit ihren Stemmtoren weist eine Länge von 70 m Länge, eine Breite von 9,5 m und eine Sohllage von NN -4,5 m auf. Das seeseitige, NN +5,75 m hohe Schleusenhaupt in der Flucht des Absperrdammes besitzt ein Sicherheitstor. Der 1936 vollendete Abschlussdamm mit seinen 1:3 stromabwärts und 1:5 stromaufwärts geneigten Böschungen liegt mit seiner Höhe von NN +7 m etwa 2 m über dem seinerzeit errechneten Höchstwasserstand. Den Absperrdamm sichert eine über MThw hinausgehende Steinschüttung mit davor liegendem Erddamm zwischen beiden Eiderdeichen.

Da kurz vor Fertigstellung des Sperrwerks die Sturmflut vom 17. Februar 1935 erneut zu starken Schäden führte, erhöhte man die Deiche im Eiderästuar auf Höhen zwischen NN +6 bis +6,75 m. Gleichzeitig ersetzte die Wasserstraßenbauverwaltung die Schleuse in Rendsburg durch einen Neubau an besserer Stelle. Als neue Verbindung zwischen der Eider und dem Nord-Ostsee-Kanal diente nun der Gieselaukanal. Von hier erhielt die Untereider bis Lexfähre eine ausgebaggerte Tiefe von NN -3,5 m, weiter unterhalb von -4,3 m. Den Abschlussdamm bei Lexfähre führte man als Erddamm mit beidseitigen Böschungen von 1:2 und einer Kronenbreite von 12 m zur Aufnahme der Straße hinaus. Zudem entstanden ein massives 2,5 m breites Entwässerungssiel mit einer Sohllage von NN -2,5 m und eine Kammerschleuse.[279] Trotz der bedeutungslosen Sorgeschifffahrt vertiefte man den Fluss ebenfalls.

In den ersten Jahren nach der Abdämmung bei Nordfeld ergaben sich zwar günstige Vorflutverhältnisse, doch beeinträchtigte diese bald den Spüleffekt im Flusslauf. Auch Ausbaggerungen änderten daran nichts. Die Versandung des Flusses und eine zunehmend schlechtere Entwässerung mit einer Verschlammung der Gräben begrenzte die intensive Grünlandnutzung.[280] Dies erforderte den Bau neuer Schöpfwerke. Die alte Sandschleuse der Neuen Sorge hatte der Eiderverband schon 1936 durch eine Brücke mit zwei Durchlässen und Falltoren ersetzt, von denen man sich vergeblich einen schnelleren Wasserabfluss versprach. Daher wurde 1949 ein neues Schöpfwerk mit vier Propellerpumpen nötig. Im Delver Koog ermöglichte ein weiteres Pumpwerk die Bewässerung der Reetflächen. Für den Rendsburger Stadtsee entstand ebenfalls ein Schöpfwerk. Die neuen Pumpwerke entwässern so in den 1950er Jahren oberhalb der Abdämmung bei Nordfeld etwa 930 km², woran die Niederungsflächen mit 430 km² beteiligt waren.[281] Zur Aufrechterhaltung der Vorflut an der Untereider erfolgten Spülungen, was oberhalb von Nordfeld eine weitere Erhöhung der Mittel- und Eiderdeiche erforderte.

Gemäß des Gesamtplans zum Ausbau der Treene von 1951 erfolgten dann die Verlegung des Seedeiches an die Eider und neue Planungen in Friedrichstadt. Hier entstanden neue Schifffahrts- und Entwässerungsschleusen, ferner wurde der Ausbau des Hafens und Vorhafens, der Neubau einer Spülschleuse, der Ausbau des Westersielzuges mit dem Neubau einer Straßenbrücke darüber in Angriff genommen.[282] Der 1957 verabschiedete Gesamtplan für die Treeneniederung regelte die Wasserwirtschaft bis Hollingstedt und die Begradigung des Flusses.[283] Im unteren Treenetal führten die alljährlichen Hochwasser in den 1960er Jahren zu derartigen Schäden, dass die Landesregierung Schleswig-Holsteins hier den Fluss bedeichte und Überlaufpolder einrichtete.[284]

Unterhalb von Nordfeld hatte bis 1948 die Versandung der Eider ein derartiges Ausmaß erreicht, dass vom ursprünglichen 800 m² großen Flussbett bei Niedrigwasser nur noch 1 bis 2 m² übrigblieben. Nach den Untersuchungsergebnissen 1948 und 1949 erfolgte der Hauptteil der Versandung während der normalen Springtiden, da diese die höchsten Anfangsgeschwindigkeiten des Flutstroms erzeugen. Daher begannen 1948 Spülversuche verbunden mit einer Erhöhung der Wasserzufuhr an den Eiderschöpfwerken. Das Wasser wurde am Nordfelder Sperrwerk gestaut und bei Ebbe wieder herausgelassen.[285] Die Versandung des Strombettes bei Friedrichstadt führte zwar zu einer starken Abschwächung des Spülstroms, dennoch ließ sich bis 1955 der Wasserraum auf 200.000 m² vergrößern.[286] Oberhalb von Nordfeld unterlag die Außeneider jedoch immer noch der Gezeitenwelle mit dem Sedimenttransport von See her, der vor allem von den Sänden und Dünen Eiderstedts erfolgt.

Die Versandung der Untereider und die Verschlechterung der Vorflut infolge der Nordfelder Abdämmung hatten auch Folgen für die Broklandsauniederung. So ließ sich das Einzugsgebiet des 1935 fertiggestellten Broklandausiels mit seinen zwei Sielöffnungen mit einer lichten Weite von 4 m nicht mehr ausreichend entwässern. Daher ging im Februar 1949 ein neu erbautes Schöpfwerk in Betrieb, das 12 m³ in der Sekunde leistete. Da sich die Entwässerung trotzdem weiter verschlechterte und ein Sielbetrieb ohnehin nicht mehr möglich war, wurde 1960 eines der beiden Siele in eine Pumpenkammer umgebaut. Dadurch erhöhte sich die Schöpfwerksleistung auf 24 cbm/s. Das Schöpfwerk Broklandsau wurde 1997 bis 2001 saniert und automatisiert. Es entwässert ca. 14.000 ha des 15.000 ha großen Sielverbandes Broklandsautal. Ein Netz von Verbandsvorflutern führen dem Schöpfwerk Oberflächenwasser und geklärte Abwässer zu.

Parallel erörterte man seit den 1950er Jahren den Bau eines neuen Eidersperrwerks.[287] Eine Abriegelung der Eider dicht unterhalb von Tönning hätte eine schnelle Versandung des Ästuars bedeutet. Zwischen 1916 und 1926 erstellte Pläne, mit einer Außeneiderabdämmung auch deren Umleitung zum Wattstrom der Hever nördlich von Eiderstedt durchzuführen, hatten sich als nicht machbar erwiesen. Trotzdem sah ein Entwurf von 1951 wiederum eine Verbindung zur Hever vor. Man erkannte jedoch, dass sich infolge der Oberwasserführung die Räumungskraft verringern und die Versandungsgefahr in der Untereider erhöhen würde. Auch wurde geprüft, ob größere Durchflussöffnungen des Nordfelder Sperrwerks einen Eintritt der Mittleren Tiden erhöhen würden.

Schließlich entschloss man sich zu einer Absperrung der Außeneider bei Vollerwiek-Hundeknöll.[288] Diese machte Hafenschutzmaßnahmen in Tönning überflüssig und ersparte Regulierungsbauwerke unterhalb von Tönning. Zudem wollte man die Vorflut der gesamten Treeneniederung verbessern und ein Süßwasserreservoir schaffen. So ließen sich auch Pumpkosten für die Schöpfwerke oberhalb von Nordfeld verringern. Ferner war mit der Abdämmung ein Straßendamm zur Verbesserung der Verkehrsinfrastruktur zwischen Norderdithmarschen und Eiderstedt vorgesehen. Auch eine ministerielle Stellungnahme vom 24. August 1956 sah in dieser Abdämmung die endgültige Lösung des Eiderproblems.

Beim Orkan 1962 mit Böen von 11 bis 12 Beaufort stieg das Wasser am 16. Februar am Pegel Husum ab 17.45 Uhr bis zu einem Stand von NN +4,8 m, bis dann um 23.38 Uhr der

Höchstwasserstand von NN +5,21 m, somit 3,73 m über dem MThw, erreicht war. Dabei hatte der Wind inzwischen auf Nordwest gedreht. Am Pegel Tönning wurden ähnliche Werte gemessen, bevor der Wasserstand wieder abfiel.[289] In Norderdithmarschen wiesen der Eiderdeich des Christiankooges, der bei Schülp sowie des Wesselburener Kooges Schäden auf, während entlang der Eiderstedter Küste nur der Deich des Wilhelminen- und Grothusenkooges sowie auf einem kleinen Stück der bei Olversum stark gefährdet war.[290] Die Deiche von Tönning bis Nordfeld hielten. Brüche hätten hier fatale Auswirkungen gehabt, da im Hinterland keine ausreichenden Mitteldeiche vorhanden waren.

Nach der Schadensanalyse erarbeitete der nach der Sturmflut von 1962 eingerichtete Küstenausschuss Nord- und Ostsee einen Küstenschutzplan. Besonderes Augenmerk richtete man auf flachere Böschungen, guten Deichboden und den Bau von Deichverteidigungswegen. Ein breiteres Profil sollte überall dort entstehen, wo Grundbrüche drohten. Der Bericht mahnte auch: *Ist unsere Aufgabe des Schutzes von Leben und Arbeit an der Westküste unseres Landes damit erfüllt, daß wir das Vorhandene nach besten Kräften wiederherstellen und verstärken? Sind wir darüber hinaus verpflichtet, unsere Gedanken den Aufgaben zuzuwenden, welche sich dann ergeben, wenn das Ziel heißt, dem Abwehrsystem als Ganzem den höchstmöglichen Grad der Sicherheit zu geben?*[291]

Als Folge der Gefährdung des Eiderästuars sah der Generalplan Küstenschutz des Landes Schleswig-Holstein vom 30. Dezember 1963 dessen mündungsnahe Abdämmung in der Linie Hundeknöll-Vollerwiek vor, wo die Bauarbeiten 1967 begannen. Den 20 km langen Untiefenbereich kennzeichnen von Prielen und Stromrinnen durchzogene Wattflächen und Sände. Die Verlagerung der Stromrinnen über die ganze Breite des Ästuars von 1784 bis heute verdeutlichen die hydrographischen Veränderungen. Besonders ausgeprägt ist die Bewegung im Katinger Watt, wo sich bis zum Bau des Eidersperrwerks die Nordrinne jährlich um 100 m nach Nordosten verschob. Das bedeutete eine Sandbewegung von 1 Million m³ im Jahr. Bei Hundeknöll fließen bei jeder Tide 50

Auswirkungen der Sturmflut 1962 auf Eiderstedt, das Eiderästuar und Norderdithmarschen.

Strömungsverlagerung der Eider im Ästuar.

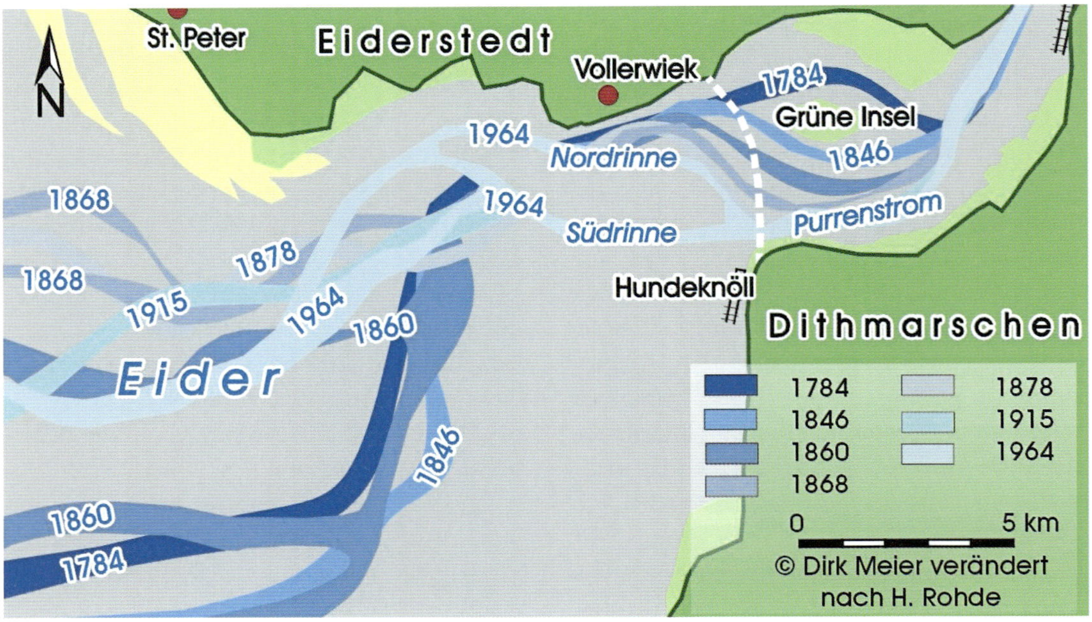

Millionen km³ mit der Flut landein- und mit der Ebbe seewärts. Hohe Strömungsgeschwindigkeiten von bis zu 3 m in der Sekunde sind keine Seltenheit. Durch das am 20. Mai 1973 eingeweihte größte deutsche Küstenschutzbauwerk wurde die Deichlinie im Eiderbereich von 60 km auf 4,8 km verkürzt.

Die Ausführung umfasste drei große Bauabschnitte, erstens die Bauinsel mit Transportbrücke/Eidersperrwerk, die Grundwasserhaltung und das Fluten der Bauinsel, zweitens den Eiderdamm mit Verbau des Purrenstroms sowie drittens den Leitdamm zur Grünen Insel, den Vorfluter Katingsiel und das Leitdammsiel.[292] Aufgrund des instabilen Untergrundes erfolgte eine Gründung des Sperrwerks auf Pfählen, die bis 25 m tief in den Boden gerammt wurden.

Das Sielbauwerk besteht aus zwei Reihen mit fünf doppelten, 40 m breiten und 250 Tonnen schweren Stahltoren, die sich mit Stützarmen

an die Segmenttore an der Außen- und Binnenseite gegen den Betonträger lehnen. Gelenkhebel bewegen diese um eine Drehlagerachse an den 6 m breiten Pfeilern. Die Sohle beiderseits des Siels bedecken aufgrund hoher Strömungsgeschwindigkeiten auf 150 m Länge große Steinblöcke. Schwere Granitsteine mit einem Mindestgewicht von 400 kg bedecken die Sohle. Eine Unterlage aus Grand und Nylonmediumgewebe soll ein Auswaschen des Feinsandes und eine Sohlenerosion verhindern. Im Übergang zum natürlichen Meeresboden befinden sich in einem 30 m breiten Streifen Steinmatten mit Stahlnetzen.

Bei jeder Tide fließen etwa 50 Millionen m^3 Wasser in 6 Stunden durch das Siel. Entsprechend der Wetterbedingungen und Strömungsverhältnisse wird das Sperrwerk in vier verschiedenen Betriebsformen gefahren. Bei Normalbetrieb sind alle Tore geöffnet, sodass das Eider- und Nordseewasser in beide Richtungen fließen kann. Im Normalbetrieb mit Flutdrosselung strömt das Meerwasser in die Eider. Zur Verringerung des Sandeintrags in die Eider werden die seeseitigen Tore abgesenkt. Für den Sielbetrieb lässt man die seeseitige Torreihe herunter, damit das Wasser aus der Nordsee nicht in die Eider eindringt. Mit fallendem Nordseepegel nach einer Flut, wenn der Wasserstand auf beiden Seiten der geschlossenen Tore ausgeglichen ist, öffnet man diese wieder zur Entwässerung des Hinterlandes. Dadurch entsteht ein verstärkter Ablaufstrom mit erhöhter Räumkraft. Bei einem Wasserstand oberhalb von 1 m über MThw sind beide Torreihen aus Gründen einer doppelten Deichsicherheit geschlossen.

Im Sielbereich führt eine Straße niveaugleich mit der Binnenberme des Eiderdamms und der Schleusenkreuzung durch einen Tunnel sowie mit einer Klappbrücke über die Schleuse. Die Schleusenkammer hat eine Länge von 75 m und eine Breite von 14 m. Der Drempel liegt auf NN -5,6. Beiderseits der Schleuse, die am 3. Mai 1972 in Betrieb ging, befinden sich Vorhäfen. Den Schifffahrts- und Straßenverkehr steuert ein Leitstand im Betriebsgebäude des Wasser- und Schifffahrtsamt Tönnings. Parallel zum Bau des Sperrwerks wurden der Eiderdamm Nord, Eiderdamm Süd und Leitdamm zur Grünen Insel fertig gestellt.

Infolge des Sperrwerkbaus wurde die Eider von der natürlichen Dynamik des Wattenmeeres mit seiner reichen Ökologie abgeschnitten. Die Grüne Insel bildete zuvor den größten zusammenhängenden Salzwiesenkomplex Schleswig-Holsteins. Hier existiert heute ein Erholungswald mit Surfsee und Naturschutzgebiet.

Eidersperrwerk mit Schleuse und Außenhafen. Foto: Dirk Meier

Hochwasserstände, die in Tönning 1962 mit NN +5,61 m alle bekannten Höhen überschritten, gehören für das Ästuar bislang der Vergangenheit an. Allerdings verursachen bei Sturmfluten geschlossene Siele Stauwasserprobleme im Flussmündungsbereich. Die nachhaltigste Gefährdung des Eidersperrwerks, das seine Bewährungsprobe bei der Sturmflut 1976 bestand, verursachen starke, sich ändernde Strömungen. Sie gruben bis zu 28 m tiefe Kolke beidseitig des Sperrwerkes aus, die 1993 mit 40.000 Vliessäcken mit Steinen verfüllt wurden, über denen man 420.000 Tonnen Wasserbausteine und 6.000 Kubikmeter Mörtel anhäufte. Auch die Wehrpfeiler mussten saniert werden. Ferner verlagerte sich schon kurz nach der Fertigstellung des Sperrwerks 1973 ein Seitenpriel der Außeneider in Richtung des Uelvesbüller Deiches, was eine Sandvorspülung erforderte.

UMLEITUNG DER SORGE UND TROCKENLEGUNG DER MOORSEEN

In der Sorge-Niederung, die im Osten über die Landschaft Stapelholm hinaus bis in die Nachbarharden des Amtes Gottorf reichte, befanden sich noch in der Frühneuzeit mehrere große, teilweise von dem windungsreichen Fluss durchflossene Seen. Zwischen dem niedrigen Erfder Damm und der Eider erstreckte sich ein Vorland geringer Ausdehnung, dessen Eindeichung für die vorgesehene Trockenlegung der Seen und zur besseren Nutzung der Niederung notwendig war. Eine von Herzog Johann Adolf 1612 eingesetzte Kommission ordnete daher zusammen mit den Interessenten die Eindeichung dieses Wischlandes an. *Suder-, Nortstapel und Arvede* erklärten sich dazu *in aller Undertänigkeit guetwillig* bereit. Zunächst errichtete man *Schlußen*, seit 1613 einen Deich.[293] Dies hatte Bergenhusen verhindern wollen, da ein Teil der Deichtrasse auf dem besten Wischland des Dorfes verlief. Die Fortsetzung der Bedeichung wurde nach Streitigkeiten von Süder- und Norderstapel mit Erfde durch Herzog Friedrich im Oktober 1619 angeordnet und 1620 verwirklicht. Der Deich erhielt ein Siel in der *Stapelrönne*. Dessen unzureichende Maße zeigte die Sturmflut vom 20. Januar 1625, die Brüche in den Eiderdeichen *der Erfder, Barger, Tiler und anderen umbliegenden Dörfer* verursachte. Infolgedessen überschwemmte die tägliche Flut die Niederung bis zur Wiederherstellung der Deiche.

Die Ortschaft Norderstapel hatte bereits um die Wende des 16./17. Jahrhunderts zur Lösung ihrer Entwässerungsprobleme eigenmächtig mit dem Bau eines Kanals *(Dusen-Marks-Glaad)* begonnen, dessen Fertigstellung aufgrund eines herzoglichen Verbots unterblieb. Erst der Plan einer Umleitung des Treenewassers zur Sorge mit Hilfe eines neuen Kanals vom Mittellauf der Treene bis zum Börmer See fand die Unterstützung der Landesherrschaft. Auf Anordnung Johann Adolfs wurde daher 1599 mit dem Bau der Dörpstedter Graft (Hollingstedter Graben) begonnen. Der Herzog stellte noch im gleichen Jahr fest, dass *daß Waßer auß den benachbarten Ländereien sehr abgeleitet wurde* und man auf den Neubau weiterer Schleusen bei Friedrichstadt verzichten konnte.[294] Die nördliche Kanalstrecke war 1600 fertiggestellt. Die Länge des Kanals zwischen der Bünger Geestinsel und dem Geestrand bei Dörpstedt bis zur Sorgeniederung und anschließend von Holm bis zum Börmersee betrug 2.213 Ruten (9,9 km). Der Einlass bildete vermutlich ein wartungsloses Streichwehr, das bei bestimmten Wasserständern in Funktion trat. Soweit die Dörpstedter Graft durch sehr tiefes Gelände führte, erhielt diese Seitendeiche. Da diese in den Untergrund sackten, wurden sie bei höheren Wasserständen oft überschwemmt. Konflikte um das Binnenwasser fanden 1607 ihr Ende, als die herzogliche Kommission die alte Regelung bezüglich der Treeneschleusen von 1589 in Kraft ließ.

Bei der weiteren Erschließung der Sorgeniederung nahm die Landesherrschaft auf die dadurch bestehende Wasserbelastung für die Treene keine Rücksicht, da die Neulandgewinnung aus fiskalischen Gründen Vorrang besaß. Die in der Niederung vorhandenen Seen wurden an holländische Partizipanten verpachtet. Diese erkannten schnell, dass die Einleitung des Treenewassers über die Dörpstedter Graft die Trockenlegung des Börmer Sees in Frage stellte und erreichten deren Abdämmung sowie den Bau einer neuen Schleuse bei Fried-

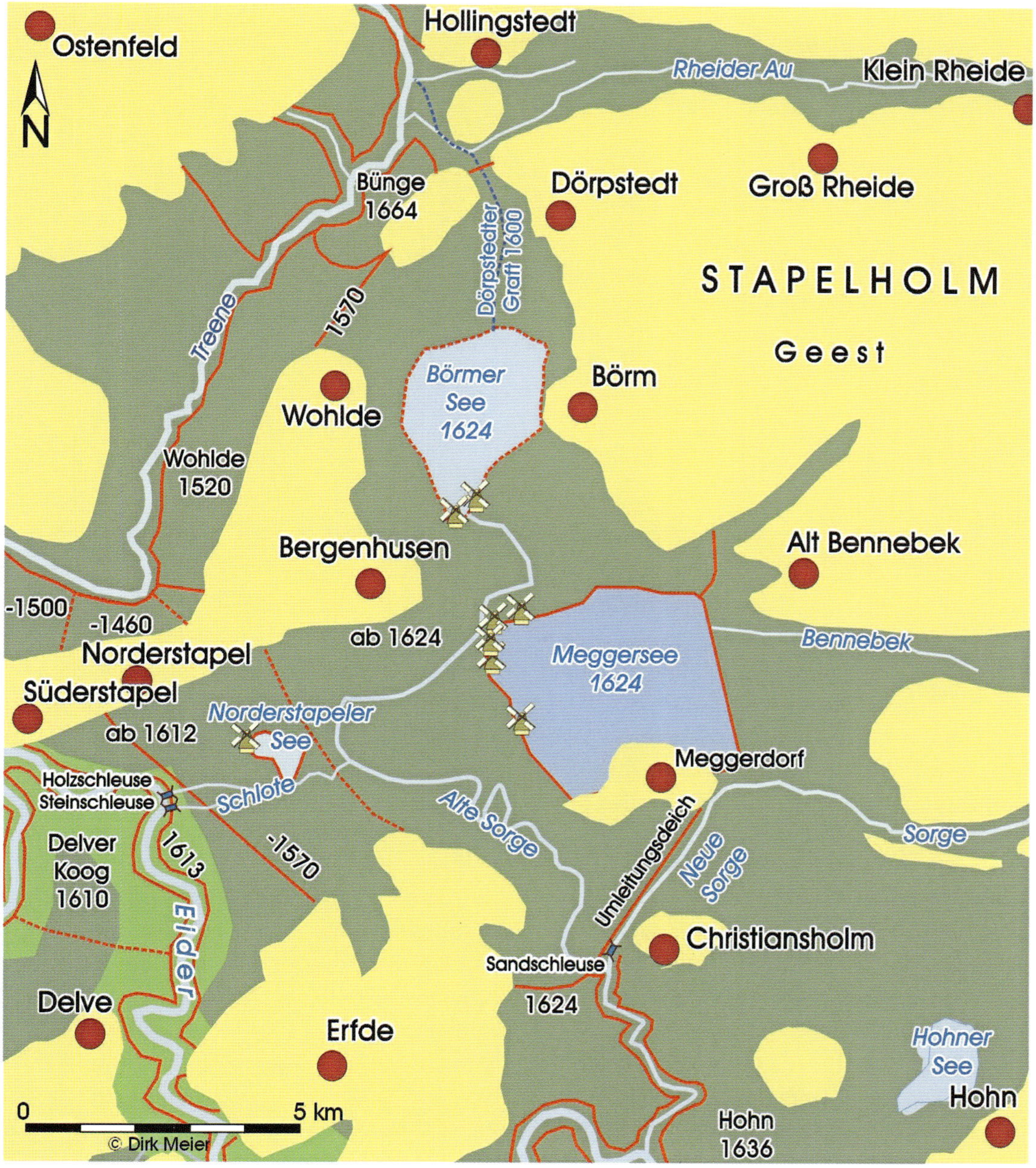

Moorseen in der Sorgeniederung und Umleitung der Sorge mit Sandschleuse und der Schlote mit Steinschleuse.

richstadt. Ferner stimmte der neue Herzog Friedrich III. zu, dass nach dem Vorschlag der Außenkoogsleute zunächst die hölzerne Kranschleuse als westlichste der drei Treeneschleusen 1626 eine *steinerne Schleuße* ersetzte. Am 19. Juli 1626 ergingen an die Vögte der Arns- und Kroppharde sowie den Stapelholmer Landvogt gleichlautende Befehle, dass die Arbeiten *bei der Dorpstetter Grafft wegen deren Überschlagung beim Holmer Mohr, auch wegen bequemer Öffnung eines Laufs des Wassers über das Rumlandt ihren Vorsprung haben.* Ferner wäre notwendig, einen *Graben von der Dorpstetter Graft in die Treine, der endts da sich die Holling- und Dorpstetter Grunde scheiden, anrichten zu lassen.* Bei sorgfältiger Bauausführung sei es möglich, *die an der Treine gelegenen Grunde besorgten Wasserschadens ohne Wiederöffnung des Laufs in den Barmer See, so nicht gewilliget werden wil oder kan, zu entfreien.*[295] Durch den Bau des *neuen Wasserlaufs für das Dörpstedter Wasser* vergrößerte sich das Wassereinzugsgebiet der Treene etwas. Der nördlich von Dörpstedt von der Graft zur Treene gebaute Graben unterband den Zufluss von Fremdwasser in den Börmer See.

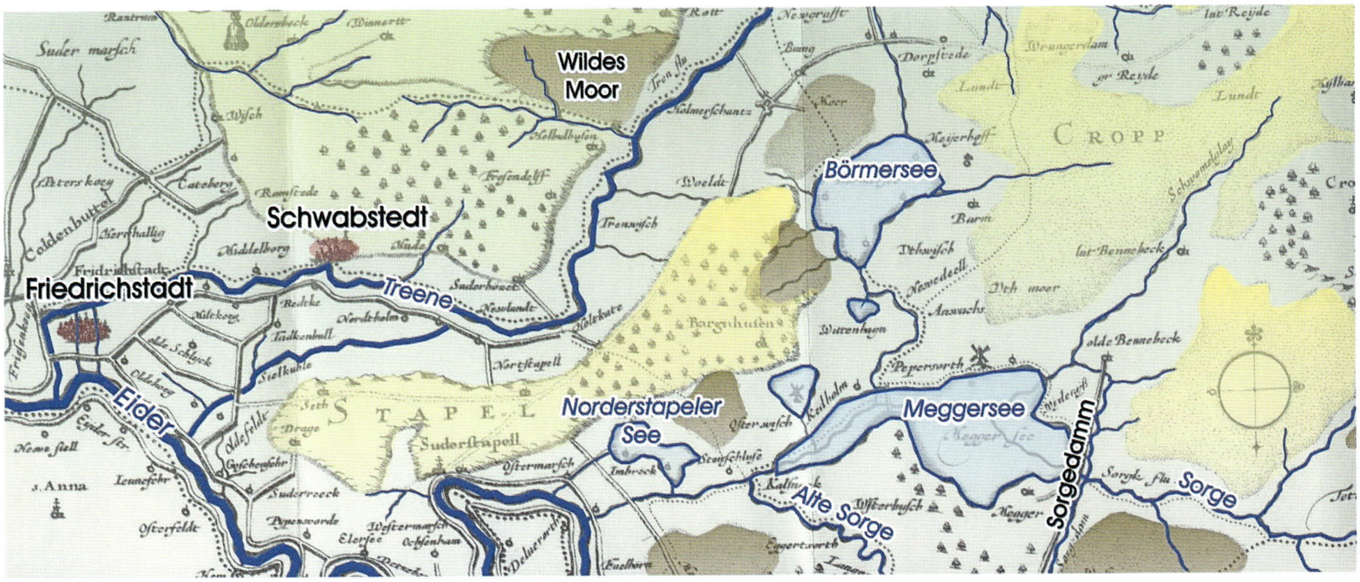

Stapelholm mit Mooren, Flüssen und Seen. Karte „Sudertheill des Amptes Gottorf" von Johannes Mejer von 1651.

Da die beiderseitige Bedeichung der Treene bis über Bünge hinaus fortgesetzt wurde, erhöhten sich die Stauwässer.[296] Einem Gesuch des Kirchspiels Schwabstedts und der Dorfschaften Wohlde, Bünge, Hollingstedt, Winnert, Ostenfeld und Wittebek nach einer Wiederöffnung der Dörpstedter Graft für den Wasserabfluss entsprach der Herzog nicht. Am 21. Mai 1625 vereinheitlichte Friedrich III. die Deichordnung der Landschaft Stapelholm. Ferner ordnete er die Wiederherstellung der Treenedeiche bis Norderstapel an.[297] Süderstapel und Bargen baten vergeblich auf eine Unterstützung.

Bereits am 14. Juli 1623 hatte der Holländer Chr. Becker einen herzoglichen Oktroi für den *Megger-, Börmer- und Bergenhusener See* erhalten. Danach sollte er mit seinen Teilhabern die Seen *vom Wasser entfreyen, dero Behuef nottruftrige Waßerableitungen, Grufte, Schleußen und Siel Zuge machen, gehörige Mühlen anstellen, einen sichern Teichband fertigen.* Die Seen sollten so *zu fruchtbarem und gutem Lande gelangen.* Der 1624 unter Becker begonnene Umleitungsdeich um den Meggersee reichte dem Plan nach bis zum Geestrand und schloss zugleich die Bennebek mit ihren Zuflüssen ab.

Die Sorge sollte danach vor ihrem Eintritt in den Meggersee abgedämmt und die abgeschnittene obere Sorge (Tetenhusener Au) mit dem Bennebek zum Hohner See geführt werden, während der Fluss unterhalb der Abdämmung seinen Abfluss zum bisherigen Unterlauf durch ein Siel beibehalten würde. Als bessere Variante erschien jedoch die Anlage eines neuen Wasserlaufs vom Norderstapeler See zur Eider mit einer oder zwei Sielen.[298] Zusätzlich war ein Anschlußdeich von der Sandschleuse bis zur Geest bei Christiansholm herzustellen, um ein Eindringen von Sturmfluten in das obere Sorgegebiet zu verhindern. Die abgeschnittene Sorge und Bennebek erhielten neben dem Umleitungsdeich ein neues Bett. Der Umleitungskanal (Neue Sorge) führte nun mit der Sandschleuse durch den Querdeich. Die Fortsetzung bildete der Unterlauf der Sorge bis zu ihrer Mündung in die Eider bei der Hohner Fähre. Von der Sandschleuse an der umgeleiteten Sorge verlief der Umleitungsdeich (Moordamm) weiter bis an das Erfder Hochmoor. Zudem errichtete man einen Anschlussdeich von der Sandschleuse bis zur Geestinsel Christiansholm.

Der zweite Bauabschnitt umfasste die Neuregelung der Entwässerung für die Seen und die abgedämmte Sorge (Alte Sorge). Unter der Verlängerung der Stapelrönne erfolgte so der Bau eines Wasserzugs zur Steinschleuse im Süderstapeler Eiderdeich. Das 1629 in Betrieb genommene Siel konnte das Wasser der abgedämmten Niederung allerdings nicht bewältigen. Daher errichtete man als Behelf zwei Holzsiele im Umleitungsdeich nahe der Sandschleuse, die später wieder beseitigt wurden.

Nachdem der Zufluss von Treenewasser durch die zugeschüttete Dörpstedter Graft unterbunden worden war, kam im März 1626 zwischen den *Interessenten von de Megger-, Barmer- und Barringhousemer Seen und den Hern Stadtholder sampt Assessoren in Friedrichstadt* eine Vereinbarung zustande. Diese diente dem *Ableiden des Wassers von de Barchstedter Graft op de Treene durch de neye Schluse zu Friedrichstadt*. Die Interessenten erklärten sich zur Unterstützung des Schleusenbaus bereit. Ferner war der Eiderdeich zwischen der Süderstapeler und Erfder Geest nach der Deichordnung von 1625 zu verstärken. Die zuständigen Dörfer Süderstapel, Bargen und Scheppern konnten das jedoch nicht leisten. Zwar mussten die holländischen Partizipanten *in dem nach außen hin geschützten Sorger Koge die 3 Seen besonders eindeichen und dann durch Mühlen trocken legen*, doch war dies finanziell nicht zu leisten, sodass 1625 und 1626 neue Teilhaber hinzugezogen wurden.[299]

Über den *bekanntlich groß und klein Nortstapeler, Luken und Arveder See* in der Sorge-Niederung behielt sich Herzog Friedrich III. das Eigentumsrecht vor. Einen Ausläufer des Norderstapeler Sees bildete der *Syderstapeler See* mit seiner Wassermühle.[300] Da sich eine Trockenlegung des Norderstapeler Sees für den Herzog nicht lohnte, schenkte er diesen seinem Oberhofmeister, der die Deichgrafen Rutenstein und Typotius 1623 damit beauftragte. Da die übrige Sorgeniederung anderweitig verliehen worden war, erhielt der Norderstapeler See einen eigenen Abfluss zur Eider. Dafür wurde die Alte Schlote ausgehoben, die durch ein Siel nordwestlich der späteren Steinschleuse in die Eider entwässerte. Beiderseits der Schlote errichtete man einen Deich. Im Seengebiet erfolgte der Bau eines Ringkanals und einer Wind-Wassermühle. Die so trockengelegte Seefläche verkaufte von der Lancken 1625 an die Hamburger Deichbauunternehmer Brüder Mohrs und Speckelsen sowie von Pintzier, der zum herzoglichen Hofstaat gehörte. Den Zustand zeigt eine nachgedruckte Karte von 1630.[301] Die Hamburger errichteten auch die *Niewe Sluys* (Hamburger Schleuse). Die zweite Verbindung zwischen Norderstapeler See und der Eider bildete die von Holländern angelegte Große Schlote. Die Verbindung des Norderstapeler Sees zur Sorge schuf die *Stapel Run* (Stapelrönne). Bereits 1626 verkauften die genannten Interessenten den trockengelegten Norderstapeler See an den Unternehmer Becker und andere Partizipanten. Aufgrund seines Konkurses verlor er jedoch seine Teilhaberschaft am Norderstapeler See und Meggersee. Das Land fiel wieder an die Interessenten zurück. Diese veräußerten es noch im gleichen Jahr an J. Fehring aus Wesselburen, der eine neue Schleuse an Stelle der alten erbaute. Diese wurde erst bei der Anlage der Neuen Schlote mit der Balkenschleuse beseitigt. Da Fehring 1642 bei Friedrich III. in Ungnade geriet, musste er das Herzogtum verlassen, weshalb sein Land wieder an den Herzog fiel.[302] Dieser überließ den Norder-

Alte Steinschleuse (hinten) und neue Steinschleuse (vorne) von der Schlote in die Eider.
Foto: Dirk Meier

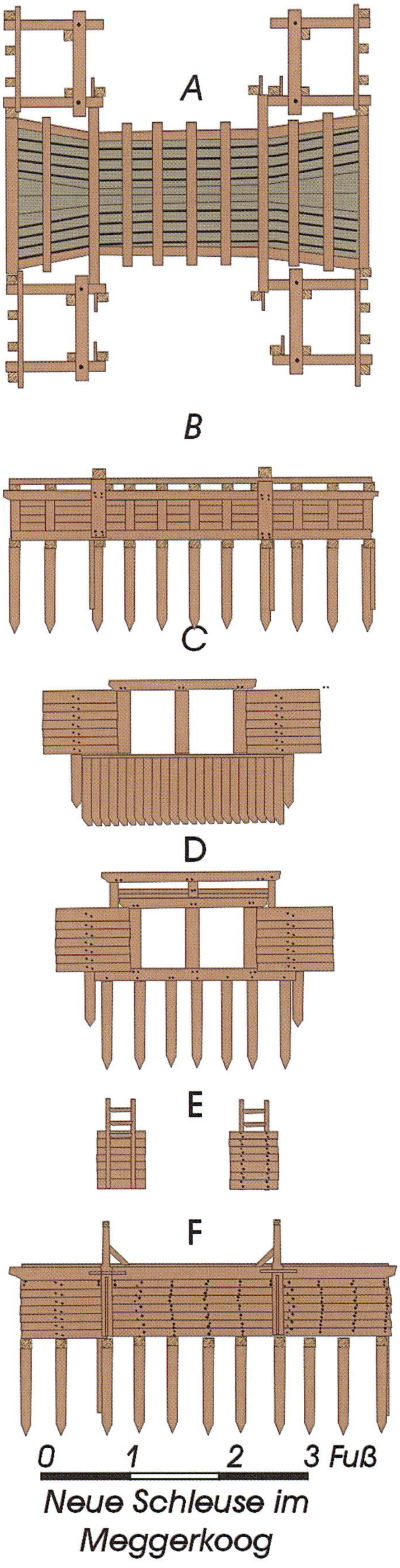

Neue Schleuse im Meggerkoog.

stapeler See am 10. November 1642 mit *Wassermühle, Mühlenhause und newe Schleuße* der Dorfschaft Norderstapel in Erbpacht. Da deren Bewohner die Entwässerungsanlagen nicht unterhielten, wurde aus dem Kulturland wieder ein See.

Eine geometrische Delineatio der Landschaft Stapelholm Anno 1650 von Johannes Mejer vermittelt eine etwas verzerrte und nicht fehlerfreie Bedeichung Stapelholms in dieser Zeit. An der Treene erstreckt sich der Deich bis nordöstlich von Norderstapel. Mit dem *Sorg Dam* ist ein Umleitungsdeich bis auf das *Arfften Moer* eingezeichnet. Die Eiderdeiche reichen von Friedrichstadt über Tielen bis zum Geestrand. In der Folgezeit änderte sich deren Verlauf kaum. Die *Betje- oder Betzhemme* umgibt ein Sommerdeich, den man aufgrund mangelnder Unterhaltung aufgab. An der Treene wurde 1674 die Niederung vor Bergenhusen wieder eingedeicht, nachdem auf dem rechten Treeneufer eine Bedeichung von Ostenfeld erfolgt war. Der von den Bergenhusenern nicht unterhaltene Deich verfiel schnell.

Da der Dreißigjährige Krieg auf Stapelholm übergriff, hatte man 1627 die Schleusen am Eiderdeich geschlossen und den Umleitungsdeich durchstochen, um letztlich vergeblich die kaiserlichen Truppen aufzuhalten. Infolgedessen verlief die Urbarmachung der Kulturlandflächen schleppend. Zudem verhielten sich die Einwohner ablehnend gegenüber den holländischen Partizipanten. Auch eine schon 1623 vereinbarte Hilfe zum Unterhalt der Deiche und Schleusen verweigerten die Stapelholmer. Deichbrüche infolge der Sturmflut von 1634 erhöhten die Probleme noch. Zwar wurden Deiche und Entwässerungsanlagen wiederhergestellt, doch schon 1645 kam es zu neuen Schäden, da man den Umleitungs- und Eiderdeich aufgrund des Krieges erneut durchstochen hatte. Der Wortführer der Partizipanten beschwerte sich beim Herzog, dass die noch vorhandenen Häuser und Mühlen *durch den täglich ein- und ausgehenden Strom ruinieret* würden. Zudem war der Wasserstand der Sorge so hoch, dass diese ihren Lauf am Bünger Damm vorbei in die Treene nahm. Schließlich gaben alle Partizipanten bis 1654 auf. Die ehemals fast trockengelegten Seen, die nun wieder regelmäßig unter Wasser standen, kamen erneut zur Landesherrschaft. Erhalten blieb nur die Umleitung der Sorge.[303]

Der kleine Wittenhagener See in der Bergenhusener Bauerschaft und der Meyener See in der Erfder Bauerschaft gehörten zunächst nicht zur Landesherrschaft. Letzterer wurde 1650 als *landesherrlicher Anwachs* übernommen, ersterer fiel im Zuge der Melioration trocken und wurde Ende des 17. Jahrhunderts vom Herzog eingezogen. Die Interessenten des Sorgekooges mussten auf herzogliche Anordnung 1666/68 die Entwässerung verbessern.[304] Die beiden Schleusen im Umleitungsdeich (Moordamm) beseitigte man aufgrund einer zu hohen Lage des Drempels.[305] Aufgrund der mangelhaften Bauausführung trat hier 1672 ein Deichbruch ein. Die Alte Sorge nahm daher wieder ihren Lauf zur Eider bei der Hohner Fähre. Die *große Schlote oder Rönne* mit der *neuen Schlöte*, die durch die Steinschleuse zur Eider führte, erhielt 1688 einen kurzen Entlastungskanal zur Balkenschleuse. Diese nahm zudem einen Düker auf, der das Wasser aus dem Norderstapeler See ableitete.

Trotz dieser Maßnahmen standen die einst fast trocken gelegten Seen weiter unter Wasser. So heißt es 1699, dass der Börmer See *bey denen verschienen* [verschiedenen]*eingefallenen Kriegszeiten hinwieder inundiret und unter Waßer gesetzet.* Als Folge waren *die dran vorhanden gewesenen Häuser heruntergekommen, die Mühlen zerfallen und unbrauchbar, die Schleußen herausgenommen und alles gleichsamb wüste.*[306] Ähnlich war es am Norderstapeler See. Daher vereinbarte Herzog Christian Albrecht am 18. Juni 1674 einen *Contract mit Monsr. Alemonde wegen der Megger und Nordstapeler Seen* zur erneuten Trockenlegung.[307] Doch kam diese nicht zur Ausführung. Nach dem Tod des holländischen Unternehmers 1680 fiel das Gebiet wieder an Christian Albrecht zurück, der es verpachtete.

Für eine weitere Pacht erhielt zeitweise der Gottorfer Amtsschreiber Beselin als Großvogt über Stapelholm den Börmer und Bergenhusener See. Dieser wurde nach seinen Übergriffen gegen sich beschwerende Interessenten des Sorgekooges 1680 vom Herzog wieder abgesetzt. Christian Albrecht schloss nun einen Vertrag mit von Ahlefeld, dem Amtschreiber Rachel und dem Hardesvogt der Kroppharde Andersen über die Nutznießung des *Megger, Börmer und Bergenhusener Sees*. Den Norderstapeler See erhielt 1681 nochmals die Dorfschaft Norderstapel in Erbpacht. In deren Auftrag sollte Kapitän von Spektin die verfallenen Anlagen der ersten Trockenlegung wiederinstandsetzen.

Neue Sorge.
Foto: Dirk Meier

Heutige Sandschleuse. Foto: Dirk Meier

Die Einwohner des *Börmer, Kleinen, Megger und Sorcker Kooges* hatten sich 1680 darüber beklagt, dass ihnen für den Sorgekoog ein Deichverwalter aufgedrängt worden war. Der Stapelholmer Landvogt betonte jedoch, dass immer wieder Wasser in den Megger und Börmer See eingedrungen sei, sodass *die Anlieger die Heur nicht abführen können, da angeregtes Grasland mehr denn Knietief unter Wasser steht.* Das war eine Folge der schadhaften Tore der Stein- und der Holzschleuse an der Eider. Zudem waren *die Flethen und Wasserleitungen in den See nicht gebührend ausgekrautet* worden. Ferner musste man vom etwas tieferen Börmer See mit Mühlen das Wasser in den Meggersee ableiten. Somit war der Zufluss in diesen größer als sein Abfluss in den beiden Öffnungen der Steinschleuse. Die Dorfschaften Süder- und Norderstapel betonten, dass sie aufgrund einer herzoglichen Resolution *von der Arbeit im Meggersee und Aussauberung des Wasserlaufs befreyet* seien. Dem widersprachen die anderen Landeigner. Ebenso beschwerten sich die Interessenten des Sorgekooges über den Amtsschreiber.

Zur Mängelbeseitigung erging 1695 ein *Fürstlicher Cammerschluß.*[308] Danach musste die Wassermühle im Bergenhusener See wegen Baufälligkeit abgebrochen und eine Ausbesserung der Mühle, Gebäude, Deiche und Gräben durch den Pächter vorgenommen werden. Die Anlieger hatten ferner die *Sorcker- oder Holzschleuße* neu zu errichten. *Dicke Fischerhawen und Körbe* von den Fischern des Meggersees in der Rönne waren zu beseitigen, da diese den Abfluss verstopften. Zwar durften die Norderstapeler den Norderstapeler See *genießen*, doch mussten sie berichten, warum sie sich nicht an den Baukosten der Steinschleuse beteiligten, die das Wasser des Sees abführte. Die Interessenten des Meggersees hatten für die Reinigung *der Flackede und Rönne* zu sorgen. Für den Meggersee musste sich der Amtsschreiber zum Abbruch dreier angeblich baufälliger Wassermühlen äußern, dessen Material er hatte verkaufen lassen. Über die Wiederherstellung des verfallenen Herrenhauses am Meggersee sollte er einen Kostenvoranschlag erstellen.

Die Gottorfer Vormundschaftsregierung des letzten minderjährigen Herzogs Karl Friedrich prägte eine Herrschaft von Günstlingen. So besaßen seit dem 16. April 1701 die beiden Amtmänner Rantzau und von Pincier einen *Hochfürstl. Octroy über den Megger Koeg*, der auf deren angeblich besonderen Verdiensten beruhte. Die Inhaber des Oktrois sollten *die Wiedereinteichung des Meegerseehes ihrer besten Gelegenheit, besunderer Bequemlichkeit nach auf ihre Kosten vornehmen.* Nach ihrer Fertigstellung würden sie das Land erhalten. Trotz Konflikten mit den benachbarten Dorfschaften Bennebek und Meggerdorf gelang die nochmalige Eindeichung und Trockenlegung des Meggersees in zwei Jahren. Anfang 1704 wurde der Meggerkoog aufgeteilt, und im März des gleichen Jahres verkaufte von Rantzau seinen Anteil an vier Interessenten. Bald danach zeigte sich, dass die *Beteich- und Trockenmachung des sogen. Meggerkoeges vieler bekannter Umstände halber unglücklich und fast fatal* war. Infolge zweier Durchbrüche an dem Randdeich des ehemaligen Sees geriet der Interessent Volckmar 1709 in Konkurs. Die Höfe von Pincier und Langelott wurden beschlagnahmt. 1771 heisst es, dass der *ganze Koegs-Wesen in einem zerrütteten und confusen Stand* seien, sodass man an *den totalen Ruin deß ganzen Wesens* denken müsste.[309] Infolgedessen musste auch der *Conferenzrat* Hagedorn als Nachfolger von Volckmars ebenso aufgeben wie zwei weitere Teilhaber. Deshalb hob die Vormundschaftsregierung den Oktroi auf. Nach der Vereinigung der Herzoglichen-Gottorfer Anteile in Schleswig und Holstein mit dem Königreich Dänemark 1721 erhielten die Nachfolger und Erben der ehemaligen Teilhaber nach Streitigkeiten am 23. Juli 1737 ein königliches Oktroi über den *sogen. Megger-Koeg.*

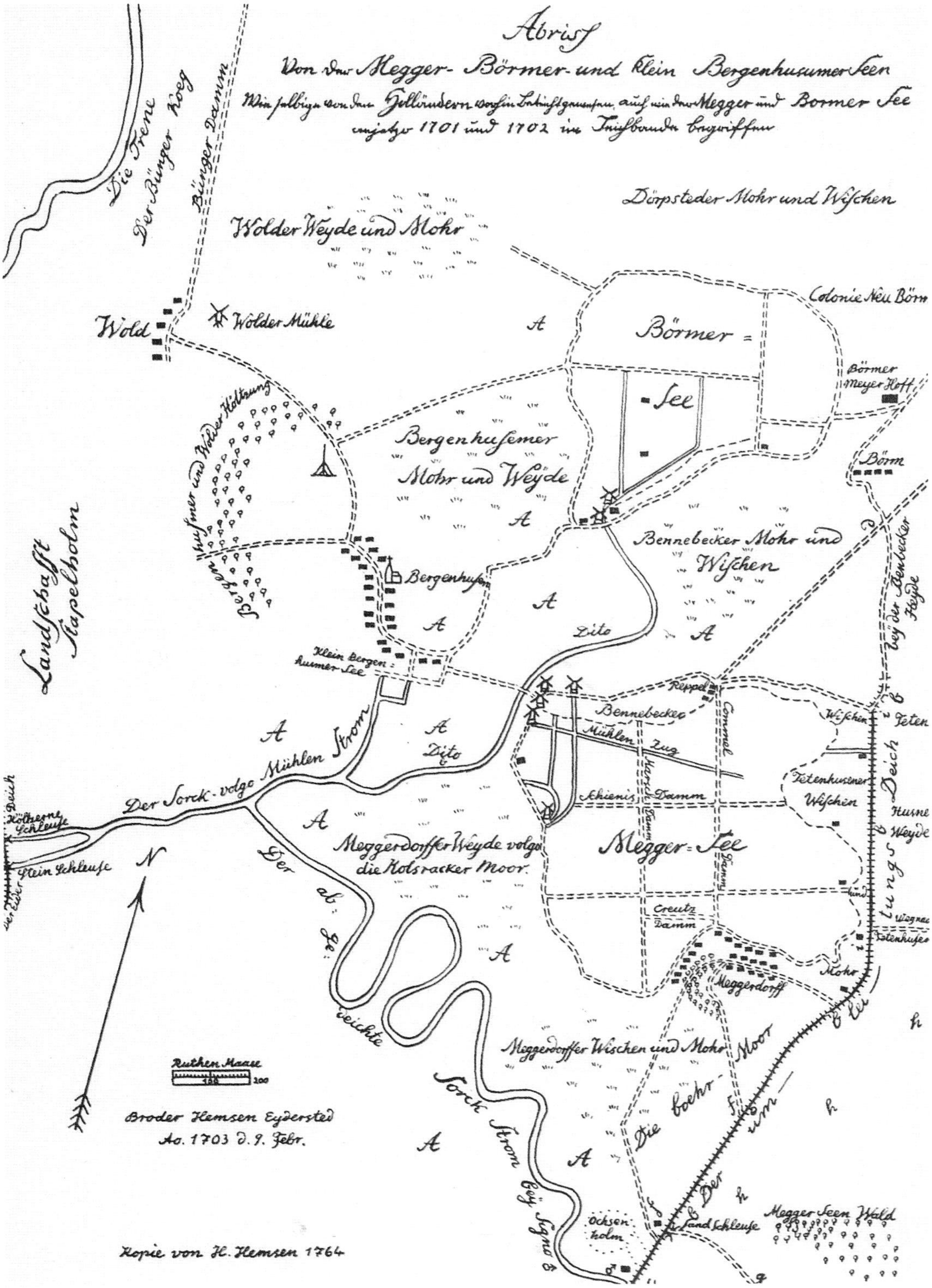

Abriß von dem Megger-, Börmer und klein Bergenhusener Seen. Anno 1703, Kopie von H. Hensen 1764. Quelle: Fischer 1958, 110 Abb. 15

Trockengelgter Börmer See 1702.

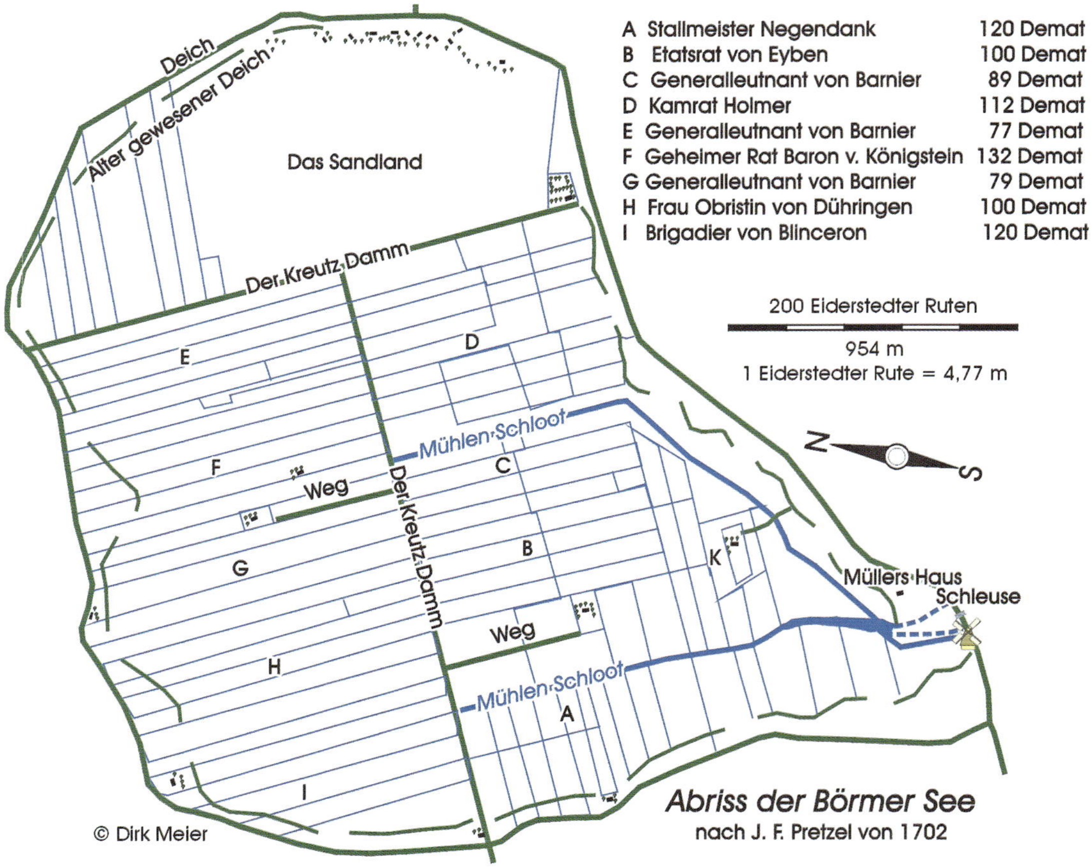

Die Anlagen zur Trockenlegung wurden wiederhergestellt.

Für den Börmer und Bergenhusener See bekamen Geheimrat und Generalleutnant von Banier mit seinen Mitinteressenten am 2. Dezember 1702 eine *Concreßion und Octroye*. Im Mai 1702 trat von Barnier seine Vorrechte an Herrn von Pincier ab und schloss einen weiteren Vertrag mit sechs Teilhabern. Die Eindeichung beider Seen mit ihren beiden neu erbauten Entwässerungsmühlen wurde im gleichen Jahr abgeschlossen. Die Aufteilung des Landes vermittelt eine Handzeichnung mit regelmäßigen Parzellen und geraden Wegen, die auch frühere Deichreste zeigt.[310] Aufgrund der unzureichenden Entwässerung des Börmer Kooges verlief die Besiedlung schleppend. Der häufige Besitzerwechsel belegt die geringe Wertigkeit der Flächen. Bis 1776 verringerte sich die Zahl der Besitzer auf zwei. Insgesamt bestanden 61 Häuser, darunter fünf Höfe sowie vier Entwässerungsmühlen.[311] Im Wiesenland des Bergenhusener Kooges, wo der frühere Deich und die Wassermühle nicht mehr vorhanden war, bestanden noch sechs Häuser.

Im Dezember 1706 hatte noch die Gottorfer Vormundschaftsregierung den Norderstapeler See an von Finkenstein verschenkt. Es erfolgte 1708 ein herzogliches Oktroi. Da die Trockenlegung scheiterte, übernahmen am 24. Januar 1774 die Norderstapeler schließlich den See als Erbpacht.[312] Für den Sorgekoog hatte die herzogliche Regierung am 20. März 1702 eine Deichordnung erlassen, die vor allem die Unterhaltung des Umleitungsdeiches und der Sandschleuse *(Sorcker Schleuse)* regelte. Den Zustand des ehemaligen Seengebietes von 1703 vermittelt eine nicht fehlerfreie Karte in einer Kopie von 1764.[313] Auf dieser sind die Randdeiche um die Seen als erhöhte Wege dargestellt. Der Meggerkoog besitzt fünf und der Börmer Koog zwei Windmühlen zur Entwässerung. Es fehlen der Umriss des Norderstapeler Sees, seine Zuleitung zur Neuen Schlote und die Neue Sorge. Die Deichordnung regelte neben den Unterhaltspflichten und Abgaben für den Sorgekoog auch den Unterhalt der Deiche einschließlich der Entwässerungsanlagen und verbot das Fahren auf dem Umleitungsdeich. Die beiden Siele im Erfder Damm sollten wegen der Schädigung des Sorgekooges *zugemachet werden*.[314] Als 1777 der Kleinseer Koog (ehemals Kl. Bergenhusener Koog) an den Besitzer der Graupenmühle gelangte, befanden sich hier 33 Häuser. Wind-Wassermühle und Randdeiche waren in dieser Zeit wohl nicht mehr vorhanden.

Die wirtschaftlichen Schwierigkeiten der Köge, die seit der Trockenlegung der Seen auf eine künstliche Entwässerung zur Sorge hin angewiesen waren, blieben bestehen. Da Stapelholm von der Neuordnung des Deichwesens zu Beginn des 19. Jahrhunderts teilweise ausgespart blieb, konnte Deichinspektor Sievers 1805/06 mit den Bevöllmächtigen aus Stapelholm und dessen Landvogt zu keinem Übereinkommen bei der *Organisierung des 4ten Schleswigschen Deichbandes* kommen.[315] Deshalb beauftragte die Rentekammer 1820 den Deichinspektor Salchow, *die Organisierung des 4ten Deichbandes* vorzubereiten. Letztlich blieb die Resolution von 1805 in Kraft, nach der der Deichinspektor für den ganzen Deichband und der Stapelholmer Deichgraf für die Deiche der Landschaft Stapelholm zuständig waren.[316] So unterblieb der planmäßige Ausbau der Stapelholmer Eiderdeiche. Dass diese die Sturmflut von 1825 nicht zerstörte, lag nur an einer Entlastung des Wasserdrucks infolge von Deichbrüchen in Norderdithmarschen. Ein erneuter Versuch einer Deichbandgründung scheiterte 1857. Bis 1858 erfolgte lediglich eine kartographische Aufnahme der See- und Flussdeiche mit Schleusen und Sielen, die nach dem Übergang zur preußischen Verwaltung 1868/69 überarbeitet wurde.[317]

Obwohl im Meggerkoog (Oktroi von 1701) sowie im Börmer- und Kleinem Bergenhusener Koog bzw. Kleinseer Koog (Oktroi von 1702) die künstliche Entwässerung mit Windmühlen fortbestand, standen die Wiesen im Winter regelmäßig unter Wasser, wenn diese auch gute Erträge an Heu und Rohr lieferten. Ein Neubau ersetzte 1830 die Schleuse des Meggerkoogs. Trotzdem hatte die Besiedlung des Kooges zugenommen, in dem sich um die Mitte des 19. Jahrhunderts 57 Häuser befanden.[318] Nachdem der Landinspektor Tiedemann die Ländereien im Meggerkoog erworben hatte, ließ er die Randdeiche reparieren *sowie Kanäle und Schloten räumen*, die neben der Entwässerung dem Transport von Reet und Heu dienten. Zudem baute er die alte Entwässerungsmühle zum Dampfschöpfwerk aus, dem ersten an der Nordseeküste. Damit wurde der Koog in zwei Wochen trockengelegt, was die Höhe der Pacht für die Wiesen steigerte. Ferner ließ der Unternehmer eine Kornmühle mit Dampfantrieb, einen Kornspeicher, eine Dampfbäckerei, eine Bierbrauerei und eine Stärkefabrik errichten. Infolge des Schleswig-Holsteinischen Krieges musste Tiedemann jedoch 1848 fliehen. Er starb 1851 in Rendsburg. Seine Witwe konnte den Besitz kaum erhalten, jedoch gelang ihrem Schwiegersohn der verstärkte Anbau von Reet für die Herstellung von Wänden, Gartenlauben und Strandkörben. Zwar wollte später der Landesverein für Innere Mission, der 1927 das Gut Johannisberg gekauft hatte, den Meggerkoog mit Arbeitslosen auf Ackerland umstellen, doch blieben trotz des Einsatzes von Baggern, neuer Pumpen im Dampfschöpfwerk und Düngung die Erträge hinter den Erwartungen zurück. Später übernahm die Höfebank den Koog. Die Schaffung guten Weidelandes blieb schwierig, da die intensivere Entwässerung eine weitere Setzung des Landes bedingte. Nach der Umwandlung der Höfebank in die Schleswig-Holsteinische Landgesellschaft erfolgte eine Aufteilung des Gutes Johannisburg in Siedlungen.

Neben dem Meggerkoog war Tiedemann auch am Börmer Koog beteiligt. Aufgrund seiner niedrigen Lage war dieser ebenfalls kaum landwirtschaftlich nutzbar, sodass hier der Hauptpartizipant 1812 Konkurs angemeldet hatte.[319] Die Entwässerung des Kooges erfolgte mit Wind-Wassermühlen, wovon eine mit einer Wasserschnecke ausgestattet war. Das reichte jedoch nicht aus, denn 1822 heißt es, dass *sich der Koog seit Jahren immer mehr in einen See zu verwandeln scheint und über 9 Monate ungeerntet steht*.[320] Tiedemann ersetzte dann 1840 die Wind-Wassermühle durch eine Schaufelmühle, die das Wasser über eine Zuleitung zur Alten Sorge förderte. Zudem legte er zwei Schleusen an, ließ Gräben räumen sowie Wege und Deiche ausbessern, sodass die Heuerträge stiegen. Nach Tiedemanns Tod wurde der Koog 1852 parzelliert. Neben der Korn- und Graupenmühle bestanden zu dieser Zeit 29 Wohnhäuser, 1914 übernahm eine Bodenverbesserungsgenossenschaft alle Entwässerungsaufgaben. Diese errichtete 1936 ein Schöpfwerk mit Elektroantrieb und baute die Sielzüge aus.

HOCHWASSERSCHUTZ-MANAGEMENT UND WIEDERVERNÄSSUNG

Aufgrund des Meeresspiegelanstiegs, der für 2100 auf 0,45 im niedrigsten und bis 1 m im höchsten Szenario prognostiziert wird, bildet das Eidersperrwerk Teil der Fortschreibung des aktuellen Küstenschutzplans und auch der Eiderdamm wurde angepasst.[321] Für die Deichsicherheit wirkt sich beiderseits des Eiderästuars derzeit günstig aus, dass die Außenküsten Eiderstedts und Dithmarschen infolge starken natürlichen Sedimentangebotes in ihrer Lage verharren. Allerdings wird das 1973 eingeweihte Sperrwerk in der Zukunft erneuert werden müssen. Hier könnten mehr Sieltore wie beim Schelde-Sperrwerk den Druck auf das Sielbauwerk verringern. Weitere Großmaßnahmen betreffen die Binnenentwässerung der Eider-Treene-Sorge-Niederung. Hier liegen die Entwässerungstiefen im Mittel zwischen 0,7 m und 1 m, teilweise darunter. Diese Flächen werden schon heute geschöpft.[322] Die Abflüsse aus dem Geestgebiet des Treene-Einzugsgebietes fließen bei Friedrichstadt durch ein Siel in die Eider. Die Niederungsgebiete am Unterlauf der Treene entwässern im Schöpfwerkbetrieb in den Fluss. Nach der Einschätzung der zuständigen Deich- und Hauptsielverbände könnte eine Entwässerung der Treene und Mitteleider mit herkömmlichem Sielbetrieb 2050 oder schon früher nicht mehr ausreichend möglich sein. Eine Realisierung zweier Großschöpfwerke für beide Flüsse würde 2050 etwa 160 Mrd. € (ca. 40 €/ha Einzugsfläche) kosten.[323]Auch die Niederungen an der Sorge entwässern im Schöpfwerksbetrieb.

Blick auf den Fünfmühlendeich des Meggerkooges. Foto: Dirk Meier

Da mit der Entwässerung und Nutzung der Moorstandorte mit einhergehender Torfzersetzung Bodenabsetzungen von durchschnittlich 1,5 cm im Jahr einhergehen, sind Lösungen gefragt. Teilweise können die alten Pumpen schon heute nicht mehr tief genug entwässern, was die Bewirtschaftung der Grünländer erschwert und die Unterhaltung der Infrastruktur beeinträchtigt. Gleichzeitig möchte der Naturschutz auf seinen Flächen die Vernässung erhöhen. In dem besonders tief gelegenen Meggerkoog erfolgt eine intensive Bewirtschaftung auf den Mudden, Moor- und Kleiböden. Da weite Flächen der privaten Grünlandnutzung in der Eider-Treene-Sorge-Region als EU-Vogelschutzgebiet gemeldet sind, wird auf einen Vertragsnaturschutz gesetzt, um so auf ca. 1.000 ha Wiesenvögel zu schützen.

Durch die von der Stiftung Naturschutz 2021 eingerichtete Klimafarm zwischen Erfde und der Alten Sorge werden bis 2013 etwa 300 ha Stiftungsland in der Eider-Treene-Sorge-Niederung vernässt. Ziel der Wiedervernässung, die die Nachbarflächen nicht beeinträchtigen soll, ist der Klimaschutz durch eine Reduktion der Treibhausgas-Emissionen. So können wiedervernässte Moore mehr Kohlendioxid speichern als urbar gemachte. Daher erfolgen mit dem Anstauen von Wasser in den Gräben, dem Rückbau von Drainagen, dem Bau von Verwallungen und regulierten Über- und Abläufen eine Wiederherstellung des natürlichen Wasserhaushaltes im Moor. Es erfolgt lediglich eine moorbodenerhaltene extensive Grünlandbewirtschaftung. Geerntete Biomassen (Mahdgut) sollen vermarktet werden.[324]

Die auf nassen Böden wachsenden Gräser sollen als Dämmmaterial, Torfersatzsubstrat oder als Rohstoff für die Verpackungsindustrie dienen. Nachdem sich der Absatz dieser „Paludi-Masse" lange als schwierig erwies, haben

Blick in die Sorge-niederung und auf den Stapelholm im Hintergrund. Foto: Dirk Meier

sich für die Verwertung jetzt Unternehmer gefunden. Eine solche klimagerechte Landwirtschaft auf vernässten Böden sehen viele Landwirte jedoch skeptisch, befürchten sie doch das Ende ihrer Betriebe. „Uns Bürgern steht das Wasser bis zum Hals“ heißt es daher auf Protestschildern. Flächen wieder zu vernässen, die man seit Jahrhunderten entwässert hat, findet wenig Zuspruch. Die Konflikte zwischen der Landwirtschaft auf der einen Seite und der mit Mitteln des Bundes und Landes Schleswig-Holstein für 10 Jahre mit 16 Millionen Euro finanzierten Klimafarm, der Niederungsstrategie sowie der Landesregierung auf der anderen Seite thematisiert sogar ein Artikel von Julian Staab in der „Frankfurter Allgemeinen Zeitung“ vom 13. August 2024 mit der Überschrift „Es war einmal ein Moor“.

Die seit 2021 mit Vertretern der Wasserwirtschaft, Naturschutzverbänden, Kommunen und Wissenschaft diskutierte Niederungsstrategie ist politisch noch nicht beschlossen. Dagegen sprachen sich Anfang des Jahres 2024 in einem offenen Brief mehrere Verantwortliche der Eider-Treene-Sorge-Region aus. Der Bürgermeister von Erfde, Thomas Klömmer (CDU), kritisierte die mangelnde Berücksichtigung kommunaler Interessen. Statt dieser Strategie brauche man vielmehr Investitionen in die maroden Schöpfwerke, schließlich würden Landwirte und Bewohner einen Großteil der Kosten für die Entwässerung tragen. Er befürchtet, dass noch mehr Landwirte aufgeben müssten. Diese Auffassung unterstützt Stefan Wendtland von „Land schafft Verbindung (LSV)“, der in der Region einen Bioland-Milchviehbetrieb betreibt und betont: „Wir arbeiten seit Langem im Einklang mit der Natur, fahren selbst die Wasserstände höher, wenn es nötig ist.“ Zudem könnten vernässte Flächen kein Wasser bei Binnenwasserstau mehr aufnehmen.

Schleswig-Holsteins Umweltminister Tobias Grünschmidt (Grüne) sagt jedoch, es sei nicht das Ziel, den Wasserstand aller Moorböden in der Eider-Treene-Sorge- Niederung hochzuhalten, sondern den natürlichen Landschaftswasserhaushalt wiederherzustellen. In Anwesenheit des Ministers unterzeichneten bereits am 14. September 2023 Sönke Thomsen, Oberdeichgraf vom Eider-Treene-Verband (ETV), Stefan Hollmer, Vorsitzender des Sielverbandes Sorgekoog und der Leiter der Abteilung Wasserwirtschaft im Umweltministerium, Dr. Johannes Oelerich, eine Vereinbarung über ein flexibles Wassermanagement am Schöpfwerk Steinschleuse. Neben dessen energetischer Modernisierung soll diese das ressourcenschonende Wassermanagement fortsetzen. „Wenn es uns nicht gelingt, die Sackungen der Moorböden deutlich zu verringern, wird die Entwässerung und auch die Nutzbarkeit der Flächen immer schwieriger. Damit steigt auch die Gefahr für Binnenhochwasser weiter an“ mahnt Umweltminister Goldschmidt in der Presseerklärung vom 14. September 2023.

MIELE-NIEDERUNG

GEOLOGIE UND HYDROLOGIE

Zwischen Hemmingstedt im Norden und Meldorf im Süden Dithmarschens weichen die Moränen der Saale-Kaltzeit weit nach Osten zurück und öffnen sich zu einer breiten Niederung, die im Westen ein Strandwallkomplex abschließt. Durchstoßen wird dieser von der Miele, die ursprünglich mäandrierend in die Meldorfer Bucht mündete, seit 1929 als Meldorfer Hafenstrom aber begradigt ist. Sie besitzt mit der Norder- und Südermiele zwei Quellarme, die sich am Dithmarscher Geestrand bei Meldorf vereinigen. Die Nordermiele entsteht am Zusammenfluss von Landgraben und Dehringstrom im Naturschutzgebiet des ehemaligen Fieler Sees. Über den Moorgraben aus dem Südermoor bei Tensbüttel-Röst und der Dellbrückau speist sich die Südermiele. Die Gesamtlänge der Miele/Nordermiele von der Quelle als Dehringstrom bis zur Mündung beträgt etwa 26 km.

Der Dithmarscher Geestrand fällt hier steil nach Westen ab und liegt schon 1 km westlich in einer Tiefe von ca. NN -18 m.[325] Die Morphologie der Miele-Bucht in der Weichsel-Kaltzeit kennzeichnen zwei schmale, über NN -10 m tiefe Hauptrinnen kaltzeitlicher Schmelzwässer mit Verzweigungen auf sandigen Taloberflächen zwischen inselartigen, bis NN +5,8 m hohen Geestkuppen. Als im Zuge der holozänen Klimaerwärmung der Meeresspiegel stark anstieg und die Nordsee den steil abfallenden Geestrand vor Meldorf erreichte, stieß das Meer zunächst in die teilweise über NN -18 m tiefen Rinnen vor.

Den pleistozänen Untergrund vor dem Dithmarscher Geestrand nehmen quarzreiche Fein- bis Mittelsande ein. Diese erreichen im Speicherkoog eine Tiefe von bis zu NN -30 m und gehen danach in gemischt-körnige Sande über.[326] Die pleistozänen Sande unterscheiden sich hinsichtlich ihrer gröberen Korngröße von den feineren holozänen Wattsedimenten (< 0,2 mm). Diese bilden den letzten Überrest erodierten Geschiebemergels des Heider Geestkerns, den das vordringende Meer etwa seit dem 5. Jahrtausend v. Chr. zurückverlagerte.[327] Westlich der Linie Hemmingstedt–Meldorf bilden Fein–Mittelsande mit unterschiedlichem Kies- und Grobsandanteil und vereinzelten Steinen die oberste Ablagerung einer ausgewaschenen Moräne. Nach Geschiebezählungen in der Umgebung von Heide gehören die oberflächlichen glaziofluviatilen Sande in das Warthe-Stadium, während der darunter liegende Geschiebemergel in das Drenthe-Stadium der Saale-Kaltzeit weist.[328] Graugrüne Beckensedimente mit geringem Schluffanteil oder dünner Feinsandbänderung wurden nur vereinzelt erbohrt.

Die Mächtigkeit der Basistorfe auf den pleistozänen Ablagerungen beträgt im heutigen Speicherkoog selten mehr als 1 m, meistens sind es sogar nur wenige Zentimeter bis 0,5 m. Nur in Rinnen können diese mächtiger sein. Sie bestehen aus rotbraunen Bruchwaldtorfen mit Holzresten.[329] Diesen folgt meist ein Schilftorf. Die Tonmudden mit Pflanzenresten in Tiefenlagen von NN -30,2 bis -23,5 m entstanden an der Grenze zwischen Boreal und Atlantikum um 7.270 v. Chr.[330] Diese organogenen Bildungen und Mudden mit einer Stärke von 35 cm bis etwa 10 cm bedecken tonige Brackwassersedimente, die einen größeren Meereseinfluss anzeigen. Im Verlauf des holozänen Meeresspiegelanstiegs überflutete die Nordsee dann den steil abfallenden, teilweise vermoorten Geestabhang und lagerte Sedimente ab.[331] Die unter NN -19 m liegenden Torfe im Speicherkoog bildeten sich am Ende des frühen Atlantikums. Dabei geht nach Westen der Basistorf kontinuierlich in marine Sedimente über. Hier findet sich eine Folge von Torf-Klei Gemisch, schilfdurchwachsenem humosen Klei bis hin zu kalkigen Sedimenten des holozänen Meeresvorstoßes. Erhalten sind diese Schichten vor allem in vor Erosion geschützten Lagen

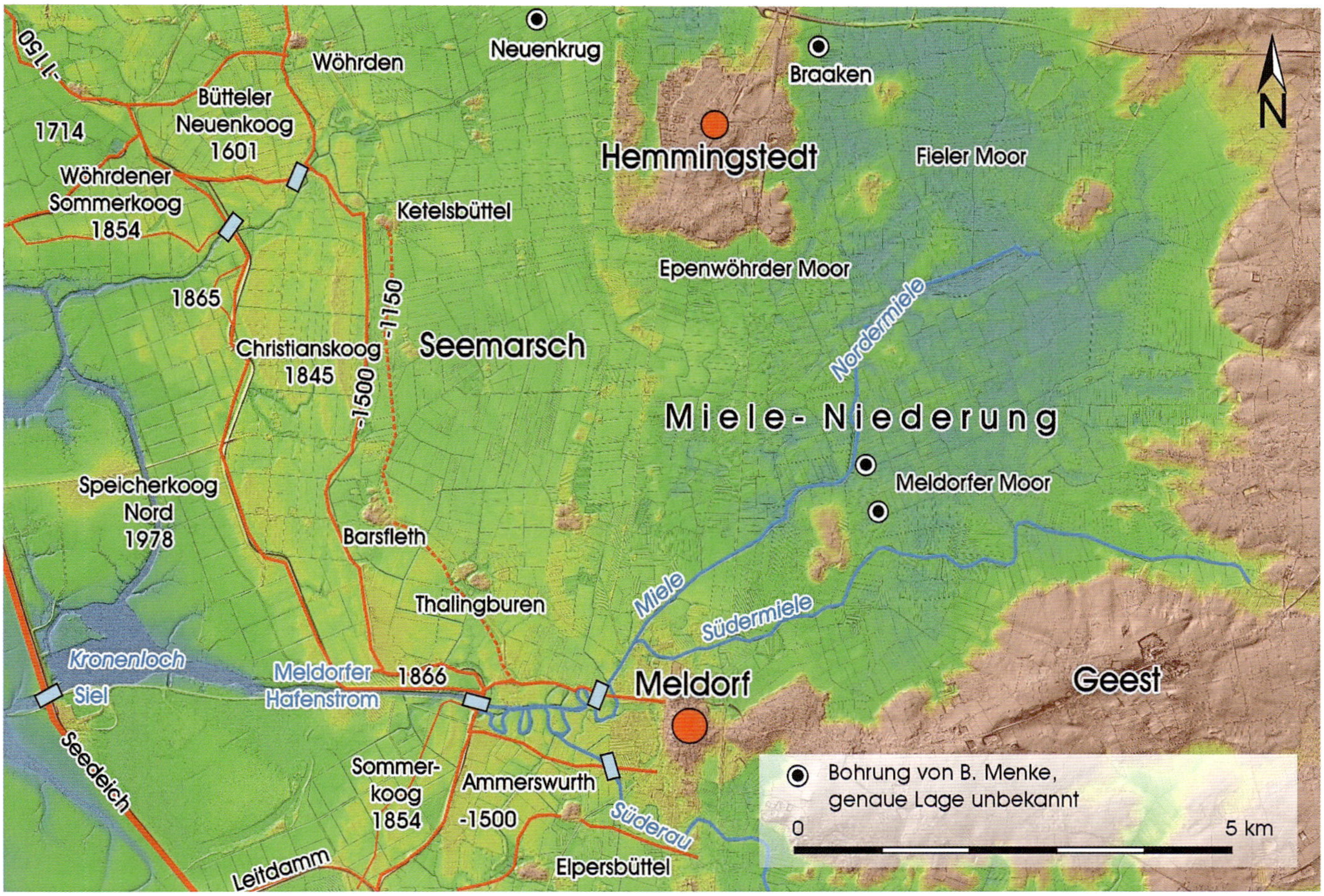

in Tiefen von mehr als NN -14 m. Im Speicherkoog und den angrenzenden Högen besteht die Basis der holozänen Überflutungen aus grau bis grünlich-grauem tonigen Klei mit wenigen dünnen Feinsandschichten, Schalenbruchstücken und zentimeterdicken Schill-Lagen in Tiefen von unter NN -15 m.[332] Neben dem mit Muscheln (Schill) durchsetztem Klei findet sich oberhalb von NN -15 m feinsandiger Klei bis Feinsand mit Kleistreifen mit wenigen Schalenbruchstücken von Muscheln, wobei sich die Lageverhältnisse auf kurzen Entfernungen ändern. Eine dritte Einheit bilden grobkörnige Ablagerungen von Sanden. Südlich von Ketelsbüttel und nordöstlich von Barsfleth wurden Fein-Mittelsande erbohrt, während im Gebiet von Epenwöhrden kiesige Sedimente mit abgerollten Steinen auftraten, die pleistozänen oder holozänen Ursprunges sein können.[333] Hier tieften sich Priele bis auf die pleistozäne Oberfläche ein und trugen grobkörnige Ablagerungen ab.

Bohrungen im Alten Meldorfer Koog zufolge sind die obersten Zentimeter der pleistozänen kalkfreien Sande bräunlich bis hellbraun und nur schwach humos. Hier beginnt das Holozän mit feinsandigen Schill-Lagen, die in etwa gleicher Tiefenlage auch im Speicherkoog belegt sind.[334] Der verstärkte marine Einfluss erodierte teilweise die pleistozäne Oberfläche, wobei die Mächtigkeit der abgetragenen Sande nicht mehr als einen Meter betragen haben dürfte. An der östlichen Seite einer Barriere zwischen Hemmingstedt und Meldorf beginnt die holozäne Schichtenfolge mit organogenen Sedimenten und Bodenbildungen, während die westliche Flanke teilweise grobkörnige Sedimente bedecken. Hier war die Abtragung durch die Nordsee wirksamer. Nördlich von Wöhrden trug das vorstoßende Meer kalkhaltigen pleistozänen Geschiebemergel des vorspringenden Heider Geestkerns ab.[335] Südwestlich von Heide wurden in einer Tiefe von NN -5 m bis -10 m Bruchwaldtorfe an der Basis der holozänen

Miele-Niederung mit erkennbaren alten Flussschleifen westlich von Meldorf, Dorfwurten und Eindeichungen. Die Lage der im Text behandelten Bohrungen von B. Menke lässt sich nur ungenau angeben. Kartengrundlage: Landesvermessungsamt mit Ergänzungen

Schichten erbohrt, wie sie unter terrestrischen bis limnischen Bedingungen entstehen.[336]

Somit bilden im Dithmarscher Küstengebiet marin beeinflusste Ablagerungen die Basis des Küstenholozäns, unter denen nur selten eine Bodenbildung noch vorhanden ist. Im Gebiet von Epenwöhrden, Barsfleth und Ketelsbüttel sind diese Sedimente teilweise grobkörnig bis kiesig, örtlich finden sich Steinsohlen an der Basis. Das deutet verschiedene Auswirkungen des Meeresvorstoßes an. Ursprünglich dürfte der Torf den Geestabhang überzogen haben, bevor diesen die Nordsee erodierte. Ob dies gleich am Beginn des Meeresvorstoßes erfolgte oder in dessen weiterem Verlauf, ist unklar. Die Erosion in Tiefen von NN -15 bis -5 m sind eine Folge des Meeresspiegelanstiegs, der sich durch Abtragungen von Sandriffen und Vertiefungen von Wattströmen weiter westlich in seinen Auswirkungen auf das Dithmarscher Küstengebiet verstärkte, wo sich oberhalb von Basistorfen oder pleistozänen Ablagerungen über 25 m mächtige Sedimente ablagerten. Diese dokumentieren bewegtes Wasser mit der Ablagerung schluffiger Feinsande (Wattsand) westlich der Dithmarscher Geestvorsprünge und schluffig-tonige Sedimenten mit Torfeinlagerungen eines Lagunenbereiches sowie oberflächennahe Fein- und Mittelsande in den nord-südlich orientierten Strandwallbereichen.

Die unteren Kleisedimente, die vom Speicherkoog nach Osten zur Geest hin auskeilen, weisen Mächtigkeiten von 9 bis 2,5 m auf.[337] Diese sind dunkelgrau bis blaugrau, seltener auch grünlich-grau gefärbt. Den Korngrößen nach handelt es sich um tonige Schluffe mit Sandanteilen. Da der Tonanteil meist über 20 % liegt, war die Wasserbewegung nur gering. Teilweise finden sich in diesem glimmerhaltigen Klei millimeterdünne Überreste zerriebenen Torfes oder Pflanzen sowie Feinsandlagen mit Schill als Nachweise stürmischer Perioden. Im Speicherkoog bedecken diese Sedimente einen basalen Bruchwaldtorf über einem Torf-Klei-Gemisch (Darg). Ob dieser primär entstand oder umgelagert wurde, ist unklar. Schilfeinlagerungen dokumentieren Brackwassersedimente eines zunehmenden marinen Einflusses. Eine Überflutung belegt auch eine Schill-Lage.[338] Auch weitere geologische Bohrungen dokumentierten solche Schilllagen bei NN -19 m.[339] Nach Osten steigen diese ca. 0,5 m mächtigen Fein-Mittelsandschichten mit Muschelschill bis auf NN -16 m an.[340] Vereinzelt befanden sich in diesem auch umgelagerte tertiäre Schnecken. Nordwestlich von Eesch liegt dieser Horizont direkt auf der erodierten pleistozänen Oberfläche, während er im Speicherkoog oft einer humosen Übergangszone oder Torfen folgt.[341] In ähnlicher Tiefe wurden in Dithmarschen Muschelschichten bei Marne und St. Michaelisdonn angetroffen.[342] Die Faunenzusammensetzung der Fossillage bei Marne in einer Tiefe von NN -18,5 m dokumentiert ein brackiges Flachwasser mit geringem Salzgehalt im unteren Bereich. Stärker bewegtes Was-

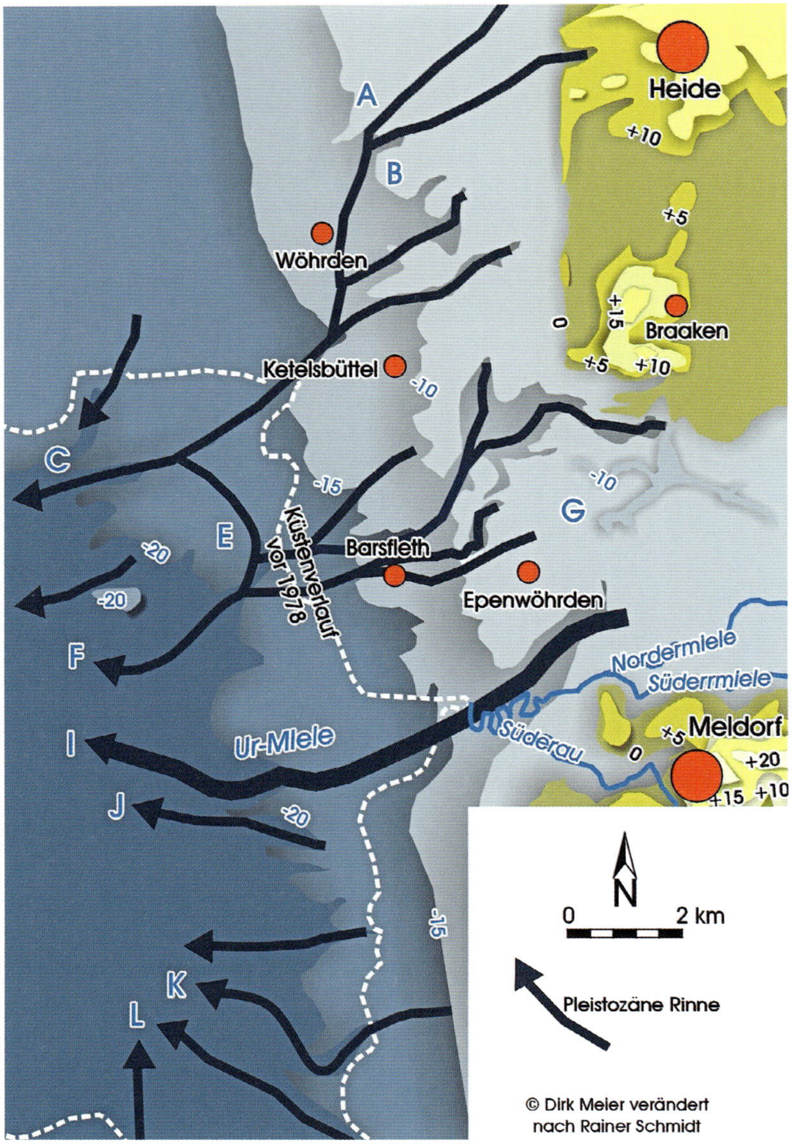

Geologie der Miele-Niederung mit pleistozänen Rinnen.

ser lagerte dann oberhalb des Unteren Kleis Wattsande ab.[343] In der inneren Meldorfer Bucht erreichen diese Mächtigkeiten von mehr als 18 m. Nach Osten zur Geest hin nehmen sie auf wenige Meter ab. Hier überlagert sie Klei im Bereich der Marschen.[344] Der Bewegtwasserbereich grenzt in Süderdithmarschen im Osten an die Geest und den morphologischen Rücken am Eingang zur Miele-Niederung.[345]

Infolge zunehmenden Meereseinflusses lagerte sich entlang der Dithmarscher Küste vor Meldorf vermehrt Wattsand auf dem Unteren Klei ab, der teilweise erodiert wurde.[346] Dieser schluffige Feinsand bildet keinen einheitlichen Sedimentationskörper, denn in ihm sind in wechselnder Tiefe mehr tonige, wenige Dezimeter bis mehrere Zentimeter, teilweise auch einige Meter mächtige Partien eingeschaltet. Ferner treten in unterschiedlichen Tiefen Schill-Lagen von wenigen Zentimetern bis mehreren Dezimetern Mächtigkeit und wenige zusammengeschwemmten Pflanzenanteile auf.[347] Im Norden sind im Wattsand bis über 1 m mächtige Lagen tonigen oder feinsandigen Kleis eingeschaltet, die nach wenigen Hundert Metern ausdünnen.[348] Nach Süden nehmen diese Einlagerungen in unterschiedlichen Tiefen zu.[349] Teilweise trennt bei NN -8 bis -13 m ein stark sandiger Klei den Wattsandkörper in einen oberen und unteren stark schluffigen Teil.[350] An strömungsarmen Stellen setzten sich innerhalb des Sandwatts Klei- und Feinsandschichten ab, während mächtigere Tone auf verfüllte Priele hindeuten. In Tiefen um NN -10 m herrschen langanhaltende ruhige Sedimentationsbedingungen vor.[351] Im Bereich des Wöhrdener Außenpriels macht sich dessen Einfluss durch Kleilagen im oberen Sedimentaufbau der Umgebung bemerkbar.[352]

An der Wattsanduntergrenze tieften sich Rinnen in den unterlagernden Klei ein. Lage und Verlauf dieser Rinnen stimmen besonders nahe der Marsch–Geestgrenze mit den pleistozänen Schmelzwasserrinnen überein. Aufgrund des schnellen Meeresspiegelanstiegs im Boreal (8.690–7.270 v. Chr.) und Frühatlantikum (seit 7.270 v. Chr.) setzten sich in den Rinnen Torfe, humoser Klei und Klei mit Feinsandstreifen ab.[353] Aufgrund dieser zu Setzungen neigenden Weichschichten pausten sich die pleistozänen Rinnen durch. Diese geringen Vertiefungen nutzte die Meerestransgression bei ihrem weiteren Vorstoß und erodierte sie. An ihrem östlichen Ende schlossen sich die Wattströme ähnlich wie die Rinnen auf der pleistozänen Oberfläche an das Gewässernetz der Geest an.[354]

Pollenanalytische Untersuchungen zwischen Överwisch und Hemmingstedt belegen um etwa 3.000 v. Chr. im dortigen Torfhorizont einen nochmals verstärkten Salzwassereinfluss.[355] Dabei erfolgt der Übergang von Torf zu Klei kontinuierlich.[356] Der holozäne Meeresspiegelanstieg führte zu einer weitgehenden Erosion atlantischen und frühborealen tonigen Kleis und Torfs. Sedimentationsbedingungen, wie sie heute im Watt der Meldorfer Bucht vorhanden sind, bestanden hier schon seit dem späten Atlantikum und bewirkten den Aufbau der Sedimente wie sie in Bohrungen im Wöhrdener Außenpriel und im Bereich der Außenmiele angetroffen wurden.[357] Der den Wattsand abdeckende Obere Klei weist eine durchschnittliche Mächtigkeit von 2 bis 3 m auf. In dem 1845 eingedeichten Christianskoog dünnt dieser hingegen aus und wird teilweise durch eine tonige Wattsandfazies ersetzt.[358] Der Übergang vom Wattsand zu Klei bildet meist eine scharfe Grenze.[359]

Den Zugang des Meeres zur Miele-Niederung sperrte zwischen Hemmingstedt und Meldorf zunächst eine über NN -5 bis -3 m aufragende und an ihrer Basis 1,5 km breite pleistozäne Schwelle.[360] Diese schützte das dahinter liegende Zungenbecken noch im Atlantikum (7.270–3.710 v. Chr.) vor einem stärkeren marinen Einfluss. Von den Rinnen verlaufen die Rinnen F und I aus der Miele-Niederung von Osten nach Westen. Aufgrund ihrer größeren Breite und Tiefe war die Rinne I wichtiger für den Abfluss als die schmalere Rinne F. Die Rinne I verfüllte unterhalb von NN -2 m Feinsand, entsprechende sandige Lagen wurden noch bei NN -18,2 m angetroffen.[361] Das teilweise erkennbare System der Rinnen J und K bilden die Fortsetzung der Süderau-Niederung, deren weiterer Verlauf bis südlich von Meldorf bekannt ist. In diese mündet südöstlich von Meldorf eine weitere Rinne ein. Nach den die Rinnen umgebenen pleistozänen Ablagerungen entstanden alle im Pleistozän.[362]

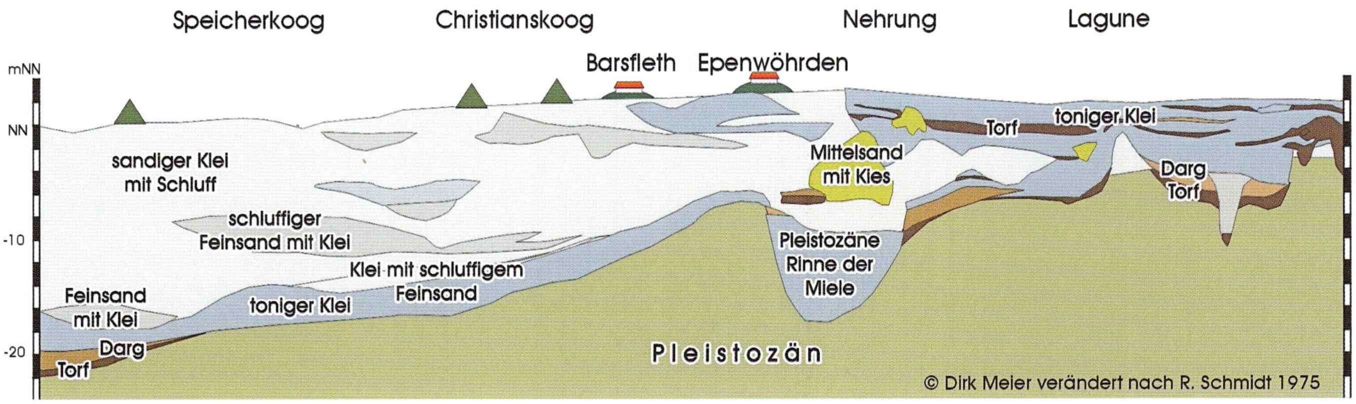

Geologischer Querschnitt des Küstenholozäns zwischen Speicherkoog und Geestrand östlich der Dorfwurt Epenwöhrden.

Die ältesten holozänen Schichten der Miele-Bucht charakterisieren tonig-schluffige Ablagerungen mit eingeschalteten Verlandungshorizonten aus Torfen, die nach Osten an Mächtigkeit zunehmen.[363] Daneben lagerten sich Feinsand oder Klei–Feinsandschichten ab.[364] Die Basis des pleistozänen Untergrundes bedeckt ein zusammengepresster Niedermoortorf, der stärker zersetzt ist als die jüngeren zwischengeschalteten Torfe. Dabei erfolgt ein allmählicher Übergang vom Bruchwaldtorf über Schilftorf und Torf-Klei-Gemisch zu einem mit Schilfrhizomen durchsetzten Klei. Wo der Basistorf erodiert ist, beginn die holozäne Schichtenfolge mit einem Torf-Klei-Gemisch.[365] Die Mächtigkeit der basalen organogenen Sedimente einschließlich der humosen Übergangsschichten reicht von wenigen Dezimetern bis zu mehr als 2 m. Die Mächtigkeit dieser Schichten haben darüber liegende Sedimente infolge ihrer Auflast komprimiert.

In den pleistozänen Rinnen der Miele-Niederung lässt sich ein erster mariner Einfluss mit schmalen Kleibändern in Torfen nachweisen. Eine Bohrung dokumentierte den älteren Überflutungsabschnitt im Meldorfer Moor. Über vermutlich organogenen bzw. biogenen warmzeitlichen Sedimenten des Eem-Meeres und weichsel-kaltzeitlicher Ablagerungen liegt im frühen Holozän ein See, der im Präboreal (9.610–8.690 v. Chr.) vermoorte. In das Präboreal und Boreal (8.690–7.270 v. Chr.) gehören eine ca. 0,8 m mächtige Mudde und ein ca. 1,4 m mächtiger, nährstoffarmer Braunmoos-Torf. Im Atlantikum entstand ein weiterer 0,30 m mächtiger Torf vor 6.705±60 Jahren, den Brackwasser beeinflusste.[366] Dieser Horizont liegt ohne Setzungskorrektur auf einem Niveau von NN -6,5 m. Dem Pollenspektrum nach folgten hier ein Farn-Röhricht und ein *Phragmites*-Röhricht (Schilf-Röhricht) hintereinander. An deren Grenzfläche befindet sich eine dünne Tonlage mit Salzwasserpflanzenpollen.[367]

Im Meldorfer-Moor wurde der unterste schwimmende Torf auf 5.635±70 Jahre vor heute datiert.[368] Es folgen in der gleichen Bohrung weitere Torfe um 4.105±95 Jahren und 2.710±60 Jahren vor heute.[369] Allerdings ist zu berücksichtigen, dass die heutige Mächtigkeit und Lage der Torfe nicht der ursprünglichen Moormächtigkeit entsprechen. Da zudem die holozänen Sedimente inhomogen sind, ergeben sich daher aufgrund je nach Sedimentationsmächtigkeit unterschiedliche Setzungsbeträge, die in der Miele-Niederung bis ca. 2 m betragen können.

Der weitere Meeresspiegelanstieg verstärkte die Sedimentanlieferung, wobei sich in den Rinnen aufgrund der starken Wasserbewegung und höherer Strömungsgeschwindigkeit Wechsellagerungen aus Klei und Feinsand absetzten. Den Meereseinfluss dokumentieren auch Lagen von Muschelschalen.[370] Mit der weiteren Überflutung setzte sich in der gesamten Miele-Bucht Klei ab, bis bei ca. NN -5 m eine Verlandung begann.[371] Während einer erneuten Überflutung kamen darüber weitere 2 bis 3 m mächtige marine Sedimente zur Ablagerung. Danach setzte wiederum eine Verlandung bei ca. NN -2 m ein, mit der ein weiträumiges Torfwachstum einhergeht.[372] Später lagerte sich nur noch örtlich Klei ab, den eine neuerliche Niedermoorbildung überdeckte. In den tieferen Partien der Miele-Niederung dauerten zeitlich begrenzte Torfbildungen fort, während sich im Westen Klei absetzte. Infolge des nachlassenden Meeresspiegelanstiegs kennzeichnen nun auch den oberen Bereich der Priele tonigschluffiger Klei und Verlandungsschichten mit Schilfrhizomen.[373]

Mit nachlassendem Meeresspiegelanstieg und infolge des Küstenlängsstroms bildete sich zwischen Hemmingstedt und Meldorf auf der erwähnten pleistozänen Schwelle ein in nordsüdlicher Richtung verlaufender etwa 3 m hoher Strandwallkomplex oberhalb eines um 2.300 v. Chr. datierten Niedermoores. Dadurch wurde die Bucht fast vollständig von der Nordsee abgeriegelt.[374] Der im Hangenden folgende Torf bildete sich hingegen um 1.800 v. Chr. Für dessen Genese kann man aufgrund seiner in die Miele-Niederung weisenden Form eine von Norden herkommende Strömung entlang der Geestküste annehmen.[375] Als Sedimentliefergebiet diente die Rückverlagerung des Heider Geestkerns durch das Meer. Der nördliche, von einer Rinne getrennte Teil des Strandwallkomplexes schließt an die Geest bei Hemmingstedt an.[376] Den mittleren und südlicheren Teil trennte ein Priel ab, der einer pleistozänen Rinne folgt.[377] Im Süden spaltet sich der Strandwallkomplex in drei Zungen auf, deren westlichste am höchsten liegt.[378] Der südliche Teil vor der Meldorfer Geesthalbinsel stand mit dem weiter nördlichen in keiner Verbindung, da sich hier der Einlass zur Miele-Niederung befand.

Beim mittleren Sedimentrücken könnte die Welleneinwirkung auch zur Bildung eines freien Strandwalles geführt haben. Ein Teil der Sedimente dürfte von einer pleistozänen Barriere angeliefert worden sein, die auf ihrer Westseite teilweise erodiert wurde. Dabei entstanden vor dem Strandwall weitere Sandhaken im Westen. Die Westgrenze des Strandwalles nördlich von Meldorf ist den Korngrößen nach von Fein–Mittelsand bzw. tonigem Klei deutlich ausgeprägt. Vor und unterhalb des Strandwalles zeigt sich eine Kornvergröberung der Wattsande von Westen nach Osten.[379] Den Strandwallkomplex bauen in seiner ganzen Länge gutsortierte Fein–Mittelsande auf. Im unteren Teil sind dezimeterdicke grobsandige bis feinsandige Lagen eingeschaltet. An der Basis sind die Sande oft grau, darüber bräunlich bis gelblich. Die gelblich weißen Sande an der Oberfläche stammen von Dünen, deren Sande von den im Westen liegenden Strandwall ausgeweht wurden. Auch auf dem Strandwall westlich der Geest von Hemmingstedt waren ebenso Dünen aufgesetzt wie auf dem Elpersbütteler Donn südlich von Meldorf und dem Nehrungsfächer südlich von St. Michaelisdonn. Im oberen Teil des Strandwalles zwischen Meldorf und Hemmingstedt finden sich bei etwa NN ±0 m Torflinsen sowie eine ansatzweise erkennbare Bodenbildung.

Westlich des Hemmingstedter Geestkliffs erstreckte sich eine pleistozäne, im Holozän teilweise vermoorte, ebene sandige Fläche auf einer Höhe zwischen etwa NN -7 und -10 m.[380] Diese bedeckt ein etwa 0,12 m mächtiger, sandiger Humus, dessen Pollenspektrum einen farnreichen Eichen-Linden-Mischwald belegt. In diesem sind bereits einzelne Pflanzenpollen als Überflutungsanzeiger einzelner Hochwässer vorhanden.[381] Darüber folgt ein 0,12 m mächtiger Erlen-Bruchwaldtorf. Danach bildeten sich – beginnend mit einer millimeterdicken Tonschicht – ein 0,2 m mächtiger Schilf-Seggen-Torf und Schilftorf, der eine schwache Verbrackung andeutet. Dabei setzte sich im Brackwasserbereich ein humoser Ton ab. Als der Wasserstand die Höhe des Erlenbruchwaldes erfasste löste diesen ein Schilfröhricht ab. Der auf einer Basis von NN -7,3 m nachgewiesene Schilftorf datiert um etwa 5.231±100 v. Chr.[382] Dessen Setzung dürfte zu vernachlässigen sein.[383]

WASSERBAUTECHNISCHE EINGRIFFE

Nachdem etwa seit 500 v. Chr. Seemarschen entlang der Dithmarscher Ausgleichsküste aus Nehrungen und Geestkernen aufgewachsen waren, dehnten sich diese schnell nach Westen aus. In der Dithmarscher Nordermarsch erfolgte eine erste Besiedlung vom 1. bis 3./4. Jahrhundert mit Flachsiedlungen und später Wurten auf zwei küstenparallelen Marschrücken.[384] Während nordwestlich von Wöhrden jüngere Marschen auflandeten, die seit dem Ende des

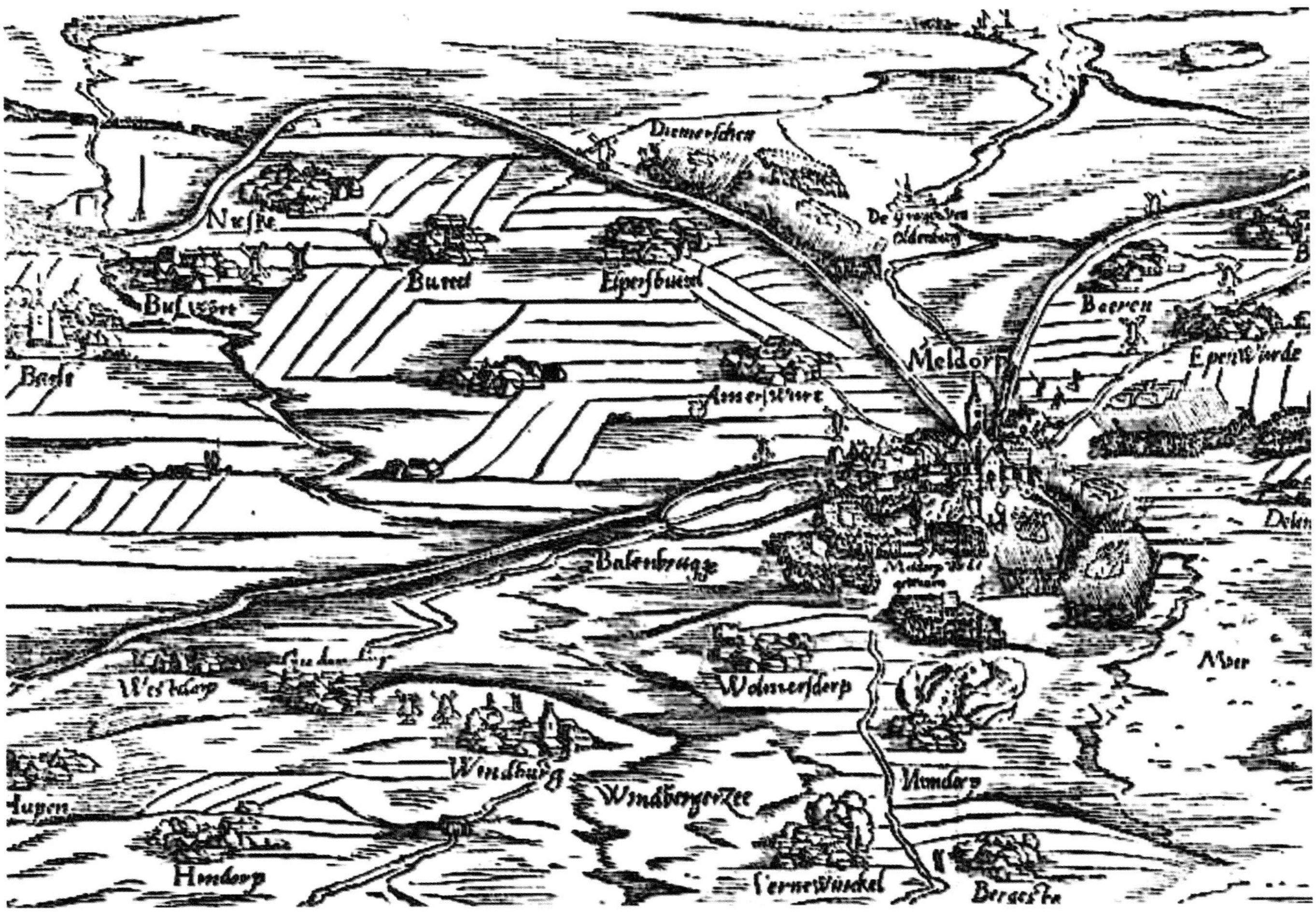

Meldorf, Mieleniederung und Seedeich auf der Vogelschau von Peter Böckel 1559.

7. Jahrhunderts besiedelt wurden, ist das südlich zwischen Wöhrden und Ammerswurth nicht der Fall. Hier reicht die alte Marsch über den hochmittelalterlichen Deich hinaus. So kamen während eines Stromleitungsbaus der Tennet unter jüngeren Sedimenten Funde der ersten nachchristlichen Jahrhunderte westlich des 1845 eingedeichten Christianskooges zutage.[385] Offensichtlich wurden hier größere Teile der Seemarsch überschlickt. Die weiter östlich liegende Dorfwurtenreihe von Wöhrden, Ketelsbüttel, Barsfleth und Thalingburen könnten Kerne aus der römischen Kaiserzeit aufweisen. Auf der Dorfwurt Thalingburen 1994 durchgeführte Bohrungen belegen, dass diese in ihrem unteren Teil aus einer abwechselnden Folge von Mist- und Kleischichten besteht. Diese bedecken hoch- und spätmittelalterliche Kleiaufträge bis zur heutigen Wurthöhe.[386] Weitere Bohrungen in Süderdithmarschen erfolgten auf den Dorfwurten Ammerswurth, Elpersbüttel und Trennewurth. Hinzu kommen Ausgrabungen in Lütjenbüttel, Norder- und Süderbusenwurth.[387] Mit Ausnahme von Norderbusenwurth und Lütjenbüttel reichen diese Dorfwurten wohl fast alle bis in die römische Kaiserzeit zurück.

An die Dorfwurten in der Seemarsch schloss sich in Süderdithmarschen ein vermoortes, vereinzelt von Prielen durchzogenes Sietland an. Dieses wurde im Rahmen des hoch- und spätmittelalterlichen Landesausbaus und der damit verbundenen Bedeichung und Entwässerung für den Getreideanbau urbar gemacht. Hier bilden langgezogene Marschhufensiedlungen auf niedrigen Hofwurten als Schutz gegen Binnenwasser mit anschließenden Streifenfluren das Abbild der planmäßigen Kultivierung. Dieser Kolonisationsprozess nahm von den Dorfwurten im 12. Jahrhundert seinen Ausgangspunkt. Da in einer Urkunde des Bremer Erzbischofs von 1140 vom Ackerbau in *Ethelekeswisch* (Eddelak) die Rede ist, lässt sich aber auf die Existenz von Deichen in dieser Zeit schließen.[388] Zudem wird mit *Berlette* (Barlt) um die gleiche Zeit ein Dorf genannt, das im urbar gemachten Sietland liegt. Dessen 1428 erwähnte Kirchengründung deutet das Ende des Landesausbaus an.

Der nördlich der Mielemündung in die Nordsee zwischen den Dorfwurten Ketelsbüttel und Barsfleth verlaufende hochmittelalterliche Seedeich wurde wohl um 1500 etwas nach Westen vorverlegt.[389] Nordwestlich entstand nach dem Ende der Selbständigkeit Dithmarschens 1601 der 320 ha große Bütteler Neuenkoog mit seiner Schleuse, die vom mittelalterlichen Wöhrdener Sielhafen hierher verlegt wurde. In dem Koog wurden die beiden Sielzüge aus dem Wöhrdener und Ketelsbütteler Gebiet zu einem zusammengefasst. An den Koog grenzt im Süden der 1845 eingedeichte Christianskoog und der Wöhrdener Sommerkoog von 1854.[390] Vor dem Christianskoog entstand 1865 der kleine Ketelsbütteler Sommerkoog. Die Entwässerung erfolgte durch ein kleines Bodensiel.[391] Die heutige Küstenlinie bildet in diesem Küstenabschnitt der 1978 eingedeichte Speicherkoog-Nord. Vor dessen Fertigstellung erreichte das Sandwatt eine Höhe von bis zu NN +1,8 m, während die Priele mit der Ausnahme eines „Lochs" von NN -12 m nur selten tiefer als NN -5 m waren. Das seinerzeitige Vorland war durchschnittlich bis maximal um NN +1,8 m aufgewachsen und erreichte eine maximale Höhe von NN +2,5 m in Deichnähe.[392]

Südlich der Mielemündung verläuft der älteste Deich vom Elpersbütteler Donn südlich von Meldorf und der Süderau nach Ammerswurth, um dann nach Süden entlang weiterer Dorfwurten umzubiegen. Die lange Offenhaltung der Miele-Bucht ermöglichte eine Auswirkung von Sturmfluten bis zur Dithmarscher Geest bei Süderholm, Nordhastedt, Odderade, Sarzbüttel und Bargenstedt.[393] Dadurch erklärt sich auch der nach Osten reichende Aufwachs einer hohen Seemarsch sowie der Wechsel von Klei- und Schilfschichten (Darg) in den Torflagen des Untergrundes bis in den Fieler Raum.

Wohl bis Ende des 15. Jahrhunderts wurde der Seedeich vor den Dorfwurten Elpersbüttel und Ammerswurth unter Einschluss der Wurt Eesch vorverlegt. Für den Durchlass der Süderau entstand ein Kammersiel aus Holz.[394] Das Siel lag nordöstlich des Zusammenflusses von Miele und Süder- bzw. Windberger- oder Ammerswurther Au. Heute verläuft hier die Meldorfer Hafenchaussee über die Miele. Schifffahrtsschleusen an der Nordseeküste Schleswig-Holsteins wurden nicht vor dem 16. Jahrhundert üblich. Bis dahin war der kleine Fluss von der Nordsee bis nach Windbergen (Alter Hafen) schiffbar. Von einem Schiffsverkehr in Windbergen spricht auch Neocorus in seiner Dithmarscher Chronik.[395] Infolge dieser Deichbaumaßnahmen entstand westlich von Meldorf eine kleine eingedeichte Marschfläche, die der Kartograph Johannes Mejer auf seiner Dithmarschen Karte willkürlich *Myldkoog* nannte.[396]

Um 1500 existierten somit die Meldorfer Nordschleuse für die Miele und das Gebiet der Bauerschaften Epenwöhrden und Thalingburen, die Meldorfer Südschleuse (Ammerswurther Schleuse) für die Süderau, die Windberger Niederung und Ländereien der Bauerschaft Ammerswurth, die Elpersbütteler Schleuse für die Elpersbüttler Ländereien und die Busenwurther Schleuse für die Busenwurther Feld-

Ausschnitt „Landtcarte Von dem Suder-theill Dithmarschen. Anno 1648" von Johannes Mejer mit der Situation an der Meldorfer Bucht.

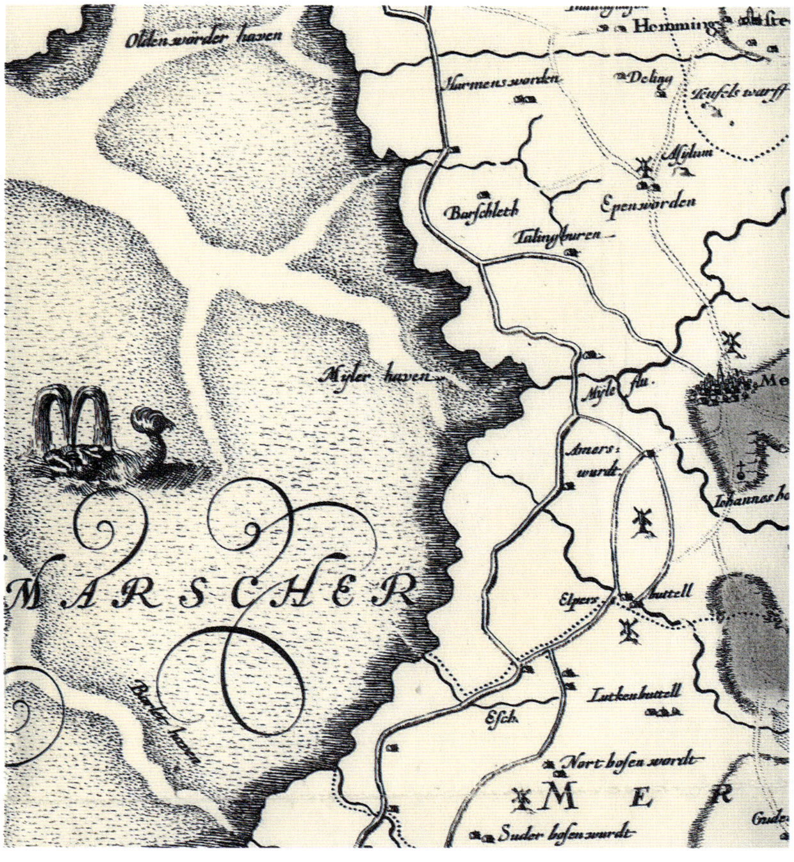

mark. Letztere wurde mit der weiteren Bedeichung 1581 vorverlegt. Daneben besaß noch die Dorfwurt Eesch ein kleines Entwässerungssiel für Teile ihrer Feldmark, dass eine Verhandlungsniederschrift des 18. Jahrhunderts bezeugt. Die Entwässerung ist auch auf der *Landtcarte von dem Sudertheill Dithmarschen* von Johannes Mejer von 1648 dargestellt.[397] Die Meldorfer Nordschleuse *in der Myle* trieb 1539 die *Gewalt des Wassers* auf.[398] Als davon Betroffene verlangten Meldorf, Epenwöhrden und Thalingburen vom Land Dithmarschen die Beteiligung der Bauerschaften *Nyndorpe, Berngstede, Szortesbüttel, Leerßbüttel, Odderha, Vyle, Northarstede, thom Wohlde, Roste* und *Tentzebüttel* an den Wiederherstellungskosten. Die Nennung der Geestdörfer begründet sich aus deren Heranziehung an den Entwässerungslasten für Sielzüge und Schleusen. Somit waren alle Bauerschaften des Wassereinzugsgebietes beitragspflichtig und die Zuständigkeit der Landschaft Dithmarschen gegeben. Ansonsten regelten die Entwässerung Bauerschaften und Kirchspiele selbst.[399]

Nach der Eroberung der Bauernrepublik Dithmarschen 1559 erfolgte am 19. Juli des gleichen Jahres eine Dreiteilung des Landes durch die Herzöge von Schleswig-Holstein-Gottorf und Hadersleben sowie den dänischen König. Nach dem Tod Herzog Johann des Älteren von Hadersleben wurde dessen Anteil an den Herzog Adolf von Gottorf im Norden und den dänischen König Friedrich II. im Süden aufgeteilt. Im neuen Landrecht von 1567 blieben die wenigen alten deichrechtlichen Vorschriften und Sielrechte fast unverändert erhalten. Doch fielen bald Neubedeichungen nicht mehr den Kirchspielen, sondern wie ursprünglich vor allem den Dorf- oder Bauerschaften zu.[400]

Nach der zweiten Teilung von 1568 dauerte es etwa ein Jahrzehnt, bis man an eine Vorverlegung des Seedeiches dachte. In Süderdithmarschen handelte es sich dabei um den Anwachs südlich von Meldorf. Eine Eingabe von 1577 der Bauerschaften *Marne, Trennewurth, Barlte, Bosenwurdt, Eßke [Eesch], Elpersbüttel und Amerswurth* an den dänischen König belegt, dass vor dessen Deich ein Vorland von mehreren hundert Morgen Größe lag. Seine erste teilweise Bedeichung war 1558 ein Jahr vor der Eroberung Dithmarschens am Barlter Ochsenkamp begonnen worden, wie die Vogelschau von Peter Böckel zeigt. Von der Bedeichung versprach man sich nicht nur eine Erhöhung der landesherrlichen Einnahmen, sondern auch eine größere Nutzung für die Bewohner und eine Verkürzung des Seedeiches, da zudem viele *sydtwendige Dyke* entbehrlich wurden. Die Bauerschaften begründeten ihre Eingabe an den König damit, dass ihre bisherigen Anträge an den zuständigen Landvogt und den Amtmann von Steinburg als königlichem Gouverneur nicht beantwortet wurden. Auch ein Schreiben des Königs an Herzog Johann den Älteren vom Juni 1577 betont das Interesse der Neulandgewinnung, da der Abfluss der vorhandenen Deichsiele unzureichend wäre und die Außenpriele infolge von Sturmfluten verschlicken würden. Um Streitigkeiten zwischen den Beteiligten über den Deich- und Sielbau auszuschließen, sollten unparteiische Sachverständige hinzugezogen werden. Bereits beschwert hatten sich schon die Einwohner von Helse und Darenwurth mit Hinweis auf ihre Armut.

Mit herzoglicher Anordnung vom Juli 1577 sollte der Landvogt Christian Boysen in Heide untersuchen, ob die Bedeichung des *Butendick Landes* den herzoglichen Untertanen, die mit ihren Nachbarn *under einem Seebanck liggen*, zum Vor- oder Nachteil geraten würde. Ebenso war zu prüfen, wie groß die Deichverkürzung sei und ob die Koogsgröße die Kosten rechtfertigen würde. Aus der Antwort Herzog Johanns des Älteren vom Dezember 1577 geht hervor, dass der König über die Bittschrift der herzoglichen Untertanen noch nicht entschieden hatte. Später erfolgte jedoch sein Auftrag an den Landvogt. Unter Anwesenheit der herzoglichen und königlichen Amtmänner besichtigten Außenkoogleute das Vorland und legten eine *Kennung* vor, die der Herzog billigte. Zudem erfolgte eine spätere Zusage eines Lastenausgleichs der jeweiligen Untertanen.

So begann nach dem Gutachten der *Utkogeslüde* vom 28. März 1578 das Vorhaben. Danach sollte der neue Deich 30 Ruten (142 m) nördlich der *Grufft twischen Dikhusen und Menghusen* am alten Deich beginnen und nach Westen über das *Nievelt* bis an die westlichste Barke weiterführen, um dann nach Norden umzubiegen. Dann verläuft der geplante Deich *aver der Vastinger Schlusestrom* sowie über das Vorland der herzoglichen Dorfschaften und dann westlich von Süderbusenwurth. Dort beginnt *de Ossenkamp*. Aus der Beteiligung der Bauerschaften Elpersbüttel und Ammerswurth ergibt sich die weitere Streckenführung im Norden. Von Ammerswurth biegt der Deich nach Osten um und erreicht den hochmittelalterlichen Deich. Neocorus berichtet in seiner Geschichte Dithmarschens im Zusammenhang mit der großen Bedeichungsmaßnahme von 1578 bis 1581, dass die *Busenwöhrder Sluse* erfolgreich umgelegt worden sei. Die Abschleusung der Miele unterblieb auch deshalb, weil man die Meldorfer Schifffahrt nicht gefährden wollte. Stattdessen erfolgte 1580 eine Neuregelung der Unterhaltung für die bestehende Meldorfer Nordschleuse. Über die Beschwerde der Thalingburener gegen Meldorf und Epenwöhrden aufgrund hoher Schleusengelder entschied Herzog Johann, dass Thalingburen nach *Koogesrechte* nur im Verhältnis der Flächengröße zu den Unterhaltungskosten herangezogen werden sollten.[401]

Eine Entwässerung der Niederungen von Miele- und Süderau mit Wasserzufluss von der Geest war lange Zeit nur unzureichend möglich. Die Vorfluter blieben bis ins späte Mittelalter unter Tideeinfluss.[402] Durch die schon erwähnte Vordeichung des hochmittelalterlichen Deiches mit dessen Verlängerung bis Meldorf und der Abschleusung der Süderau wurde die vermoorte Niederung östlich des Elpersbütteler Donns von der Nordsee abgeschnitten. Daher beschwerte sich 1579 die Stadt Meldorf beim Statthalter Rantzau über deren mangelhafte Vorflut, da durch Überschwemmungen ihr einziges *Wiskeland am Mylestrome* oberhalb der Meldorfer Schleuse geschädigt wurde.[403] Zudem hätte sich entgegen dem Vertrag von 1539 durch den Bau einer Wassermühle der Wasserstau mit einem zugehörigen Mühlenteich erhöht, wodurch sich die Schäden am Meldorfer Wiesenland vergrößern würden. Infolgedessen wandte sich der königliche Statt-

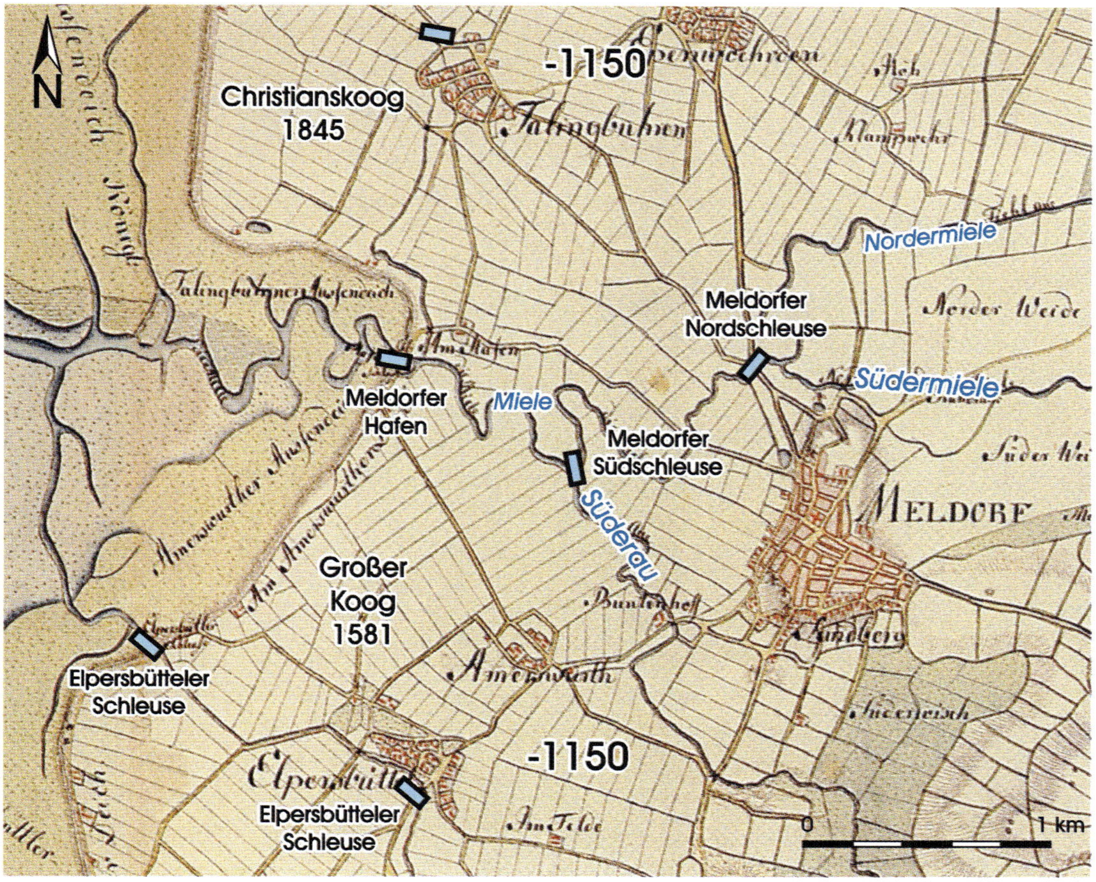

Meldorfer Hafen und Abschleusung der Miele auf der Topographisch Militärischen Charte des Herzogtums Holstein (1789–1796) von Gustav Adolf von Varendorf mit nachträglich eingezeichneten Schleusen (Sielen). Quelle der Karte: Kort&Martikelstyrelsen, Danmark

halter an Herzog Johann den Älteren, zu dessen Landesteil nach 1559 Westerwold gehörte. Nach seinem Vorschlag wäre der weitere Bau der Mühle zurückzustellen.

Erst 1620 erfolgte mit der Eindeichung des ca. 150 ha großen Meldorfer Kooges eine Abschleusung der Miele mit der Meldorfer Hafenschleuse.[404] Diese lag etwas nördlich der heutigen am Alten Meldorfer Hafen. Der etwa NN +5,7 m hohe Seedeich erhielt neben der Schleuse auch ein doppeltes Siel.[405] Unter Zusammenfassung von Miele und Süderau entstand zudem eine gemeinsame Mündungsstrecke zur Vorflutverbesserung. An dem geringen Landgewinn des Meldorfer Kooges waren außer der Stadt Meldorf die Bauerschaften Thalingburen und Ammerswurth beteiligt. Die *Dithmarsische historische Relation* von 1654 führt dazu nur aus, dass sich 1620 der dänische Kronprinz in Meldorf aufhielt, *um das Teichwesen so viel besser zu befördern.* Er unterrichtete sich darüber, *ob man den Arbeitsleuten auch den gebührlichen Lohn darreichte und ob auch alles richtig zuginge.* Die Vermessungskarte von 1624 enthält den neuen Deichverlauf. Die Lage des neuen Deiches mit seinen Deichsielen ist auf der Dithmarschen Karte von Johannes Mejer ebenso ersichtlich wie auf der *Topographisch Militärischen Charte des Herzogtums Holstein* (1789–1796) von Gustav Adolf von Varendorf.[406] Die Maßnahme scheint erfolgreich gewesen zu sein, denn für das 17. Jahrhundert fehlen Beschwerden über eine mangelhafte Entwässerung der Miele.

Die Notwendigkeit der Deichbaumaßen beiderseits der Mielemündung und entlang der Meldorfer Bucht belegen die Auswirkungen von Sturmfluten. Die schwere Sturmflut vom Oktober 1634 verursachte nach J. A. Boltens Dithmarscher Geschichte von 1781/88 schwere Schäden an vielen Deichen, die *aufs kläglichste zugerichtet und an vielen Stellen ganz weggeworfen wurden.* Außerdem traten an einigen Stellen *die entsetzlichsten Grundbrüche* ein. In Süderdithmarschen wurden nach dem Chronisten 10 Schleusen fortgerissen, und zwar *in Elbersbuttel eine, in Thalingburen zwo, in Barlt zwo, in Trengewort eine, in Worden drey, in Hemmingstedt eine.*[407] Von den zerstörten Wasserbaueinrichtungen in Thalingburen und Elpersbüttel strömte Salzwasser weit in das Innenland, wenn auch genauere Angaben fehlen. Die neue Meldorfer Schleuse überstand wohl die Sturmflut.[408]

Die danach nötigen Wiederherstellungsarbeiten führten zu einer neuen Deichordnung in Süderdithmarschen. Für das bäuerliche Eigentum an den Vorländern 1667 wurde nun eine landesherrschaftliche Enteignung ausgesprochen, nachdem schon 1624 die Abgabenpflicht für diese Flächen angeordnet worden war. Nach einem vorübergehenden Verkauf an Hofbeamte konnten die Bauerschaften sie in den ersten Jahren des 18. Jahrhunderts wieder zurückkaufen.

In ihren Schadenausmaßen schwerer für Süderdithmarschen war die Weihnachtsflut von 1717. Die Elb- und Seedeiche mit einer Gesamtlänge von ca. 49,5 km wiesen zahlreiche Deichbrüche auf, bei denen es sich meist um Grundbrüche unterschiedlicher Breite handelte. Der 1717 erfolgte Durchbruch des Brunsbütteler Elbdeiches hatte die schwersten Folgen für Süderdithmarschen und die Wilstermarsch. Aber auch die niedrigen Marschen und Niederungen Meldorfs standen unter Wasser. Insgesamt ertranken in Süderdithmarschen 344 Menschen, darunter in der Vogtei Süder- und Nordermeldorf 19. Ferner kamen hier 197 Pferde und Rinder und 278 Schafe ums Leben, 16 Häuser waren weggetrieben und 88 beschädigt.[409]

Anders als Norderdithmarschen blieb Süderdithmarschen bei der Sturmflut vom 3./4. Februar 1825 *gänzlich vom Wasser verschont*, obwohl diese etwa um 0,6 m höher als die Weihnachtsflut von 1717 aufgelaufen sein soll. Größere Deichschäden traten aber in der Norder- und Südervogtei Meldorf ein. Das Ausbleiben der Deichbrüche ist darauf zurückzuführen, dass *sich der Wind am 4. Februar gegen Mittag gelegt hat.* Die Deiche von Ketelsbüttel und Barsfleth wiesen starke Schäden an ihren Kronen auf. Letzter war infolge dreier Kammstürze so weit abgetragen, dass nur noch 2,4 bis 2,7 m hohe Deichreste übrigblieben. Auch die Norderschleusenvereinigung verzeichnete große Deichschäden und *zahlreiche Kammstürzungen*; in der Südervogtei Meldorf war der Deich *ganz ruinirt.* Von hier aus nach Süden am Barlter

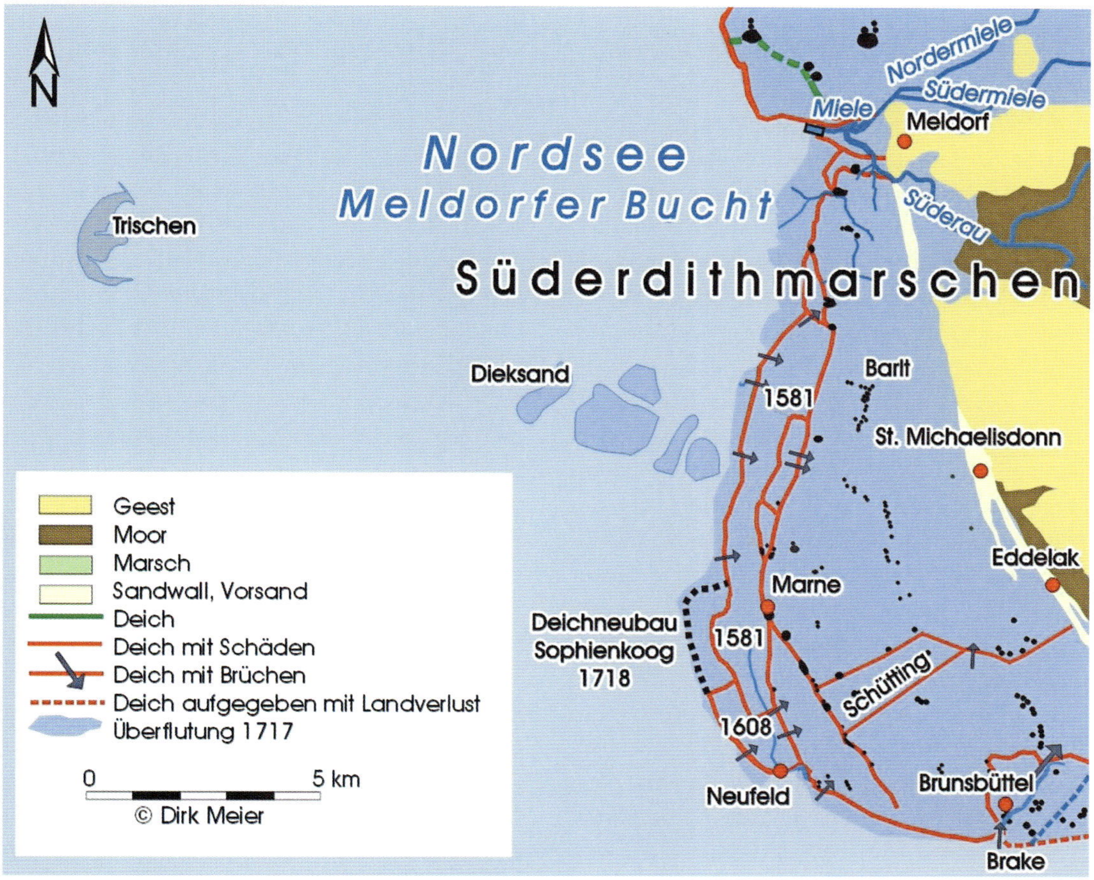

Auswirkungen der Weihnachtsflut 1717 auf Süderdithmarschen mit der Meldorfer Bucht.

und Marner Deich verringerten sich die Schadstellen. Allerdings trat bei Marne *ein Grundbruch bis Mayfeld* ein, der sich im Schutz des hohen Vorlandes schließen ließ.[410]

Die Nachfolge des wegen seiner Teilnahme an der Erhebung Schleswig-Holsteins 1848 gegen Dänemark 1852 aus dem Staatsdienst entlassenen von Christensen übernahm 1854 für das Deich- und Wasserbaudirektorat in Altona, das nun für die staatlichen Bauaufgaben in Holstein und Lauenburg zuständig war, F. W. Scheffer. Er ordnete auf der Grundlage der Sturmflutwasserstände von 1825 sofortige Deichverstärkungen an.[411] Trotz der Erhöhung der Deiche in Süderdithmarschen nach einer Bestickfestlegung von 1789 erreichten sie bei den Mieleverbänden nicht überall das Sollmaß von *18 Fuß [ca. 5,16 m] Höhe über der Ordinairen Fluth, 8 Fuß [ca. 2,29 m] Kammbreite und dreifüßiger äußerer Dossierung.*[412] Eine Deichverstärkung war 1820 aufgrund der Krise für die Landwirtschaft unterblieben. Während die *Nordermeldorfer Deichcommission* 1854 die Notwendigkeit einer Deichverstärkung anerkannte, beantragte die Südermeldorfer Deichvogtei eine Befreiung von den Arbeiten.[413] Der damalige Landvogt Lempfert bestand aber wohl nach einer Weisung des Deichinspektorats darauf.

Anfang der 1890er Jahre berichteten die Kommüneprotokolle von Verschlickungen der Außenmiele und auch der Schleusenzuleiter. Diese bedingten insbesondere in der Miele-Niederung immer größere Entwässerungsschwierigkeiten. Ein erster Vorschlag von 1901 zur Begradigung der sehr stark mäandernden Außenmiele zur Vorflutverbesserung blieb unverwirklicht. Stattdessen versuchte man, durch Spülen des Schleusenzuleiters Abhilfe zu schaffen, doch war diese Maßnahme unwirksam.[414]

Nach dem Schleusenbau von 1909 traten die Entwässerungsprobleme im gesamten Gebiet der Miele wieder in den Vordergrund. Die Aufschlickungen in der Meldorfer Bucht, die 1798 zur Aufgabe der Busenwurther und 1853 der Elpersbüttler Schleuse geführt hatten, erreichten inzwischen auch das Watt vor dem Meldorfer Hafen. Wegen immer wiederkehrender Überflutungen der Miele- und Süderau-Niederung veranlassten die vier Entwässerungskommünen im Januar 1925 eine Begradigung des Außenpriels vor der Schleuse, die zwischen 1927 und 1929 erfolgte. Infolge der starken Mäanderung des etwa 7,6 km langen Verlaufs der Miele bis zum Außentief musste das Schleusenwasser einen langen Weg zurücklegen. Da hier die Miele erheblich aufschlickte, verursachte beides zusammen vor der Schleuse einen um 40 cm erhöhten Niedrigwasserstand. Im Zuge der Baumaßnahme erfolgte ein 3,5 km langer Durchstich mit einer Verkürzung des Wasserlaufes um 1,4 km und einer Ausräumung der Sohle sowie die Errichtung seitlicher Leitdämme in Verbindung mit Landgewinnungswerken zur Erhöhung der Fließgeschwindigkeit des nun eingeengten und kanalisierten Priels.[415] Die Gesamtkosten für die Arbeiten des Meldorfer Hafenstroms beliefen sich mit etwa 300.000 Mark fast so hoch wie für die neue Schifffahrtsschleuse. Die heutigen Hafenanlagen entstanden im Wesentlichen zwischen 1947 und 1952.

ABDEICHUNG DER MELDORFER BUCHT

Nach der Bildung des Bundeslandes Schleswig-Holstein 1949 wurde die Abdeichung der inneren Meldorfer Bucht mit einer Lösung der Binnenentwässerung ein wichtiges Thema. Die Notwendigkeit ergab sich auch aus den Erkenntnissen der Hollandsturmflut von 1953 mit den hohen Wasserständen. Das Landesamt für Wasserwirtschaft Schleswig-Holstein verfügte daher nach vorausgegangenen Diskussionen am 16. Mai 1957, dass der Wasserspiegel der Hauptvorfluter im Miele-Gebiet in Verbindung mit dem Stauspiegel des vorgesehenen Speicherkooges in der Meldorfer Bucht stehen sollte. Wenn die Abdämmung der Meldorfer Bucht unterbliebe, wäre zur Hochwasserentlastung neben den Unterschöpfwerken an der Miele ein Großschöpfwerk an der Meldorfer Bucht notwendig, um die Hauptvorfluter bei hohen Tidewasserständen zu entlasten. Die Kosten dieses Entlastungsschöpfwerkes wären bei einem Vergleich zwischen Deichverstärkung und Speicherkoog in die Herstellungskosten der reinen Deichverstärkung einzurech-

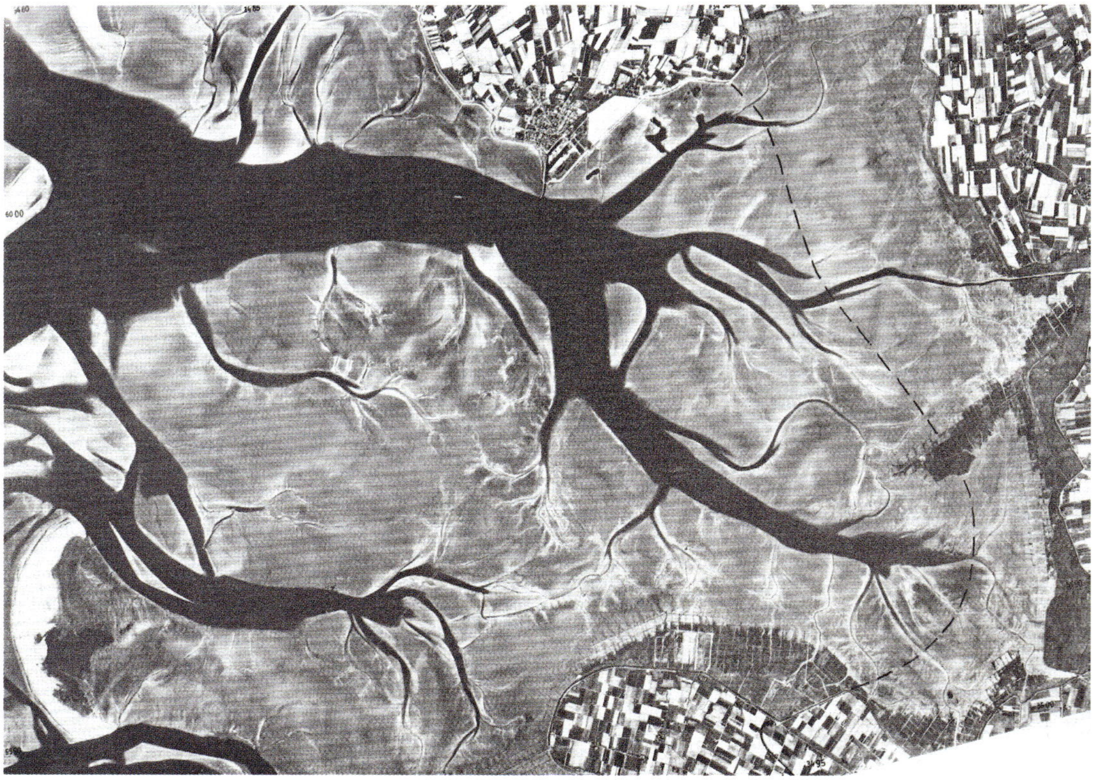

Dithmarscher Watten zwischen Trischen und Meldorfer Hafen. Aufnahme vom 28.8.1966. Der vorgesehene Deich des Speicherkooges ist gestrichelt eingezeichnet. Quelle: Die Küste 22, 1971 Abb. 29

nen. Damit legte sich das Land fest, die Entwässerungsverhältnisse im Einzugsgebiet der Miele zu verbessern, doch gelangte das Bauvorhaben des Marschenbauamtes Dithmarschen und des Deich- und Hauptsielverbandes zunächst aufgrund divergierender Auffassungen nicht zur Ausführung.

Nachdem der Oberdeichgraf des Deich- und Hauptsielverbandes dem damaligen Ministerpräsidenten von Hassel seine Besorgnis zur Meldorfer Bucht mitgeteilt hatte, wurde Baudirektor Suhr als Dezernent der Abteilung Wasserwirtschaft im Ministerium am 20. Oktober 1959 mit einer Erklärung beauftragt. Er betonte, dass von der Geest abfließendes Wasser schadlos durch die Marsch abgeführt werden muss und an vielen Stellen deshalb eine Bedeichung der großen Vorfluter notwendig sei. Dies träfe auch auf die Miele-Fiele-Niederung zu. Mit der für Bongsiel in Nordfriesland getroffenen Maßnahme seien ähnliche Möglichkeiten auch für das Gebiet der Miele zu untersuchen. Die Planung der Abdeichung der Meldorfer Bucht übernahm das Marschenbauamt, nachdem seit Ende 1957 für die Meldorfer Bucht zur Hochwasserentlastung der Miele Lösungsvorschläge gemacht worden waren. Erste Modellversuche liefen dazu 1959 an der Technischen Hochschule Hannover an. Die schwere Sturmflut vom 16./17. Februar 1962 verdeutlichte die Dringlichkeit.

Der danach von der Landesregierung am 20. Dezember 1963 erlassene Generalplan „Deichverstärkung, Deichverkürzung, Küstenschutz

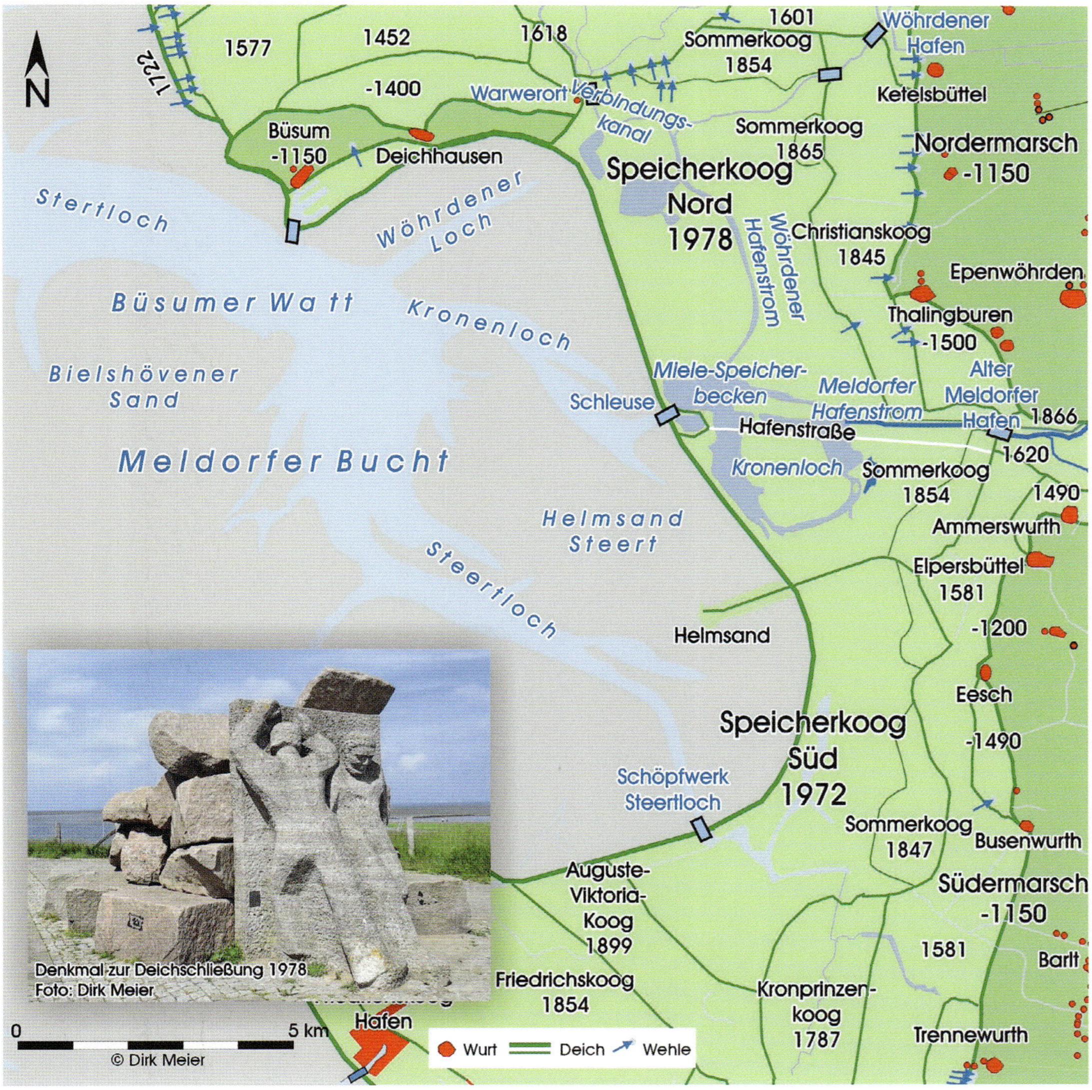

Abdeichung der Meldorfer Bucht mit Speicherkoog Nord und Süd.

in Schleswig-Holstein“ erkannte die Verbesserung des Deichschutzes in der Meldorfer Bucht für die Sicherheit von 25.000 Menschen in den über 20.000 ha großen Marschgebieten als vorrangig an. Die Deichbaumaßnahmen und die Hochwasserentlastung der angrenzenden Niederungsgebiete Norder- und Süderdithmarschens wurde als zusammenhängende Maßnahme angesehen, um eine Verbesserung der Entwässerung der ca. 42.000 ha großen Niederungen, die durch sechs Seedeichsiele entwässerten, zu erreichen. Die alte 30,6 km lange Deichlinie entlang der Dithmarscher Bucht von Warwerort bis an den Auguste-Viktoria-Koog mit einzelnen Sommerkögen wurde durch diese 1978 abgeschlossene Vordeichung des Speicherkooges auf 14,89 km verkürzt. Der Seedeich mit einer Kronenhöhe von NN +8,80 m lag mit seinen 7,20 m über MThw 2,5 m höher als die alten Deiche. Der Deich mit seiner zwischen 1:6 bis 1:10 geneigten Seeseite erhielt ein vorgelagertes Steindeckwerk bis NN +3,45 m Höhe.[416]

Der Helmsander Damm unterteilt die Vordeichung in den 1972 fertiggestellten 1.683,88 ha großen Speicherkoog Süd und den 3.055 ha großen Speicherkoog Nord von 1978.[417] Mit dem Planfeststellungsbeschluss vom 8. Februar 1974 sollte neben der Sturmflutsicherung auch die unbefriedigende Vorflut der Einzugsgebiete Miele, Wöhrden und Warwerort im Speicherkoog Nord verbessert werden. Dazu waren zwei Speicherbecken vorgesehen. Für den Speicherkoog Nord legte die Landesregierung 1978 einen Leitplan fest, der die Belange des Küstenschutzes, der Entwässerung und der Speicher-

Siel, Schleuse, Meldorfer Hafenstrom und Hafen mit Seedeich des Speicherkooges.
Foto: Walter Raabe

funktionen, des Naturschutzes, der Landwirtschaft und der Naherholung berücksichtigte.[418] Der Tourismus konzentriert sich auf den Bereich des Hafens sowie des Speicherbeckens. Eine landwirtschaftliche Nutzung erfolgt auf 1.569 ha, davon sind 407 ha extensiv genutzte Schafweide. Etwa 600 bis 700 ha sollten zur Verbesserung der Agrarstruktur angrenzender Gemeinden dienen. Ferner wurden Ausgleichsflächen für den Naturschutz bereitgestellt. In der Miele-Niederung etwa nahm man zudem als Ausgleich für den Autobahnbau 600 ha landwirtschaftlicher Nutzfläche für den Naturschutz heraus.[419]

Für den 1974 begonnenen Speicherkoog Nord entstand eine Hafenschleuse für den neuen Meldorfer Hafen. Die Schleusenöffnung weist eine Durchfahrtsbreite von 9,5 m auf. In die Schifffahrtschleuse bezog man das Deichsiel für den in den Speicherkoog weitgeführten Meldorfer Hafenstrom mit ein, da hier die beste Abwässerungsmöglichkeit bestand und die geringste Verschlickung des neuen Außentiefs zu erwarten war.[420] Die Sielöffnungen besitzen fünf Kammern einer Breite von je 5,7 m. Da man die Durchfahrtsöffnung des schiffbaren Sielteils als Sielquerschnitt mitrechnete, erforderte dies eine Verbindung zur Vorflut des Speicherkooges mit dem Hafendeichsiel. Alle Öffnungen im Seedeich sichern zwei Verschlussorgane.

Die Außentiefs vor den Deichsielen Warwerort, Wöhrdener Hafen und Meldorfer Hafen erhielten teilweise neue Betten. Die vorhandenen Ästuare wurden abgedämmt und mit Sand aus dem neuen Speicherbecken im Naturschutzgebiet „Wöhrdener Loch" zugespült. Gleichzeitig entstand ein Verbindungskanal von der Vereinigungsstelle Warwerorter/Wöhrdener Außenpriel über den Wöhrdener Hafenstrom zum Miele-Speicherbecken an der neuen Schleuse. Das ehemalige Außentief vor dem Alten Meldorfer Hafen erhielt eine teilweise Begradigung im neuen Koog und führt nun als verlängerter Meldorf Hafenstrom ebenfalls in das Miele-Speicherbecken. Die ehemalige Schleuse des alten Meldorfer Hafens wurde für eine kontinuierliche Wasserzuführung und Rückhaltemöglichkeiten für das Miele-Einzugsgebiet umgebaut und automatisiert. Für die

Modell des Siels und der Schleuse im Speicherkoog.

Entwässerung des Sielverbandes Nordermeldorf entstanden ein Deichsiel im alten Landesschutzdeich und ein Verbindungsvorfluter mit Einlaufbauwerk zur Außenmiele. Auch die Anschlussstellen des neuen Vorfluternetzes im Speicherkoog erhielten entsprechende Bauwerke. Die Notwendigkeit des Speicherkooges Nord unterstrich nicht zuletzt der Deichbruch am Christianskoog 1976.[421]

Zur schnellen Durchführung der Speicherkoogsplanung hatte man zunächst die Ausbauarbeiten an den Entwässerungsanlagen in der Miele-Niederung eingeschränkt und dann umgestellt. Mit dem letzten Entwurf „Neuordnung der Entwässerungsverhältnisse im Mielegebiet – Dritter Nachtrag vom 1. Dezember 1966 zum Gesamtplan vom 30. Oktober 1952" entfiel der Bau des Spitzenschöpfwerkes im Meldorfer Hafen (Bauabschnitt G). Auch die Entwässerung der Einzugsgebiete Wöhrdener Hafen und Warwerort wurden gleichrangig berücksichtigt. Das neue Siel im Speicherkoog Nord bei der Schleuse erhielt 5 Öffnungen von je 5,7 m Weite und eine Drempellage von NN -4,5 m. Es entwässert ein Einzugsgebiet von ca. 40.500 ha. Der Speicherraum umfasst ca. 350 ha von NN -1,5 m bis -0,2 m. An den Einlaufstellen in die Hauptvorfluter entstanden Wassersammelschächte. Erst nachdem die Bodenentsalzung des ehemaligen Vorlandes der Meldorfer Bucht nach der Bedeichung abgeklungen war, wurden Mäharbeiten in den Vorflutern notwendig. Schwieriger blieben die Verhältnisse an der Außenmiele. Die Pfahlreihen früherer Begradigungsversuche waren inzwischen verfallen. Infolge von Sandaustrieb in der Uferzone wies das Flussbett Auflandungen auf. Nach Böschungsabflachungen und Sohlenräumung erhielten die Ufer wie schon früher an der Binnenmiele Weidenstecklinge zur Befestigung.

HOCHWASSERSCHUTZ-MANAGEMENT

Auf der *Topographisch Militärische Charte des Herzogtums Holstein* (1789–1796) von Gustav Adolf von Varendorf als auch auf der Preußischen Katasterkarte aus dem Ende des 19. Jahrhunderts ist die Miele-Niederung mit dem noch nicht verlandeten Fieler See gut zu sehen. Während der etwas südlich gelegene Fuhlensee auf letzterer Karte schon verlandet ist, war dieser im 18. Jahrhundert noch existent. In dieser Niederung hatte der Landschreiber Carsten Niebuhr 1799 Flächen zur Kultivierung gekauft. Er errichtete 1800 ein Gehöft und begann mit der Urbarmachung. Kurz vor seinem Tod 1815 verkaufte er die Hofstelle allerdings, von der bei der Flurbereinigung 2005/2006 noch Fundamente und ein Brunnen zutage kamen. Der ehemalige Fuhlensee gelangte im Flurbereinigungsverfahren in öffentlichen Besitz und wurde anschließend wieder vernässt. Das Feuchtgebiet steht heute unter Naturschutz. Die alten Karten vermitteln, dass das Niederungsgebiet der Miele noch in der frühen Neuzeit weitgehend unbesiedelt blieb.[422]

Das Gewässer- und Wasserableitungssystem des Miele-Einzugsbietes kennzeichnen sehr flache Geländestrukturen, deren Entwässerung über den verlängerten Meldorfer Hafenstrom im freien Gefälle über das Deichsiel im Speicherkoog-Nord in die Meldorfer Bucht erfolgt. Dieses ist nur möglich, wenn die Außenwasserstände niedriger sind als im eingedeichten Bereich. Bei geschlossenem Seedeichsiel wird der Binnenwasserabfluss im Speicherkoog Nord gespeichert. Sinkt bei eintretender Ebbe der Außen- unter den Binnenwasserstand, fließt von hier das Wasser in die Nordsee ab. Die Vorflut erfolgt durch Mittelsiele in das Speicherbecken für die einzelnen Sielverbände. Bereits vor dem Ausbauzustand der Entwässerung in der Miele-Niederung ergaben sich Problematiken. So kommt es im Niederungsbereich zu Bodensetzungen, zur Verminderung des in den Speicherräumen verfügbaren Speichervolumens aufgrund von Sedimentation und zur Aufsandung der Außentiefen. In Zukunft werden aufgrund des Meeresspiegelanstiegs Veränderungen in der Tidedynamik einschließlich der Tideniedrig- und Tidehochwasserstände und höhere Niederschlagsvolumen im Winter und Starkregen im Sommer erwartet. So traten schon im Hochwasserfall von Oktober 2008 flächenhafte Überschwemmungen auf.

Der Deich- und Hauptsielverband Dithmarschen ist bestrebt, „einen langfristigen und dauerhaft wirksamen Hochwasserschutz sowie die Entwässerungssicherheit im Einzugsgebiet der Miele (ca. 40.000 ha) zu gewährleisten.“[423]Daher bewertet dieser den aktuellen Zustand des Entwässerungssystems im Vergleich zum vorgesehenen Ausbauzustand. Auf der Basis einer Verbesserung des Binnenwasserhochwasserschutzes werden unter hydraulischen Gesichtspunkten Lösungsvarianten erarbeitet. Die Planungen erfolgen dabei auf der Grundlage von Modellen und Simulationen der Hydrodynamik. Zudem werden mögliche Auswirkungen zukünftiger Entwässerungsbedingungen infolge des Meeresspiegelanstiegs im Zusammenhang mit wasserwirtschaftlichen Maßnahmen analysiert.

Diese Maßnahmen erfolgen derzeit exemplarisch mit dem Dehringstrom an einem Einzugsgebietvorfluter im Sielverband Mieltal. Dieser an den Deich- und Hauptsielverband angeschlossene Verband ist für den Bereich Nordhastedt mit dem Übergang von der Geest in die Miele-Niederung zuständig. Der Dehringstrom durchfließt mit seinem Einzugsbereich das Niedermoor des ehemaligen Fieler Sees und die anschließende Geest. Über eine Drosselung des Abflusses sollen Retentions- und Vernässungsflächen entstehen. Diese Maßnahmen betreffen ca. 200 ha landwirtschaftlicher Nutzflächen und bestehende Na-

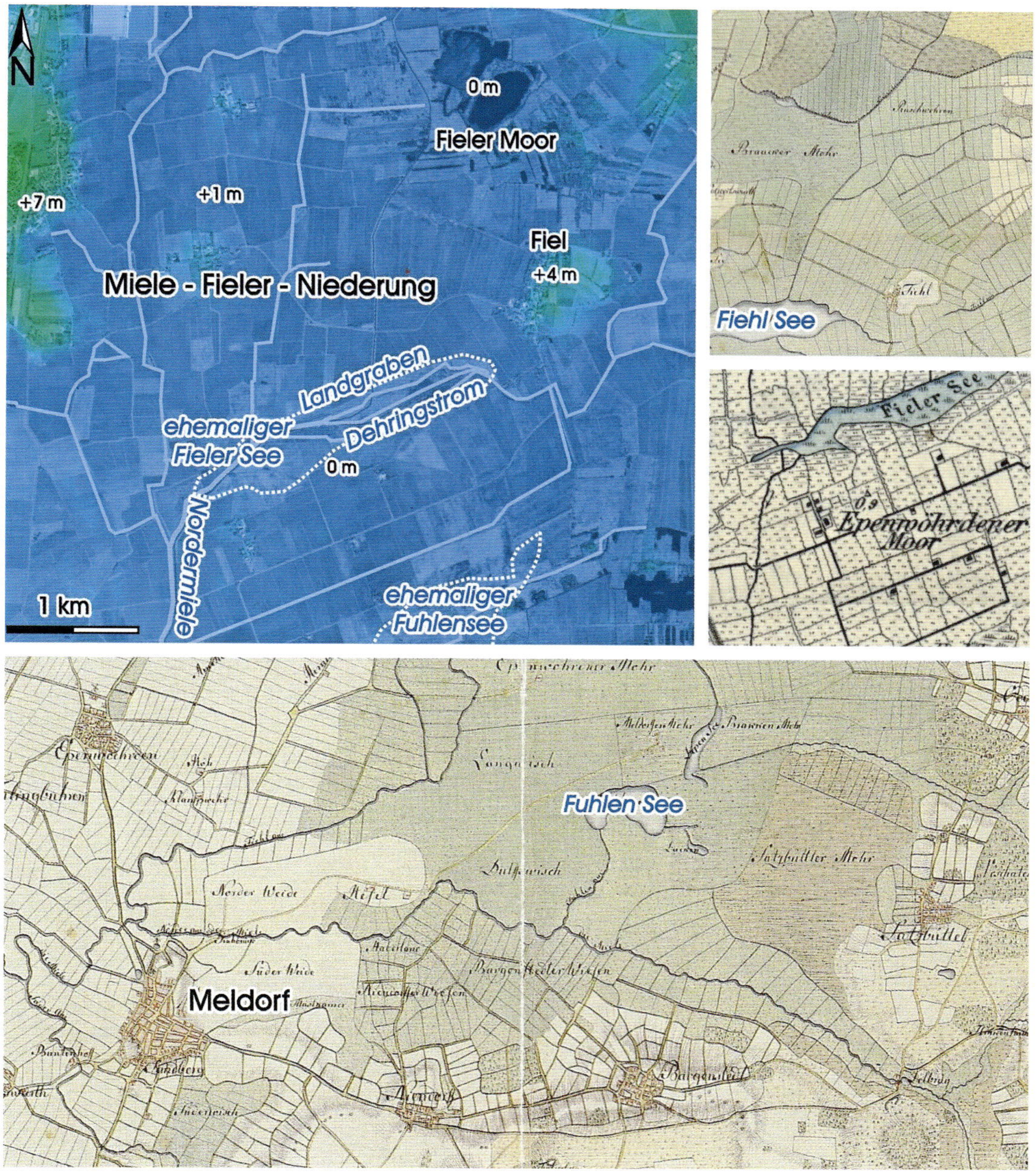

Miele-Fieler-Niederung mit Nordermiele, Landgraben und Dehringstrom heute sowie auf der Karte von Varendorf (1789–1796) und der preußischen Katasterkarte um 1889 in Ausschnitten. Quelle der Karte: Kort&Martikelstyrelsen, Danmark. Kartengrundlage heute: Topographic-map.com mit Ergänzungen

turschutzflächen. Ziel der Maßnahmen ist eine Optimierung der wasserwirtschaftlichen Bedingungen für den Hochwasserschutz auf der Basis klimatisch-hydrologischer Szenarien. Daneben werden die Wirkungszusammenhänge des wasserwirtschaftlichen Systems untersucht und ein hydraulisches Berechnungsmodell erstellt.[424]

WILSTERMARSCH

GEOLOGIE UND HYDROLOGIE

Zu den Niederungen, in denen die Entwässerung aufgrund von Bodensackungen problematisch ist, gehören die Elbmarschen Schleswig-Holsteins. Exemplarisch sei hier die Wilstermarsch betrachtet, die sich zwischen der Elbe, der in sie mündenden Stör und dem Geestrand des Kreises Steinburg mit seinen Moränen der Saale-Kaltzeit erstreckt und in der sich mit NN -3,54 m der tiefste Landpunkt Deutschlands befindet.

Die Unterelbe folgt einem Urstromtal, durch das noch vor 22.000 Jahren Schmelzwässer vom weiter nordöstlich liegenden Gletscherrand der Weichsel-Kaltzeit flossen.[425] Sie erhielten ihr Wasser über zahlreiche Rinnen vom Gletscherrand. Deren Absätze füllten das tiefe Elburstromtal teilweise auf. Vor etwa 13.500 Jahren hatte sich infolge des weiteren Rückzugs der Gletscher deren Schmelzabfluss an den Rand der heutigen Ostsee verlagert, sodass sich die Wassermassen in der Ur-Elbe verringerten. Der Hauptabfluss führte nun vom südwestlichen Eisrand etwa entlang der heutigen Ostseeküste Schleswig-Holsteins durch den Großen Belt nach Norden. Das Gebiet des Elbeurstromtals war in der ausgehenden letzten

Schematisiertes geologisches Profil durch die Wilstermarsch. Ein Basistorf auf der pleistozänen Oberfläche ist oft erodiert.

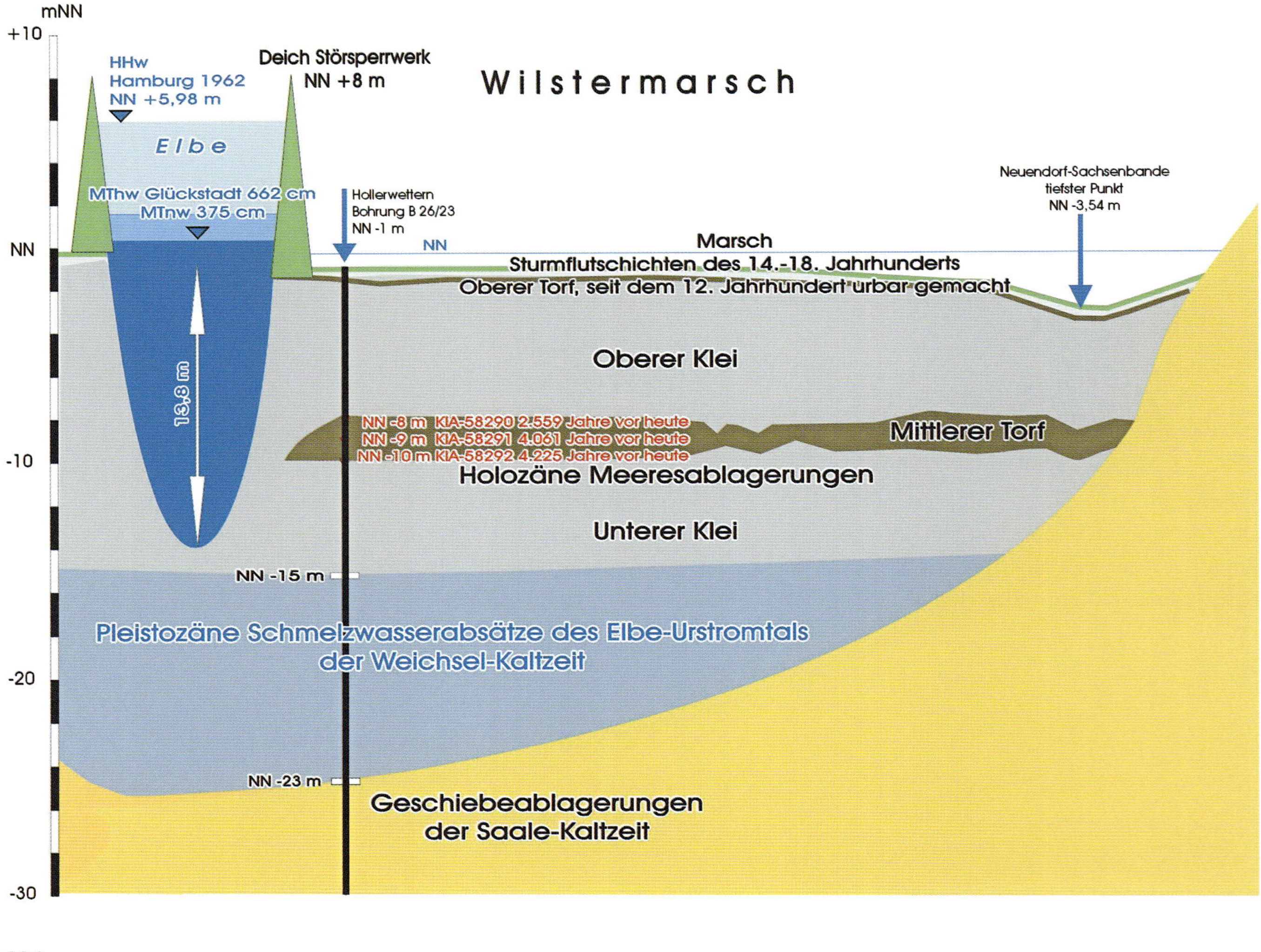

Kaltzeit das Jagdgebiet verschiedener jung- und spätpaläolithischer Kulturgruppen zwischen etwa 13.700 und 10.000 v. Chr.[426]

Während der Zeit des raschen Vordringens der Nordsee im Verlauf des holozänen Meeresspiegelanstiegs lagerte das Meer schluffige und sandige Sedimente auf den Schmelzwasserabsätzen im Unterelberaum ab. Das Salzwasser vermischte sich mit dem Süßwasser der Elbe zu Brackwasser. Vor der Steinburger Geest

Elbeurstromtal im Weichsel-Hochglazial vor etwa 22.000 Jahren.

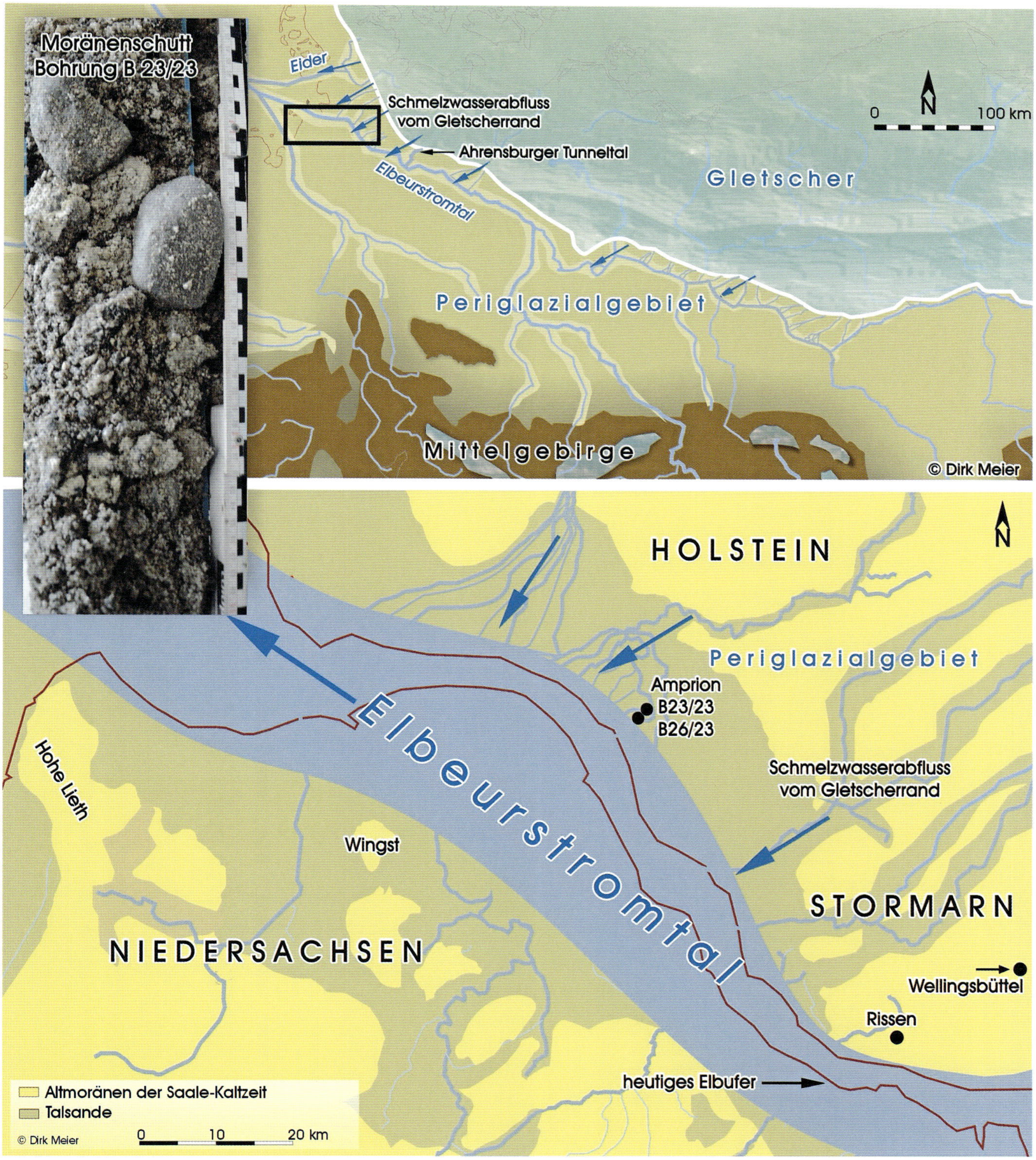

Schmelzwasserabsätze der Weichsel-Kaltzeit in einer Bohrtiefe von 18–22 m (NN -16 bis -24 m) der Rammkernbohrung für die Amprion durch Steinfeld und Partner, Hamburg.
Foto: Dirk Meier

besteht der geologische Untergrund der Wilstermarsch des zur Elbe über 20 m tief abfallenden Geestrandes aus bis zu 15 m mächtigen Sedimenten des holozänen Meeresspiegelanstiegs (Unterer Klei), dem Mittleren Torf, weiteren Meeresablagerungen (Oberer Klei) und dem Oberen Torf, der seit dem 12. Jahrhundert urbar gemacht wurde. Diesen bedecken geringmächtige Sedimente von Sturmfluten des 14. bis 18. Jahrhunderts.[427] Ob das offene Wasser den Rand der holsteinischen Geest im Kreis Steinburg je erreichte, ist unwahrscheinlich, denn hier hielt wohl ein aufwachsender Niedermoorgürtel mit der Höhe der Elbwasserstände Schritt.

Als der Meereseinfluss nachließ, breiteten sich großflächig Moore aus, die hier als Mittlerer Torf bezeichnet werden. Diesen erfassten Bohrungen der Stromfirmen Tennet und Amprion bei Hollerwettern in der Wilstermarsch.[428] Die aus dem Torf der Bohrung B26/23 der Amprion 2023 entnommenen Proben zeigen, dass sich der Mittlere Torf in einer Tiefe von NN -10 m um 4.225±30 Jahren vor heute nach unkalibrierten C-14 Jahren bildete. Die mittlere Probe aus dem Torf bei NN -9 m datiert um 4.061±29 Jahren vor heute und die obere bei NN -8 m um 2.559 ±26 Jahren vor heute.[429] Somit entstand der Torf seit etwa 2.900 v. Chr. Darüber liegende Darg-Schichten deuten an, dass ein wieder zunehmender Meereseinfluss das Moor allmählich seit etwa 600 v. Chr. überschwemmte und sich ein

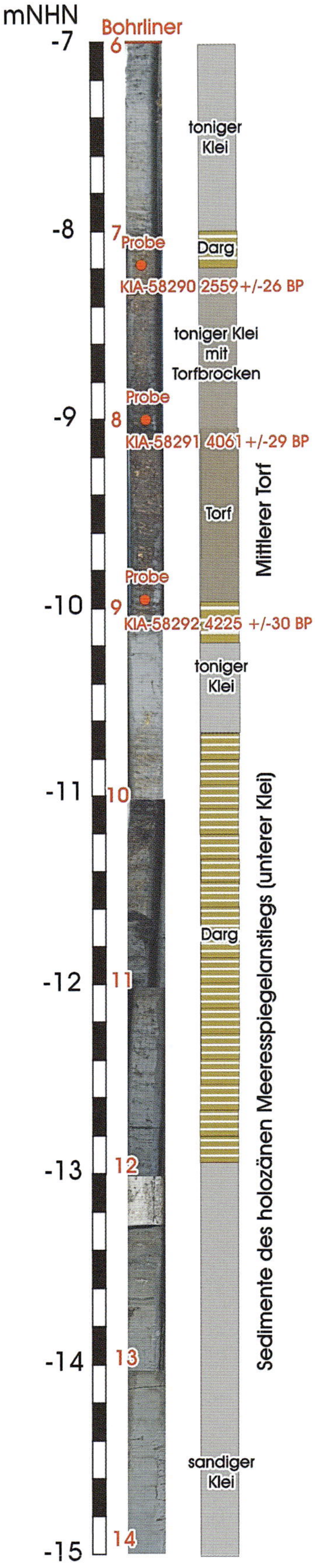

Bohrmeter 6 bis 14 m, Bohrung B23/23 für die Amprion in Hollerwettern, Wilstermarsch, mit geoarchäologischer Bohraufnahme.

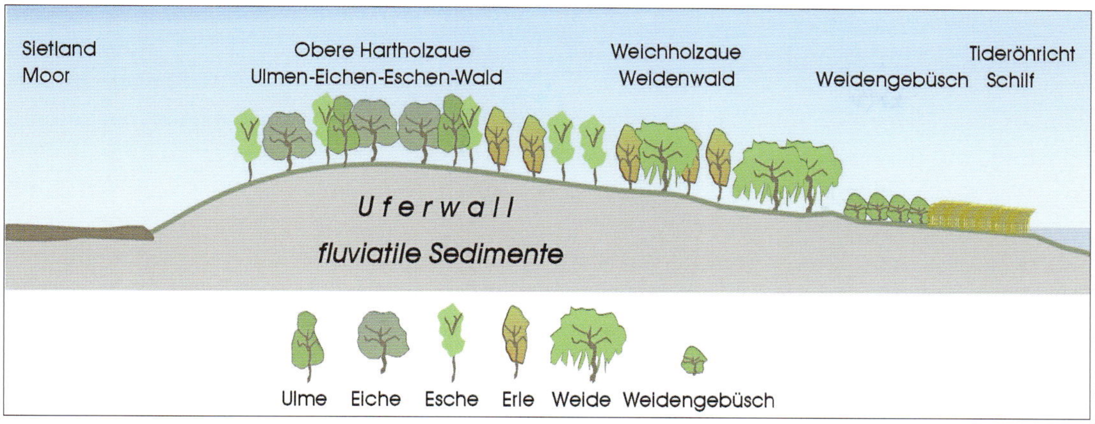

Vegetation einer Flussmarsch, verändert nach K. E. Behre.

Schilfsumpf bildete, den erneut Sedimente (Oberer Klei) bedeckten.

Das vermoorte Niederungsgebiet an der Unterelbe suchten immer wieder Menschen vom Mesolithikum bis zur Bronzezeit zur Jagd und zum Fischfang auf. Bei den ältesten Artefakten aus der Steinburger Elbmarsch handelt es sich durchweg um Einzelfunde.[430]

Nachdem sich um 500 v. Chr. der Anstieg des Mittleren Tidehochwassers verlangsamte, entstanden an der Unterelbe und ihren Nebenflüssen Flussmarschen unter brackischen Bedingungen. Deren Uferwälle begrenzten landseitig Sietländer sowie Schilfsümpfe und Hochmoore, die sich bis an den Geestrand erstreckten. Die Uferwälle der Flussmarschen in Schleswig-Holstein wurden seit dem 1. Jahrhundert n. Chr. besiedelt, in Niedersachsen teilweise schon etwas früher.[431]

Die Höhe der durch die Flussablagerungen aufgeworfenen Uferwälle war ausschlaggebend für deren spätere Besiedlung und Nutzung. Trat das Wasser bei Sturmfluten über die Flussufer, verringerte sich dessen Fließgeschwindigkeit und Sande lagerten sich ab. Ausgedehnte Schilfgebiete förderten dabei in den Flussmarschen der Elbe diesen Vorgang. Da das Wasser so fast zum Stillstand kam, lagerten sich Tone ab. Auf den Uferwällen wuchsen vor deren späterer Rodung durch die Menschen Auewälder. An deren höchsten Flächen stockten in einer Hartholzaue Eichen, Ulmen und Eschen, durchmischt mit Erlen. Die untere Zone der Weichholzaue prägten Weidengebüsche und Baumweiden. Baumstämme aus Mergelgruben in einer Tiefe von 1 bis 1,5 m deuten auf Waldbestand der Uferwälle an der Unterelbe und ihren Nebenflüssen vor ihrer intensiveren Nutzung durch den Menschen hin. Da infolge der Elbuferwälle die natürliche Entwässerung des Hinterlandes nur über die Nebenflüsse der Elbe sowie Priele erfolgte, prägten noch im gesam-

Marschen an der Stör mit Fundorten der römischen Kaiserzeit, im Sietland hinter den Uferwällen dehnen sich Moore aus.

ten 1. Jahrtausend n. Chr. sich bis an die Geestränder erstreckende Hochmoore die Naturlandschaft. Zwar konnten höhere Fluten die Elbuferwälle überschwemmen, lagerten aber im Hinterland kaum noch Sedimente ab.

Archäologisch gut greifbar ist eine erste Landnahme um Chr. Geb. in den Marschen an der Stör.[432] Beim Mergelgraben stieß man hier bereits 1882 auf Tonscherben, Knochen und Eisenschlacken der römischen Kaiserzeit in Eltersdorf in der Borsflether Wisch in der Kremper Marsch. Zu Beginn des 20. Jahrhunderts sammelte der Borsflether Lehrer und Organist Klaus Bielenberg Scherben und Webgewichte, die wiederum beim Mergelgraben bei Eltersdorf (Hof Thormälen) nördlich der Kremper Au zum Vorschein kamen. Auch am Abbruchufer der Stör bei Ivenfleth sind im frühen 20. Jahrhundert einige Scherben aus dem 2./3. Jahrhundert gefunden worden. Die in den 1930er Jahren erbohrten Kulturschichten dieser Wohnplätze bedeckten etwa 0,2 bis 0,4 m mächtige Sedimente.

*Bodenprofil bei Hollerwettern, Wilstermarsch.
1 humoser Oberboden, 2 Pflugfurche, 3 Überflutungssedimente vom späten Mittelalter bis zur frühen Neuzeit, 4 Oberer Torf, 5 Sedimente des holozänen Meeresspiegelanstiegs (Oberer Klei).*

In Hodorf in der Kremper Marsch erfolgte dann 1935/36 eine Ausgrabung. Hier zog sich ein Siedlungsareal der römischen Kaiserzeit auf dem Uferwall eines später zu sedimentierten Seitenpriels der Stör auf einer Länge von 100 bis 150 m entlang. In einer Entfernung von 150 m vom Priel waren die in den Bohrungen nachgewiesenen Kulturschichten mit 1 m besonders mächtig. Weiter den Priel aufwärts wurden ebenfalls Scherben der ersten nachchristlichen Jahrhunderte gefunden, doch konzentrierten sich die Untersuchungen auf die Kulturschichten einer langgestreckten Wurt. Diese stammten von drei Siedlungshorizonten mit dicht übereinander liegenden, an der gleichen Stelle errichteten Gebäuden auf einem Niveau von NN ±0 m bis +1,3 m. Die Funde in Hodorf vermitteln das Bild einer auf Viehhaltung basierenden ländlichen Siedlung. Spätere Sturmfluten höhten mit der Ablagerung von Sedimenten das Umland so weit auf, dass sie etwa die Kuppe der Wurt erreichten. Zur Zeit des Bestehens der Siedlung erfassten den Prieluferwall wohl noch keine höheren Wasserstände, da das MThw niedriger lag als mit NN +1,4 m 1939. Auf dem gegenüberliegenden Ufer der Stör sind bislang kaum Funde der römischen Kaiserzeit bekannt geworden. In Dammfleth südlich von Itzehoe nahe der Wilster Au stieß man 1927 bei Erdarbeiten auf eine Pfahlreihe, vielleicht Reste einer alten Uferbefestigung. Zwischen den Pfählen lag ein Gefäß aus der Zeit um Chr. Geb. Eindrucksvollstes Beispiel der frühen Besiedlung bildet ein 1879 beim Mergelgraben im Vaaler Moor freigelegtes Stammboot aus der Übergangszeit des 2./3. Jahrhunderts n. Chr.[433]

Auch im frühen Mittelalter kennzeichneten Moore und schmale Marschuferwälle entlang der Unterelbe und ihrer Nebenflüsse die Landschaft. Im Gebiet von St. Margarethen erinnern Ortsnamen wie Heide- und Kirchdunge wohl an ehemalige Dünen. Daneben bot vor allem das hohe Elbufer an der nördlichen Flussseite gute Möglichkeiten für eine Besiedlung. Aufgrund des Abbruchs des Uferwalls infolge der Stromverlagerung nach Norden seit dem Spätmittelalter sind hier jedoch keine Siedlungen mehr nachweisbar. Im frühen Mittelalter entwickelte sich der Unterelberaum zu einem der wichtigen Handels- und Verkehrsräume im nördlichen Mitteleuropa.[434]

Den oberen Bodenaufbau der Wilstermarsch bei Hollerwettern vermittelt ein im Zuge des Leitungsbaus der Tennet 2020 angelegtes Bodenprofil. In dem stark ausgetrockneten und infolge der landwirtschaftlichen Bearbeitung stark verdichteten Bodenprofil waren im Klei keine Sturmflutschichten mehr erkennbar. Unter dem 15 cm mächtigen humosen Oberboden folgt bis in eine Tiefe von 30 cm ein schluffiger Klei von Überflutungen des späten Mittelalters bis zur Mitte des 18. Jahrhunderts. In diesen schneidet eine Pflugfurche ein. Darunter befindet sich ein etwa 25 cm mächtiger fossiler Bodenhorizont bzw. Dwog oberhalb von schluffigen bis sandigen Sedimenten mit Eisenausfällungen. Dieser stammt aus dem Hochmittelalter, als dieses Moorgebiet von Holländern entwässert und urbar gemacht wurde. Humusdwöge bilden oft Reste ehemaliger Moore, die bei der Wiederüberflutung überschlickt wurden. In diesen findet sich als feinkristallines Material Maibold als Eisen- und Aluminiumsulfat, wie es charakteristisch für Pulvererden mit Pflanzenresten ist. Die Pflanzen bewirkten durch einen verstärkten Sauerstoffeintrag über den Wurzeln eine intensive Oxidation der reduzierten Schwefelverbindungen mit anschließender Maiboldbildung. Oberhalb von Überflutungssedimenten im Schutz eines Uferwalles reichern sich hohe Anteile organischer Substanz an und begünstigen eine Pflanzenbildung. Schließlich entstehen Schilfsümpfe und später Hochmoore, wenn dieses Gebiet längere Zeit von Überflutungen im Schutz hoher Marschuferwälle verschont bleibt.

WASSERBAUTECHNISCHE EINGRIFFE

Nachdem die von den Niederlanden ausgehende Hollerkolonisation die Unterelbe erreichte, verwandelte diese den Naturraum weiter Moorgebiete hinter den Marschuferwällen seit dem 12. Jahrhundert durch Deichbau und Entwässerung in eine Kulturlandschaft. Hier kennzeichnen langgezogene Hufensiedlungen mit niedrigen, als Schutz gegen Binnenwasserstau aufgeworfenen Hofwarften mit anschließenden Streifenfluren (Aufstreckfluren) und dazwischen verlaufenden Sielzügen die Landesausbaugebiete. Zwischen den Gräben wurden die als Schutz gegen Bodenfeuchtigkeit aufgehöhten Wölbäcker für den Getreideanbau, in erster Linie für Roggen, in Bahnen gepflügt. Dabei musste der Bauer die schweren, seit dem Hochmittelalter aufgekommenen Streichbrettpflüge am Ende jeweils wenden. Um das von der Geest ablaufende Wasser fernzuhalten, schützen Achterdeiche die neuen Siedlungsgebiete. Zu den Seiten hin entstanden Sietwenden.[435]

Die holsteinischen Elbmarschen wurden seit der ersten Hälfte des 12. Jahrhunderts urbar gemacht. In der Wilstermarsch hatte 1149 Graf Adolf von Holstein an Vizelin und das Kloster Neumünster Land übertragen. In der Urkunde und deren Bestätigung von 1164 ist dabei indirekt von noch unkultivierten Ländereien nahe von Wilster zwischen Sladen und der Waldburgau sowie neben der Stör zwischen der Lutseau und Aldenau die Rede.[436] Vielleicht schon Anfang des 12. Jahrhunderts, sicher aber seit 1221 vermaßen holländische Wasserbauspezialisten Hufensiedlungen bei Dammfleth bei Wilster und Krummendiek.[437] In Wetterndorf und Uhrendorf bei Beidenfleth lagen die Höfe der Kolonisten entlang von Kanälen und Deichen. Das für die Neusiedlung vorgesehene Gebiet wurde meist in etwa 2.250 m lange und 150 m breite Streifen (Hufen) geteilt, an deren Ende sich die Höfe auf flachen Wurten befanden. Die in einem Abstand von 15 bis 20 m senkrecht zum Hauptdeich gezogenen, von Deichen geschützten größeren Entwässerungsgräben (Wettern) endeten an den Sielen in den Hauptdeichen, Sietwenden trennten verschiedene Entwässerungsgebiete.

Den Umfang des im Mittelalter urbar gemachten Landes in der Wilstermarsch belegen die Kirchspiels- und Ortsnamen. Dazu gehören Beidenfleth (*Badenfliot* 809), Heiligenstedten (*Heligenstade* 834) und Wilster (1164), das Gebiet zwischen der Wolbersau und dem See *Sladen* (1139), Nesse (1164), Bilevelt (1194), die beiden Äcker *Geren* bei Dammfleth (1200), Bischof (*Biscopescop* 1199) bei Wilster, Stördorf (*Wilsteremunde* um 1200) an der Mündung der Wilsterau, Wewelsfleth (1238, Kirche 1337), Beidenfleth und das Kirchspiel Brokdorf (*Brockthorp* 1220) sowie die Mühle *Osov* (1221) im Alten Land *(vetus terra)*. Das untergegangene Kirchspiel *Elredefleth* fand seinen Nachfolger in St. Margarethen.[438]

Zwar besaßen die Wilster- und Kremper Marsch Bauern ein eigenes Hollerrecht mit Verwaltung sowie ein Gerichtswesen mit Schulzen und Schöffen, doch blieben sie dem holsteinischen Grafen zum Heerbann und Burgwehr verpflichtet. Als der dänische König Christian I. 1469 Holstein und Schleswig als Pfand an den Grafen Gerhard von Oldenburg gab, forderte er deren Bewohner auf, Gerhard die

Wilster- und Krempermarsch bis 1762 mit Deichen, Warften und Kirchen. Infolge des Abbruchs des alten Elbuferwalles gingen viele Kirchorte unter.

Pfandhuldigung zu leisten, wozu sie sich 1470 bereiterklärten. Zwar mussten die Bauern dabei auf ihr angestammtes Hollerrecht verzichten und eine Einschränkung ihrer Rechte durch landesherrliche Vögte und den Amtmann auf der Steinburg hinnehmen, bewahrten jedoch ihre genossenschaftliche Selbstverwaltung des Deich- und Wasserwesens.[439]

Beidenfleth, Wewelsfleth und Brokdorf bedeichten ihre Ländereien im Mittelalter gemeinschaftlich. Zwischen Brokdorf und St. Margarethen an der Unterelbe deuten Reste alter Querdeiche auf den Bestand mittelalterlicher kleinerer Entwässerungsgebiete hin.[440] Das nordwestliche Teilstück des hochmittelalterlichen Elbdeiches der Wilstermarsch bildete der Bütteler Moordeich.[441] Dieser 1933/34 untersuchte 15 m breite Deich besaß bei einer Höhe von 1,8 m sehr flache Böschungen. Seine bei NN -0,45 m eingemessene Kronenhöhe muss nach oben korrigiert werden, da der Deich aufgrund seines Gewichtes bis zu einer Tiefe von NN -2 m in den Untergrund gesackt war. Zudem hatten sich auch die Landoberflächen infolge von Torfabbau und Entwässerung gesetzt. Wohl nach der Allerheiligenflut von 1436 wurde der Deich mit Torfsoden und nach dessen Zerstörung 1674 mit Klei erhöht und verbreitert.[442]

Infolge von Torfabbau und Entwässerung hatte das Hochmoor in der frühen Neuzeit so viel an Substanz verloren, dass der Moordeich mehrfach nach Nordwesten verlängert werden musste. Diesen nennt bereits die älteste Deichurkunde der Wilstermarsch, der Spadelandesbrief von Herzog Adolf VIII. vom 14. Juli 1438. Diese behandelt die Deiche der Wilsterau, die von den Duchten des Kirchspiels Wilster zu unterhalten sind. Da die Allerheiligenflut von 1436 den Elbdeich von Störort bis Büttel zerstörte, wird auch der Moordeich erwähnt. Offenbar hatte der an das Hochmoor anschließende, in seinem Kern bis in das 12. Jahrhundert zurückreichende Moordeich stark gelitten. Als *Anno 1574, Fridages na Pfingsten* die *Wilstermarsch mit den Dithmarschen den Nyen Diek by dem Büttel an tho maken* begann, rückte der Moordeich durch den neuen Koog (Alter Koog) in die zweite Reihe.[443] Beiderseits des Moordeiches schritt die Moorabgrabung fort. Der auch dadurch geschwächte Deich brach daher bei der Sturmflut von 1634 nach der Zerstörung des Elbdeiches und musste bis 1674 mühsam wiederhergestellt und erhöht werden. Dieser hielt dann 1685 der von Brunsbüttel vordringenden Novembersturmflut stand. Vorübergehend bildete der mit Steinen befestigte Moordeich wieder den Elbdeich. Dieser konnte der Weihnachtsflut von 1717 jedoch nicht standhalten. Mit der Errichtung des Neuen Kooges an der Elbe 1718 wurde der alte Moordeich zum Schlafdeich.

Im Grenzgebiet zur Wilstermarsch befindet sich südlich des Dithmarscher Geestrandes der heute halb verlandete Kudensee. Dieser führte sein Wasser nicht direkt zur Elbe, sondern ostwärts über die Burger- und Holstenau nach Osten weg. An der Mündung der Burger Au südlich vom Hochdonner Moor diente das Böwerste Wehr für den Wasserrückhalt der besonders tief liegenden, von Binnenwasserstau bedrohten Marsch von Wilster. Die Stadt wehrte sich seit 1576 fast 200 Jahre gegen eine Entlastung des Kudensees durch einen Kanalbau

Der in den Untergrund gesackte Moordeich von Büttel, Wilstermarsch.

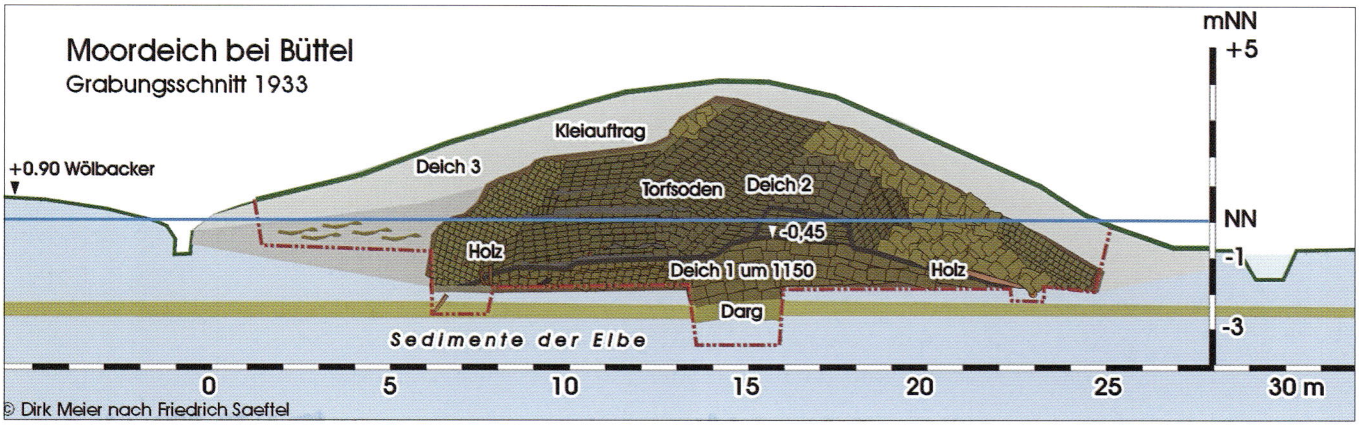

Wilstermarsch mit Deichen, Sielen, Sietwenden, Kirchen und 1491 zurückverlegtem Elbdeich.

nach Süden zur Elbe, da sie sich an den Kosten nicht beteiligen wollte.

Begleitend zu den Baugrunduntersuchungen der Tennet für die Stromtrasse des SuedLinks wurden in Büttel an der Unterelbe 2021 mehrere Hofwarften erbohrt. Das Dorf wird als *Buttele* 1331 im *Presbyter Bremensis* erwähnt, dürfte aber schon in der Mitte des 12. Jahrhunderts bestanden haben, wenn man die wenigen Quellen zur Hollerkolonisation der Wilstermarsch einbezieht.[444] Die Ortschaft liegt östlich des Holstengrabens, der historischen Grenze zu Dithmarschen.[445] Das den Holstengraben bzw. die Burger Au begleitende wüste Moor erstreckte sich ursprünglich vom Kudensee im Norden bis fast zur Unterelbe. Die Abgrabung des Hochmoores durch Torfabbau beförderte 1765 die Anlage des Bütteler Kanals. Der Torf wurde im Bütteler Hafen auf Schiffen für den Weitertransport nach Hamburg umgeladen.

Am westlichen Ortsrand von Büttel liegen mehrere aus Klei als Schutz gegen Binnenwasser aufgehöhte hochmittelalterliche Hofwarften. Auf der *Topographisch Militärische Charte des Herzogtums Holstein* (1789–1796) von Gustav Adolf von Varendorf sind diese noch mit Häusern versehen. Die Hofwarften wurden nach Ausweis eines Torfes an der Basis der Kleiaufschüttung auf dem noch vor der Urbarmachung ausgedehnten Hochmoor errichtet.[446] Von der Hofwarftenreihe aus erstreckten sich nach Norden Streifenfluren mit aufgehöhten Wölbäckern. Ursprünglich verliefen diese auch nach Süden weiter bis zum alten Uferwall an der Elbe, von wo der Landesausbau im 12. Jahrhundert mit der Hollerkolonisation seinen Ausgang genommen hatte. Die Varendorfsche Karte lässt in Büttel die ursprüngliche Richtung der Streifenfluren südlich der Hofwarftenreihe noch in Resten erkennen. Infolge des Abbruchs des hohen Elbuferwalles erfolgten Rücknahmen des Deichs, sodass die Hofwarften von Büttel heute nahe am Deich liegen. Südlich von diesen verläuft heute ein Sielzug nahe des alten Elbdeiches von 1719/20. Als die Warften vielleicht im späten Mittelalter aufgrund von Sturmflutkatastrophen wüst fielen, wurden

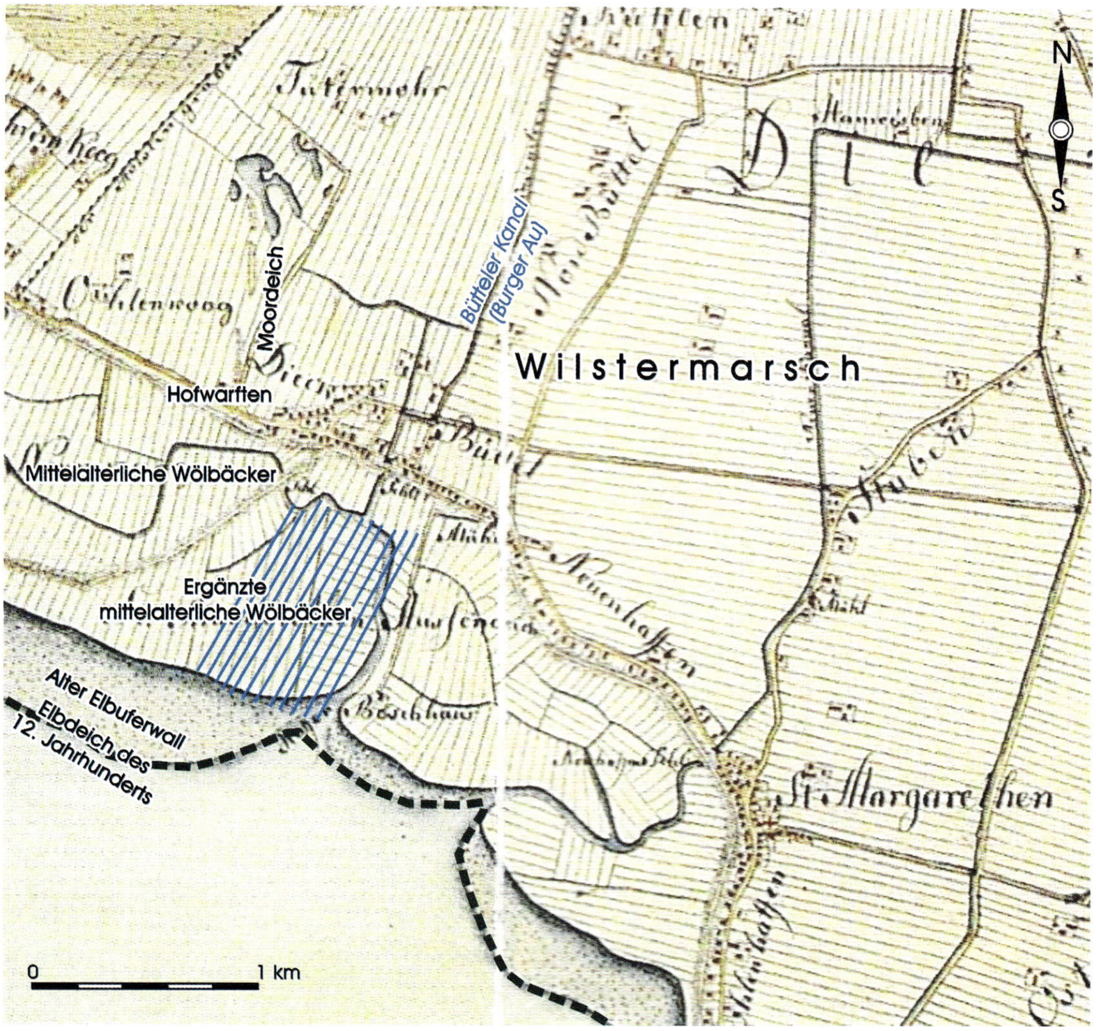

Hofwarften bei Büttel, Flurformen und Deiche auf der Topographisch Militärischen Charte des Herzogtums Holstein (1789–1796) von Gustav Adolf von Varendorf. Die Karte vermerkt auch Landverluste.
Quelle der Karte: Kort&Martikelstyrelsen, Danmark

diese danach teilweise beackert sind heute stark verschliffen.

Auch entlang der Stör verliefen seit dem 12. Jahrhundert Deiche, deren Tidegrenze kaum über die Wilsterau hinausreichte. Um einen Rückstau des Binnenwassers zu vermeiden, waren ebenfalls die Wilster- und Bekau bedeicht. Der 1247 erwähnte Ort *Crumendieke* (Krummendiek) belegt indirekt die Existenz eines Deiches. Im Schutz des nördlichen Stördeiches liegen auf dem hohen Uferrand mehrere Orte im Kirchspiel Heiligenstedten, die meist erst im 13. Jahrhundert genannt werden. Dazu zählen Bekhof, Bekmünde, Honigfleth *(Hodencvlete)* und Schadendorf sowie an der Wilsterau Stördorf *(Wilsteremunde)* und Kathen, während Bischof *(Biscopescop)* zum Kirchspiel Wilster gehört. Die Ortschaft Kampen (1255) in der Störschleife wurde erst später eingedeicht.[447]

Aus dem Vorhandensein des großen Sladensees und von Hochmoorgebieten bei Wilster erklärt sich der Umfang dieses Kirchspiels. Erst eine Trockenlegung und ein Abbau der Moore erlaubte in der frühen Neuzeit hier eine landwirtschaftliche Nutzung. Die Urbarmachung des Gebietes von Aebtissinwisch, das zu Beginn des 14. Jahrhunderts noch Moor bedeckte, hängt mit dem Bau des Ecklacker Sielzuges zusammen, der die Entwässerung verbesserte. Ein Rechnungsbuch des Klosters von Itzehoe belegt hier gesteigerte Agrareinkünfte.[448]

Die intensive Entwässerung bewirkte auch in der Wilstermarsch bis heute andauernde Bodenabsenkungen. So liegt in Neuendorf-Sachsenbande mit NN -3,54 m der schon erwähnte tiefste Landpunkt Deutschlands. Bei einem Deichbruch an der Stör oder Elbe würde die Wilstermarsch heute bei normaler Tide, also zweimal täglich, bis 4,5 m und höher überflutet. Die tiefsten Gebiete wären auch während des Niedrigwassers überschwemmt.

Die landwirtschaftlichen Produkte der eingedeichten und urbar gemachten Wilster- und Kremper Marsch wurden in Marktorten umgeschlagen, die an Kanälen entstanden waren. Mittelpunkt der Wilstermarsch bildete das urkundlich 1164 genannte Wilster, das 1282 Stadtrecht erhielt und sich infolge seines Fernhandels schnell entwickelte.[449]

Nach der ersten Kolonisationsphase in den Elbmarschen vom 12. bis 13. Jahrhundert stagnierte die Landwirtschaft während des Spätmittelalters verursacht durch Hungersnöte und Pestepidemien. Erst im 15. Jahrhundert kam es zu erneutem ökonomischem Wachstum. Die wieder gewachsene Bevölkerung verlangte nach Waren und Agrarprodukten. Eine sich ausweitende Tuchindustrie in Flandern suchte ihre Produkte auch im nördlichen Mitteleuropa abzusetzen, während die in den Manufakturen arbeitenden Menschen auf die Zufuhr von Lebensmitteln wie Getreide, Fleisch, Butter und Fisch angewiesen waren. Diese Entwicklung führte seit der Mitte des 15. Jahrhunderts zu einer Ausweitung und Intensivierung der Agrarproduktion in den verkehrstechnisch gut erreichbaren Elbmarschen. Die durch niederländische Immigranten mitgebrachten fortschrittlicheren Techniken der Entwässerung erlaubten nun eine Kultivierung besonders tief liegender, stauwasserreicher Gebiete. Die fruchtbaren Böden ermöglichten so eine Überschussproduktion an Agrarprodukten.

In der Wilstermarsch hatte sich die Entwässerung in der Frühneuzeit stark verschlechtert, da die Wilsterau keine natürliche Vorflut mehr besaß. Ihr wurde das Geestwasser durch die Holstenau sowie Wasser aus dem Kudensee durch die Burgerau (frühere Wolbersau) zugeleitet. Die anhaltenden Bodensetzungen erforderten Deiche entlang des Flusses. Besonders schwierig war die Entwässerung im Nordwesten der Wilstermarsch, da hier von den Geesträndern und Moorgebieten her ein großer Wasserandrang in die Marsch bestand. Das dortige Gewässernetz konnte dieses *Wilde Wasser* nur begrenzt aufnehmen und zu den Deichsielen leiten. An den Kreuzungsstellen mit Vorflutern der Marsch waren Düker erforderlich, die das Wasser mit unterführten Rohren weiterführen.[450] Aber selbst diese vom Fremdwasser entlasteten Gebiete bedrohte Binnenwasserstau.

Hofwarften auf Moor des 12. Jahrhunderts bei Büttel. Die Warften sind stark verschliffen, Wölbäcker ziehen über diese. Heute werden die Flächen als Weide genutzt. Foto: Dirk Meier

Voraussetzung zur Verbesserung der Entwässerung waren windbetriebene Schöpfmühlen, die nach holländischen Vorbildern zunächst Wasseräder und später archimedische Schrauben besaßen. Damit wurde das Wasser aus einem Sammelgraben in Wettern transportiert. Auf den anfänglichen Widerstand der Schleusenkommune gegen die neuen Schöpfwerke geht deren erste Erwähnung um 1570 zurück. So hatte der Sielwärter Sorge, dass das bisherige Gefällenetz der Gräben durch den vermehrten Wasseranfall der Mühlen gestört werden könnte. 1571 wird auch eine Pumpmühle erstmals in Ecklack erwähnt.[451]

Mit Hilfe der Schöpfmühlen ließen sich Ländereien entwässern, die bis dahin lange Zeit im Jahr unter Wasser standen. Daher siedelten sich nun Holländer zwischen 1568 und 1609 in dem wenig bebauten Gebiet im Inneren der Wilstermarsch an, wo sie schon bald mit einer intensiven Milchwirtschaft und Käseherstellung begannen.[452] Bald besaß jeder Hof eine oder mehrere Schöpfmühlen. Besitzer kleinerer Parzellen schlossen sich zur Unterhaltung einer Mühle zusammen. In Zeiten hohen Wasserandranges nach starken Niederschlägen oder wenn nach Sturmfluten die Außensiele längere Zeit geschlossen gehalten werden mussten, wollte jeder die eigenen Ländereien zunächst vom Wasser befreien. Das führte zum Mahlbestik, das mit Marken die Höhe der hinauf geschöpften Wasserabfuhr in Wettern festlegte und Strafen für ihre Missachtung vorsah. Teilweise taten sich Mühlenbesitzer auch zum Bau größerer Schöpfmühlen zusammen, die das Wasser vieler Kleinmühlen erfassten und in die Wilster Au transportierten.

Die ineffektiven Wasserräder ersetzten seit dem 18. Jahrhundert archimedische Schrauben, mit denen in Holland schon seit dem 17. Jahrhundert Moorseen trockengelegt wurden. In der Wilstermarsch geht deren Bau auf den 1745 in Hodorf geborenen Johann Holler zurück, der als Zimmermann in Holland gelernt hatte. Danach gründete er 1770 am Kohlmarkt in Wilster eine eigene Zimmerei. Zur Zeit der Intensivierung des Agraranbaus nach der Hungersnot von 1771/72 baute er viele Mühlen. Mit den je nach Größe zwischen 4.000 und 6.000 Mark teuren Schneckenmühlen ließen sich zwischen 40 und 55 ha Land entwässern. Deren Pumphöhe betrug zwischen 1,5 und 2 m. Auf sonst nur für Hafer geeigneten Böden konnte man so Winterkorn anbauen, während auf Weideland auch Sommerkorn wuchs. Im 18. Jahrhundert existierten vermutlich um 350 Schöpfmühlen in der Wilstermarsch.[453] Bis zum 19. Jahrhundert erhielten fast alle Schöpfmühlen archimedische Schrauben.

Der Betrieb dieser Mühlen war zeitaufwendig und bedurfte der Aufsicht, da sie im zu schnellen Lauf durch Reibungshitze in Brand gerieten oder von Stürmen beschädigt wurden. Deren Anzahl verringerte sich daher zwischen 1886 und 1929 von 284 auf 50. Die letzte Mühle mit Schöpfrad stand bis 1902 in der Wetterndorfer Ducht. Heute ist nur noch eine um 1850 er-

Schöpfmühle bei Honigfleth. Foto: Dirk Meier

Schleuse der Wilsterau bei Kasenort von 1925/26. Links: Oberhaupt Rechts: Unterhaupt an der Mündung der Wilsterau in die Stör. Hubhöhe: 1,70 m Breite für Schiffe: bis 6,70 m Länge Schleusenkammer: 129 m. Foto: Dirk Meier

richtete Mühle bei Honigfleth erhalten, die vom Hof Schütt in Dwerfeld hierher kam. Ab 1901 ersetzten nordamerikanische Windmotoren auf einem sich selbst in den Wind drehenden Stahlgerüst zunehmend die Schöpfmühlen. Die Windmotoren wichen ab 1925 Dampfschöpfwerken, die ab der Mitte des 20. Jahrhunderts von elektrischen Pumpwerken abgelöst wurden. Nach Auflösung der 38 Deich- und Entwässerungsverbände 1942 entstand der Deich- und Hauptsielverband Wilstermarsch mit Unterverbänden. Bis heute kann die Entwässerung noch über Siele neben Schöpfwerken erfolgen, da Elbe und Stör tideabhängig sind.

Neben den Mühlen sorgten neue Kanäle für eine Verbesserung der Entwässerung in der Wilstermarsch. Der im 16. Jahrhundert angelegte Vierstieghufener Kanal führte nun Binnenwasser der Kirchspiele Wilster Neue Seite und Brokdorf zur Elbe hin ab. Die Entwässerung des Gebietes von Ecklack verbesserte sich erst 1630 durch die Anlage eines Dükers unter dem Audeich, der eine Ableitung des Wassers in die Au ermöglichte.[454] Für die höheren Gebiete an der Elbe reichte hingegen die natürliche Vorflut aus. Beidenfleth entwässerte durch die Altenfelder Wettern in die Stör; Kampen und Uhrendorf besaßen eigene Störsiele, Binnenwasser von Wewelsfleth führte die Holmelster Wettering (Fielweg-Wettern) zur Stör und die Holler Wettern zur Elbe ab. Die Hauptwettern des Kirchspiels Brokdorf verliefen ebenfalls zur Elbe. Die Entwässerung von St. Margarethen mündete über das Alte Fleth durch die Althafener Schleuse in die Elbe.

Als Sicherung gegen eine Überschwemmung von Fremdwasser aus den Nebenflüssen im Nordwesten der Wilstermarsch bestand nur die Böwerste Wehr unterhalb des Zusammenflusses von Burger Au und Holstenau. Aufgrund der Bedeutung der Entwässerung richtete das Kirchspiel Wilster sein Augenmerk auch auf die Wasserführung des angrenzenden Süderdithmarschen und erhob deswegen schon im 16. Jahrhundert wiederholt Klagen beim dänischen König.[455] Der dann 1766 fertiggestellte Bütteler Kanal verhinderte dann die Überschwemmung der Niederung um den Kudensee.[456] Gleichzeitig konnte so das Blangenmoor, das bis in die Frühneuzeit die Grenze zwischen Dithmarschen und der Wilstermarsch bildete, trockengelegt werden. Der abgebaute Torf wurde über den Kanal nach Wilster, Glückstadt und Hamburg verschifft. Einen weiteren Entwässerungskanal bildete seit 1707 der zweite Moorgraben (Moorkanal) unterhalb der Böwersten Wehr im Kirchspiel Wilster Alte Seite.[457] Im Kirchspiel Wilster Neue Seite musste hier die Ecklacker Pumpmühle das Wasser in Wettern heben, die ein Düker unter den Auedeich führte. Ferner wurde von Ecklack bis zur Elbe nach umstrittener Vorplanung schließlich 1795/96 der Nortorf-Neuhafener-Kanal fertiggestellt. Bis zum Herbst 1770 war der Schleusenbau des Vierstieghufener Kanals beendet. Im einleitenden Gutachten dazu hieß es, dass *eine gute Abwäßerung der Wilstermarsch das größte Wohl der Einwohner ist.*[458]

In Scheelenkuhlen erfolgte bis 1770 eine Wiederherstellung der früheren Elbschleuse.[459] Die Interessenten schlossen sich hier 1772 zu einem Entwässerungsverband zusammen. Von nun an entwässerte der mittlere Teil des Kirchspiels Wilster und der östliche Teil von St. Margarethen über den Umweg über die Stör in die Elbe.[460] Die Stördeiche hatten 1828/29 eine Höhe von 4,5 m über *ordinairer*, d.h. mittlerer Flut erhalten. Die Kronenbreite betrug 1,75 m, die Böschungsneigungen 1:2.

STURMFLUTEN

Infolge der Eindeichung der Elbmarschen stieg das Mittlere Tidehochwasser stark an. Mussten bei Sturmfluten oder Hochwässern die Siele geschlossen gehalten werden, drohte von innen

Auswirkungen der Weihnachtsflut 1717 in der Wilstermarsch und in Süderdithmarschen.

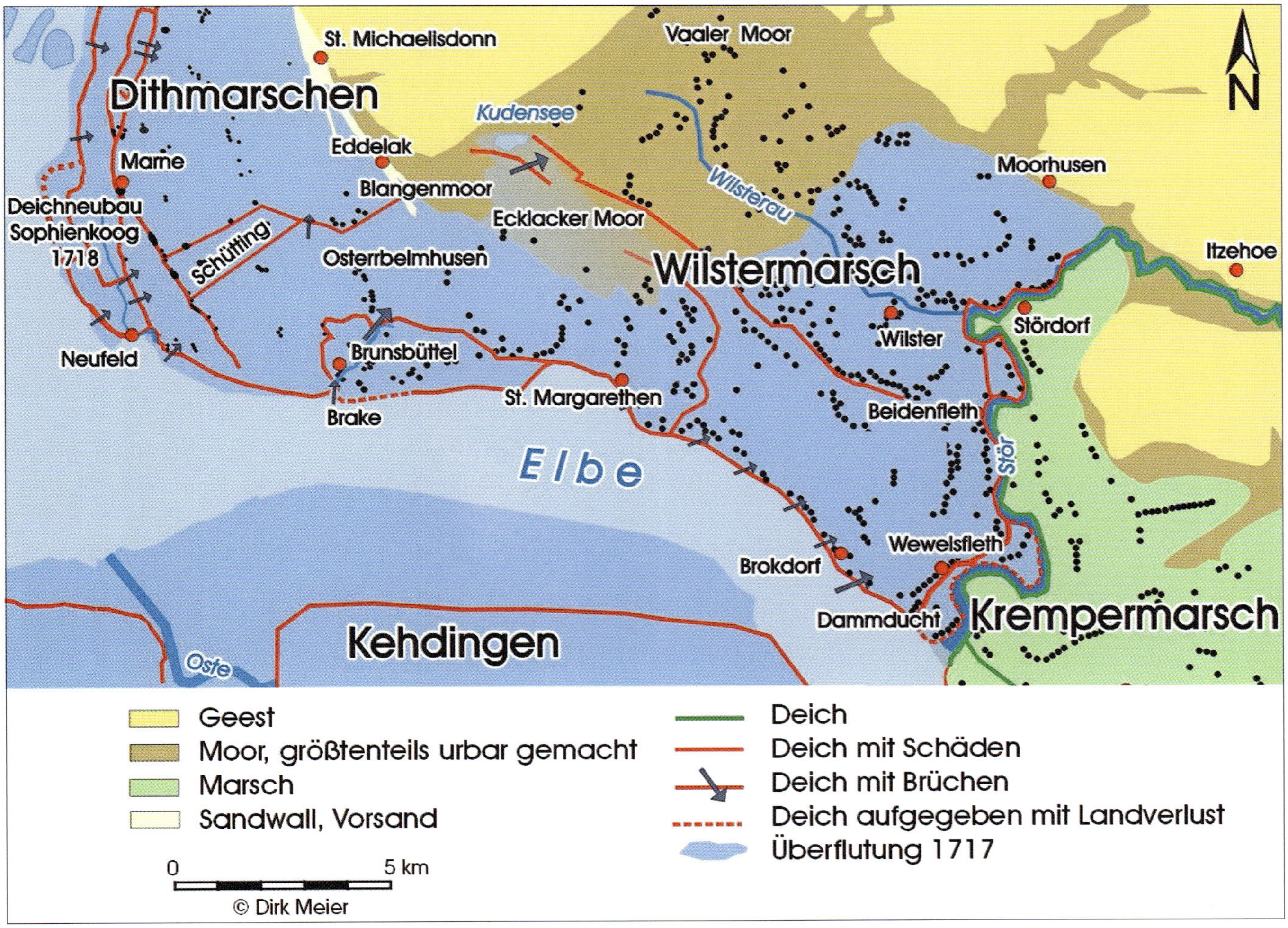

Die nach der Weihnachtsflut 1717 ausgedeichten, auf Warften liegenden Bauernhöfe in der Dammducht bei Wewelsfleth erhielten erst nach 1962 wieder einen Deichschutz. Foto: Dirk Meier

her ein Binnenwasserstau, wenn der Speicherraum der Kanäle und Sielzüge nicht ausreichte. Ferner drangen Hochwässer noch ungehindert in die Nebenflüsse der Unterelbe ein. Die spätmittelalterlichen Sturmfluten führten zu einer Verschiebung des Brackwasser- und Tideeinflusses über die Haseldorfer Marsch hinaus. Da sich zudem der Elbstrom nach Norden verlagerte, brach hier im späten Mittelalter der hohe Uferwall ab, während die Verhältnisse auf der südlichen Flussseite günstiger waren. Aber auch hier verursachten Deichbrüche schwere Schäden, wenn es auch weniger zu Ausdeichungen kam wie an der nördlichen Uferseite der Elbe.[461]

Mit der Stromverlagerung der Elbe setzte in der Wilstermarsch im späten Mittelalter ein Abbruch des hohen Elbufers ein, der sich bei Brunsbüttel in Dithmarschen bis in das 18. Jahrhundert auswirkte. Nachdem sicher schon im 14. Jahrhundert nach Deichbrüchen die Wilstermarsch überschwemmt worden war, zerstörte die schwere Allerheiligenflut vom 1. November 1436 weitgehend den hochmittelalterlichen Elbdeich.[462] Als Folge vereinheitlichte der Spadelandesbrief von 1437 des holsteinischen Grafen Adolf VIII. das Deich- und Entwässerungswesen. Von der Stör war das Wasser 1436 in die Wilsterau vorgedrungen, dessen Abschleusung eine vorrangige Maßnahme bildete. Als Konsequenz plante man Deicherhöhungen sowie neue Sietwenden und Sielzüge. Trotzdem war nach Deichzerstörungen und Abbrüchen des Vorlandes in der Septemberflut von 1491 eine Ausdeichung der Kirchorte Welwelsfleth und Elredefleth erforderlich. Wiederum die Allerheiligenflut vom 1. November 1532 überschwemmte die Wilstermarsch.[463] Ansonsten bedeutete das 16. Jahrhundert eine Phase der Konsolidierung des Deichbaus.

Der nach den spätmittelalterlichen Landverlusten kurz nach 1491 zurückverlegte Elbdeich der Wilstermarsch musste nach 1573 verstärkt werden, da die so entstandene Strombiegung der Elbe zwischen Brokdorf und St. Margarethen einen Vorlandabbruch bedingte. Nur das Vorland am Wewelsflehter Deich sowie der Deichvorsprung bei Scheelenkuhlen verhinderte eine weitere Annäherung der Stromtiefen und ermöglichte bei St. Margarethen zwischen 1573 und 1614 eine Neubedeichung. Während des gesamten 16. Jahrhunderts hielt der Vorlandabbruch vor Wewelsfleth zur Elbe und Stör hin an. Davon war die Ortschaft Dammducht betroffen, deren Warften auf dem Vorland nach der Zurückverlegung des Elbdeiches errichtet worden waren. Auch das Brokdorfer Vorland verringerte sich, wie eine spätere Vermessung von 1602/03 belegt. Nach der Preisgabe des Kirchortes Elredefleth blieb vor dem zurückverlegten Deich nur ein schmaler Streifen des ausgedeichten Landes übrig. Bei der Rückverlegung des Deiches konnte aufgrund des moorigen Untergrundes keine gerade Linie gewählt werden.

Der Deichvorsprung bei Scheelenkuhlen bedurfte eines 1607 bezeugten Bohlwerks, was man von der Altenhafener Schleuse aus um den ganzen Deichvorsprung herum führte.[464] Es ersetzte bis 1618 eine Steindecke (Steinhaupt bzw. Steenhövet).[465] Die schwere Sturmflut vom 11. Oktober 1634 richtete in der Wilstermarsch große Zerstörungen an und machte Reparaturen an den Deichen und Moordeichen erforderlich.[466] Bis zum Herbst 1636 erfolgten eine Erhöhung der Elbdeiche um etwa 0,58 m und eine Verbreiterung der Krone um 2,9 m im. Die beiden Köge bei St. Margarethen wurden in einem verkleinerten Zustand wieder bedeicht. Bei Hollerwettern schützten Steine den Elbdeich bis zur Mittleren Flut. Ferner errichtete man Pfahlbuhnen als weiteren Schutz.

Die stetige Gefährdung des Elbdeiches zwischen Büttel und Wewelsfleth ist eine Folge der Stromverlagerung des Flusses. Deshalb besserte man nach 1674 den Steindeich aus und verstärkte auch den übrigen Elbdeiche der Wilstermarsch. Trotzdem wiesen sich diese der Weihnachtsflut 1717 nicht gewachsen, die die Wassermassen in die Elbe und von dort in ihre Nebenflüsse drückte. Der Elbdeich zwischen St. Margarethen und Wewelsfleth brach mehrfach.[467] Auch nach Abklingen der Sturmflut strömte die tägliche Flut in die tief liegende Wilstermarsch. Bei Brokdorf war das Wasser mit solcher Gewalt über den Elbdeich gestürzt, dass es die Steine der dortigen Decke auf die Deichbinnenböschung warf.[468] Das Wasser zerstörte zudem die Stöpen und überschwemmte die Kirchspiele Brokdorf und Wewelsfleth. Da man an der Störmündung den Deich zurücknehmen musste, blieben Warften nun im Vorland. Ebenfalls war der Stördeich an vielen Stellen durchbrochen. Allein zwischen Wewelsfleth und Beidenfleth befanden sich 22 Deichbrüche, darunter vier Grundbrüche mit Tiefen von 5,8 bis 7 m. Durch einen weiteren Grundbruch bei Stördorf stieß das Wasser nach Bischof und von dort über den Steindamm nach Hackeboe, Neuendorf und Moorhusen

Steindeich, Kirchspiel Brokdorf, und verstärkter Elbdeich der Wilstermarsch.

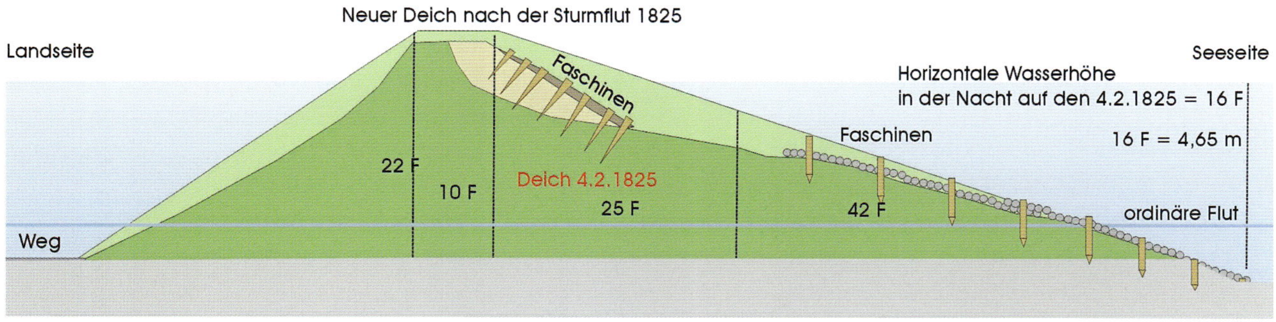

Elb Steindeich, Kirchspiel Brokdorf. Umzeichnung nach dem Aufmaß von H. Ruß, Juni 1825.

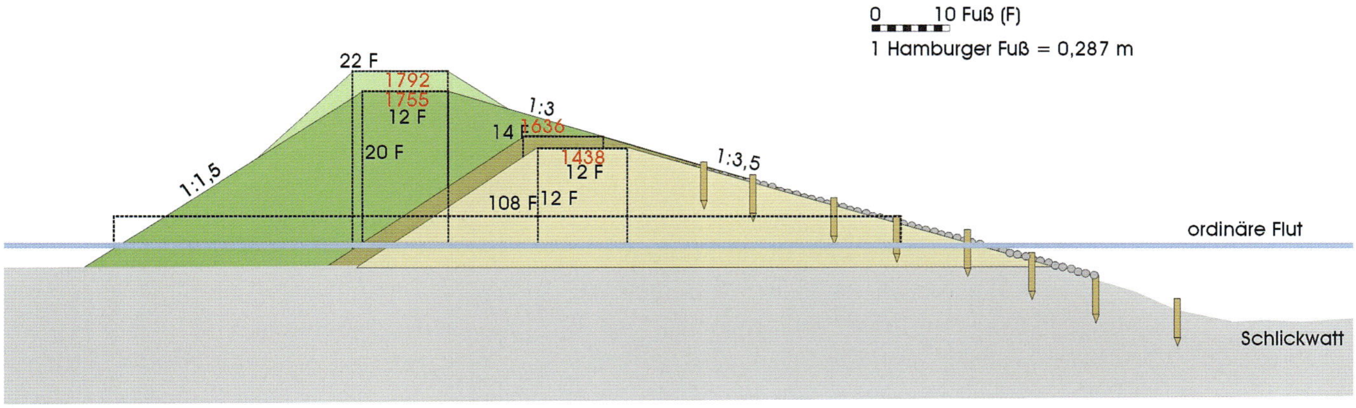

Querschnitt des verstärkten Elbdeiches der Wilsternarsch 1792

Blick vom Störsperrwerk auf die Elbe. Foto: Dirk Meier

vor. Diese Überschwemmung im Gebiet nördlich der Wilsterau dauerte bis zum Sommer 1718.

Zu den weiteren Schadensfluten des 18. Jahrhunderts gehört die von 1751.[469] Ursache war die zu geringe Deichhöhe von 4,05 m. Am Abend des 11. September wurde *bei einem nicht sehr heftigen Sturme aus Nordwesten* der Elbdeich überströmt. In der Wilstermarsch war der Elbdeich von St. Margarethen bis Wewelsfleth bis auf wenige Stellen zerstört. Bei Brokdorf brach das Wasser durch einen Grundbruch. Die fünf Kirchspiele der Wilstermarsch wurden mit Ausnahme von Wilster Alte Seite vollständig überschwemmt, sodass nur ein Verkehr mit Booten möglich war.

Danach wurde der Elbdeich 1792 auf 22 Fuß (6,38 m) über *ordinäre Flut* (gewöhnliche Flut) gebracht und erhielt eine Steindecke am Fuß, da hier 1780 das Vorland zwischen St. Margarethen und Brokdorf weitgehend abgebrochen war.[470] Daher hielt dieser der Sturmflut von 1825 trotz erheblicher Beschädigungen stand. Die Schäden zeigt ein Planquerschnitt des Brokdorfer Deiches von Juni 1825.[471] An dieser Stelle hatte sich infolge der überschlagenden Wellen die bestickmäßige Höhe von 22 Fuß (ca. 6,4 m) über *ordinärer Flut* um 0,29 m vermindert. Ferner war auf der Binnenseite ein größerer Erdverlust entstanden. Solche Schäden erhielten eine Notverstärkung, indem man Boden auf die Außenböschung aufbrachte und mit Faschinen befestigte.[472]Das Sturmhochwasser drang 1825 von der Elbe wiederum in die Stör vor und führte hier zu Deichschäden. Vom großen, bis 5,4 m tiefen Grundbruch am Stördeich drang das Wasser in die Kirchspiele Beidenfleth, Wewelsfleth und Wilster Neue Seite vor. Nur das hohe Vorland zwischen der Stör und den Grundbrüchen bot noch einen Schutz gegen weitere Überschwemmungen. In Wewelsfleth wurden auf dem zu niedrigen Stördeich sechs Häuser weggerissen.[473]

Nach den umfassenden Maßnahmen zur Erhöhung der Elbdeiche und des Uferschutzbaus im 19. Jahrhundert war – auch als Folge der beiden Weltkriege und der Wirtschaftskrise – in der ersten Hälfte des 20. Jahrhunderts nur wenig für den Küstenschutz an der Elbe getan worden. Neben der Neuordnung des Deichverbandswesen hielt zunehmend moderne Technik Einzug in den Deich- und Buhnenbau.[474]

Der schwere Orkan vom 16./17. Februar 1962 traf auch die Unterelbe. Die höchsten Sturmflutwasserstände wurden am Pegel Schulau mit etwa NN +5 m und in Hamburg-St. Pauli mit NN +5,70 und in Hamburg-Neuenfelde mit NN +5,98 registriert.[475] Die Ebbdauer vor der Sturmfluttide verkürzte sich in Hamburg um rund 2¼ Stunden und in Cuxhaven um 2½ Stunden. Der Wellenauflauf überschritt vielerorts die bekannten Höchstwerte. Hoher Wasserstand, starke Brandung, hoher Wellenauflauf und Wellenüberschlag gefährdeten alle Deiche. Anders als in Hamburg verliefen die Schäden in den holsteinischen Elbmarschen glimpflich. Hier drang das Hochwasser in die noch nicht durch Sperrwerke geschützten Nebenflüsse vor und gefährdete die schwachen Deiche. Im Einzugsgebiet der Stör brachen die Deiche bei Heiligenstedten und Münsterdorf auf einer Länge von 60 m, sodass weite Teile des Hinterlandes überflutet wurden. So gerieten niedrige Teile von Itzehoe, die Bundesstraße 5 und das Alsen Zementwerk unter Wasser.[476] Die Schäden an Gebäuden, öffentlichen Straßen und auch an Bahngleisen waren vergleichbar mit denjenigen in Hamburg. Infolge des Hochwasserstaus, der Windrichtung und der Orkanstärke konnte das Hochwasser nicht ablaufen. Zudem verstärkte das in Richtung Elbe fließende Wasser aus den Flüssen den Rückstau des Wassers.

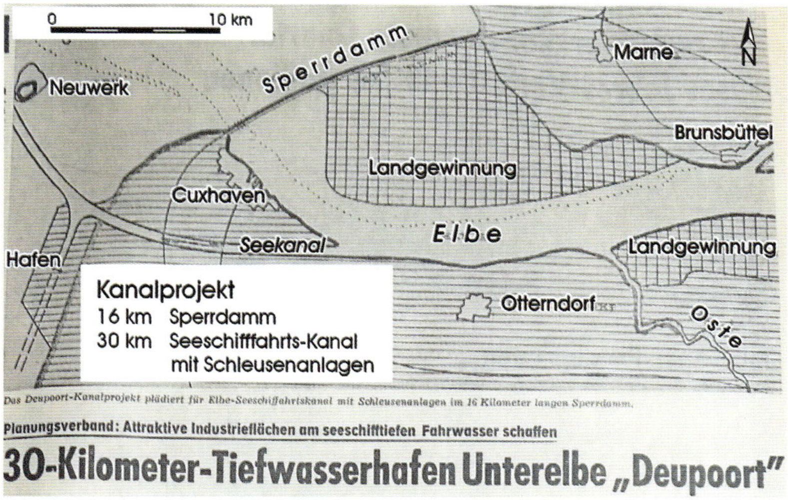

Das Deupoort-Kanalprojekt plädiert für Elbe-Seeschiffahrtskanal mit Schleusenanlagen im 16 Kilometer langen Sperrdamm.

Planungsverband: Attraktive Industrieflächen am seeschifftiefen Fahrwasser schaffen

30-Kilometer-Tiefwasserhafen Unterelbe „Deupoort"

Nach 1962 wurden die Deiche verstärkt und die Nebenflüsse erhielten an der Unterelbe Sperrwerke. Entlang der holsteinischen Elbmarschen verkürzten Vordeichungen (Störsperrwerk, Abdämmung Pinnau-Krückau, Vordeichung Glückstadt Nord, Vordeichung Wesel-Haseldorf) den Elbdeich. Der neue Deich am 1975 fertiggestellten Störsperrwerk hat eine Kronenhöhe von NN +8 m. Den Deichfuß schützt ein schweres Deckwerk. Diese Maßnahmen bewährten sich in der Orkanflut von Januar 1976. Während dieser lag am Pegel Hamburg-St. Pauli mit NN +6,45 m der Scheitelwasserstand um 17.10 Uhr 75 cm höher als 1962.[477] Der noch nicht ausgebaute Elbdeich von St. Margarethen, Glückstadt und Bielenberg wies

Plan zur Elbeabdämmung und zu einem Tiefwasserhafen 1974. Artikel in der Dithmarscher Landeszeitung vom 14. Mai 1974.

30 km Tiefwasserhafen Deupoort nach der Planung. Kartengrundlage: Topographic-map.com mit Ergänzungen

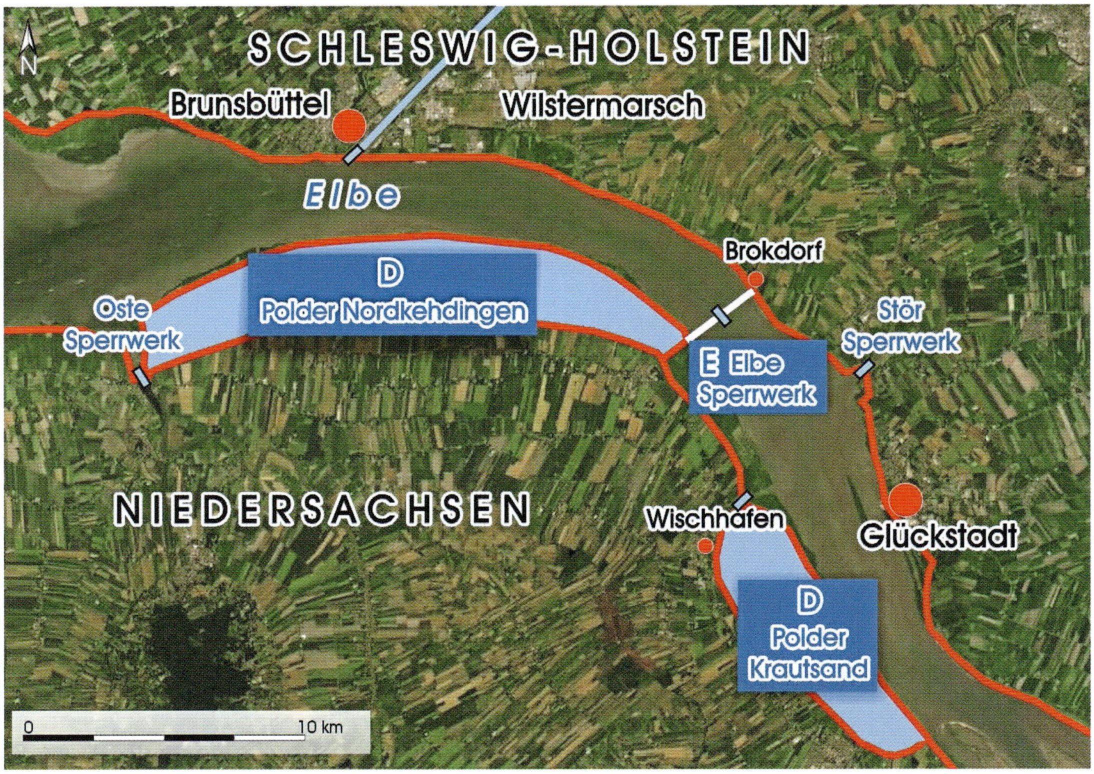

Elbe: Sperrwerksvorschlag (E) und Entlastungspolder (D) 1989. Die anderen Hochwasserschutzanlagenkonzepte waren für Hamburg. Kartengrundlage: Topographic-map.com mit Ergänzungen

starke Schäden auf. Nach der Überströmung des Elbdeiches der Haseldorfer Marsch stand das Land mehrerer Gemeinden unter Wasser.[478] Die Bestickhöhe der holsteinischen Elbdeiche ist seit 1986 zwischen NN +8 und +8,40 m festgesetzt.

Bis heute können jedoch Sturmfluten ungehindert in die Elbe eindringen, während das Rhein-Maas-Schelde Ästuar Dämme, künstliche Dünen, Sperrwerke sowie durch das variabel verschließbare *Maeslantkering*, das seit 1997 den Schiffsverkehr nach Rotterdam ermöglicht, abgeschlossen ist. Gleiches gilt seit 1984 für das offene Sperrwerk (Thames Barrier) an der Themse. Gleichwohl gab es verschiedene Pläne zur Abdämmung der Elbe. Bereits am 14. Mai 1974 hatte die „Dithmarscher Landeszeitung" im Artikel „30-km Tiefwasserhafen Unterelbe \`Deuport´" darüber berichtet. Diese basierten teilweise auf Vorschlägen des Planungsverbandes Norddeutscher Wirtschaftsförderung aus Mitte der 1960er Jahre, der diese nun erneuerte. Zusammen mit einem Elbesperrdamm im 16 km breiten Elbeästuar zwischen Marne und Cuxhaven sollte der Tiefwasserhafen „Deupoort" entstehen. Im Bereich des Hauptstromes hätten Sperrwerke einen Wasseraustausch ermöglicht. Über den Damm hätten eine Autobahn und eine Eisenbahn geführt. Südlich von Cuxhaven plante man, einen Seeschifffahrtskanal bogenförmig durch das Wattengebiet westlich von Neuwerk zu bauen, der bei Scharhörn in die 22 m tiefe Elbe gemündet wäre. Südlich von Cuxhaven hätte dieser zwei Nonstopschleusen und vier Kammerschleusen erhalten. Nach drei Jahren Planung ging man von einer Realisierung von acht Jahren aus. Bei Deupoort sah man 24.000 ha Industriefläche vor. Dieses gigantische Vorhaben blieb in der Schublade der Konstrukteure.

Auch die vom Hamburger Senat 1989 ins Leben gerufene „Unabhängige Kommission Sturmfluten" beschäftigte sich mit einer Abdämmung der Elbe. Zunächst sollte eine gleiche Sturmflutsicherheit in Hamburg und Schleswig-Holstein hergestellt werden. Der langfristige Bemessungswert für Hamburg wurde mit einer Höhe von NN +8,5 für die Hochwasserschutzanlagen konstruiert. Neben einem besseren Schutz für die durch Hochwasser gefährdeten Flächen Hamburgs (Varianten A–C) beinhaltete Variante D Deicherhöhungen an der Unterelbe und Entlastungspolder mit beweglichen Wehren auf der niedersächsischen und schleswig-holsteinischen Seite. Beim Rückbau von Deichen im Unterelbegebiet wies das Gutachten auf die Bedeutung einer Kooperation zwischen Betroffenen sowie Küsten- und Naturschutz hin. Am nachhaltigsten für die Unterelbe wäre ein 400 m langes Sperrwerk (E) mit 25 Durchlässen einer Breite von 60 m gewesen. Da die offene Verbindung des Hamburger Hafens mit der Nordsee von ausschlaggebender Bedeutung ist, blieb es bei einer Anpassung des Hochwasserschutzes in Hamburg.[479]

Auch in Zukunft ist Küstenschutz an der Unterelbe wichtig, denn aufgrund des Abbruchs des alten Elbuferwalles im späten Mittelalter steht der heutige Elbdeich größtenteils auf einem urbar gemachten Moor. Der Untergrund ist nicht tragfähig, die dahinter liegenden urbar gemachten Sietländer sacken immer tiefer.

HOCHWASSERSCHUTZ-MANAGEMENT

Die schleswig-holsteinische Flussgebietseinheit (FGE) der Elbe besitzt eine Fläche von etwa 5.700 km^2 und ein Küstengebiet von 1.378 km^2. Davon wurden in den letzten Jahren ein auf 2.360 km reduziertes Gewässernetz auf ein potenziell signifikantes Hochwasserrisiko untersucht. Die FGE Elbe Nord verläuft von der Grenze der FGE Eider bis zum Nord-Ostsee-Kanal und die FGE Elbe Süd von hier bis Hamburg.

Die Gewässersohle der Elbe zwischen Hamburg und Cuxhaven gliedert sich in einen rinnenförmigen Bereich zwischen Hamburg und der Störmündung mit seitlichen Flusswatten und einer Tiefenerosion, einen morphologisch stabilen Übergangsbereich zwischen der Störmündung und der Balje und einem trichterförmigen Ästuar zwischen Balje und Cuxhaven mit Erosionsprozessen.[480] Die Hydrologie der Tideelbe bestimmen maßgeblich die von der Nordsee einschwingende Tidewelle sowie die Zuflüsse von Oberwasser der Elbe und ihrer Nebenflüsse. Auch der Wind beeinflusst Wasserstand und Strömung. Die Tidewelle durchfließt zweimal täglich das Ästuar und die Unterelbe. Der mittlere Tidenhub in Cuxhaven liegt etwas unter 3 m und nimmt in Hamburg-St. Pauli auf etwa 3,5 m zu. Vor 150 Jahren lag dieser noch in Cuxhaven bei etwa 2,8 m und in Hamburg unter 1,8 m. Die Tidedynamik ist dabei in Hamburg größer als im Ästuar.[481]

Höhe und Dauer der Strömungsgeschwindigkeiten bestimmen die Sedimentverteilung. Infolge lokaler Strömung sowie natürlicher und anthropogen bedingter Umlagerungen wechseln unterschiedliche Sedimente kleinräumig. In der Fahrrinne der Elbe lagern sich meist Mittelsande und an den Seiten überwiegend Feinsande ab. In strömungsruhigeren Hafenbecken, Nebenflüssen und Watten sind Schlicke und Sande mit Schlickanteilen verbreitet. Die Fahrrinne der Unterelbe weist eine Breite von 400 bis 500 m auf. Für die Erreichbarkeit des Hamburger Hafens war mit den zunehmenden Schiffsgrößen das flache Wasser der Elbe sowie deren partielle Versandung seit der Frühneuzeit ein zunehmendes Problem. Gegen die Verschlickung erfolgten bereits seit dem 15. Jahrhundert erste Ausbaggerungen im Hafenbereich. Im 19. Jahrhundert diente ein Rückbau der Nebenarme der Elbe auch der Stärkung des Hauptstroms als Schifffahrtsweg. Infolge von sieben Ausbaggerungen nahm die mittlere Wassertiefe in der Fahrrinne zwischen 1860 und 1978 von 4,5 auf 13,5 m zu. Eine weitere Fahrrinnenanpassung bis 2001 erlaubt die Ausfahrt von Containerschiffen bis 13,8 m Tiefgang in einem Zeitfenster von 2 Stunden aus dem Hamburger Hafen.[482]

Die neueren Fahrinnenanpassungen bis unterhalb anstehender erosionsstabiler Kleilagen legten darunter liegenden Sande frei und führte zu einem großräumigen Sandtransport in der Unterelbe. Die Ausbaugegner der letzten Fahrrinnenanpassung von 2008 befürchten zu Recht eine Erhöhung der Wasserstände und der Strömungsgeschwindigkeit, die den Elbdeich und die anschließenden Marschen gefährden. Während der Wasserspiegel weltweit im 20. Jahrhundert um 18 cm anstieg, wurden in Hamburg St. Pauli 56 cm gemessen.[483] Sog- und Wellenschlag immer größerer Containerfrachter und Kreuzfahrtschiffe gefährden Ufer, kleine Häfen, Deiche und Siele. Da die Fahrrinnenanpassung der Elbe zu Umweltbeeinträchti-

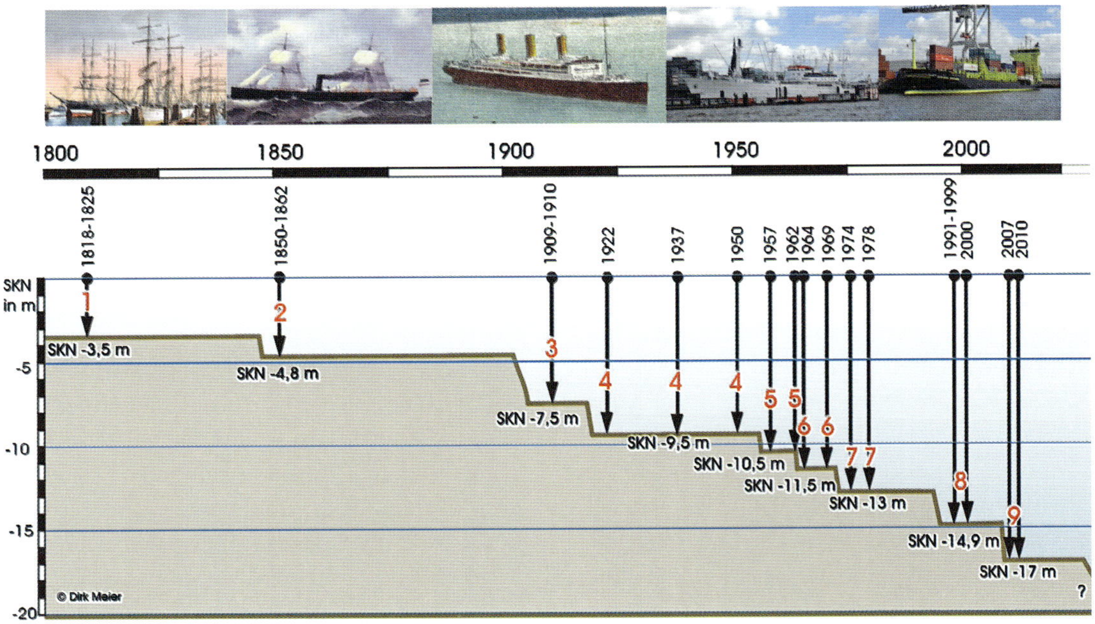

Elbvertiefungen seit 1800.

gungen führt, erfolgen seit 2020 zum Ausgleich im Flusseinzugsgebiet (FSG) der Stör ökologische Verbesserungen südlich von Hodorf. Hier stehen durch Deichöffnungen in den Sommerdeichen mehr Landflächen für den Tideeinfluss zur Verfügung, damit sich naturnahe Priele und Watten mit Schilf in den Uferbereichen entwickeln. Oberhalb des MThw soll artenreiches Grünland nahrungsreiche Rast- und Brutgebiete für Vögel bilden. Dabei hat man jenseits des Hohenflether Deiches den Sommerdeich geöffnet, sodass eine Fläche von 5,8 ha dem Tideeinfluss unterliegt. Eine Vertiefung und Verbreiterung von Gräben und Grüppen dient der Entwicklung von Prielen. An deren Rändern ebenso wie auf den Grüppenkuppen erfolgt eine Ansaat von Schierlings-Wasserfenchel. Dem Schutz angrenzender Flächen dient ein neuer Sommerdeich. Am vorhandenen Deichfußgraben wurde das Gelände aufgehöht.

Deiche und Sperrwerke verringerten bis heute die Vordeichfläche und den Flutraum der Tideelbe um etwa 209 km². Infolgedessen verzeichnen die verbliebenen Vorlandflächen gesteigerte Sedimentationsraten von bis zu 2 cm im Jahr. Weitere Ausbauten der Unterelbe im 20. Jahrhundert führten aufgrund verminderter Dämpfungen zu einem Vordringen der Tidewelle stromaufwärts. So werden mit jeder Tide Sedimente, die sich sonst in den Marschvorländern abgesetzt hätten, weiter in den Hamburger Hafen verfrachtet. Zum Schutz der Ufer und zur Verlaufskontrolle des Stroms hat man Buhnenfelder errichtet, seit 2008 werden zudem 15 Prozent der Tideelbe zwischen Hamburg und der Nordsee durch Uferverbau und Steindeckwerke gesichert.

Vor allem aufgrund der menschlichen Eingriffe haben sich in den vergangenen Jahrzehnten Mittleres Tidehochwasser (MThw) und Niedrigwasser (MTnw) verändert. So ist das MThw am Pegel St. Paulig um ca. 18 cm im Jahr gestiegen und das MTnw stark gefallen. Besonders Westwinde drücken Sturmfluten in das nach Nordwesten exponierte Ästuar. Der bisher höchste Wasserstand trat mit einer Höhe von NN +5,11 m während der Sturmflut am 3. Januar 1976 in Cuxhaven ein.[484] In St. Pauli übertraf der Wasserstand mit NN +6,45 m den der Sturmflut von 1962. Der Statistik nach besitzt ein Sturmflutwasserstand von NN +5,35 m in Cuxhaven eine jährliche Wahrscheinlichkeit von 0,01 bei einem Wiederkehrintervall von 100 Jahren.

Im oberen Bereich der Tideelbe sind Ebb- und Ebbstromdauer größer als Flut- und Flutstromdauer. Dabei variiert das Verhältnis zwischen maximaler Flutstromgeschwindigkeit und maximaler Ebbstromgeschwindigkeit sehr stark. In der Hauptinne der Elbe treten zwischen 70 und 100 cm in der Sekunde die höchsten Werte auf, können aber bis 200 cm erreichen. Neben Strömungsgeschwindigkeit, Gezeiten und Sturmflutwasserständen wirkt sich der Seegang auf die Ufer der Unterelbe aus. Diesen beeinflussen Wechselwirkungen zwischen Wassertiefe, lokalem Wind, Topographie sowie Hafen- und Uferbaumaßnahmen.

Ohne funktionierenden Hochwasserschutz sind die teilweise unter NN liegenden Elbmarschen mit fast 122.000 Menschen und Bruttowertschöpfungen von 14,9 Mrd. € (Stand 1990er Jahre) gefährdet. Die Tideelbe zwischen Friedrichskoog Spitze in Dithmarschen und Wedel schützt ein 99,7 km langer Landesschutzdeich, den die Schleusen des Nord-Ostsee-Kanals sowie die Sperrwerke von Stör, Pinnau und Krückau unterbrechen. Mit einer Höhe zwischen NN +7,9 und +8,8 m weist dieser einen sehr hohen Schutzstandard auf. Der Landesschutzdeich mit den Sperrwerken wurde nach der schweren Sturmflut von 1962 geplant und Anfang der 1970er Jahre gebaut. Dadurch rückten die ehemaligen Seedeiche an Stör, Pinnau und Krückau in die zweite Linie. Diese haben insgesamt eine Länge von 230,4 km. Sie dienen dazu, nach einem Bruch des Landesschutzdeiches die Auswirkungen der

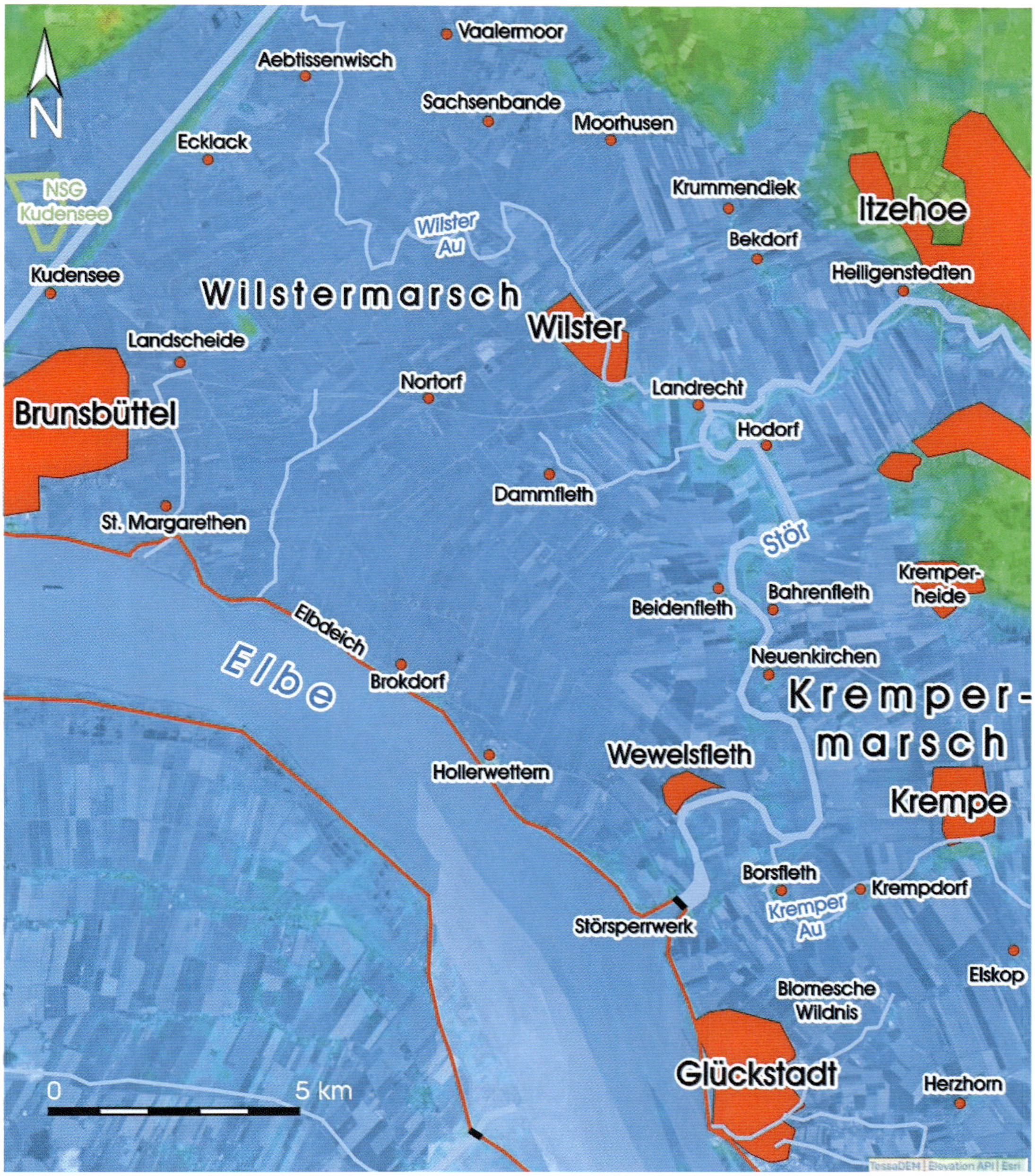

Wilster- und Krempermarsch. Die blauen tiefen Flächen zeigen das potenzielle Überflutungsgebiet an. Kartengrundlage: Topographic-map.com mit Ergänzungen

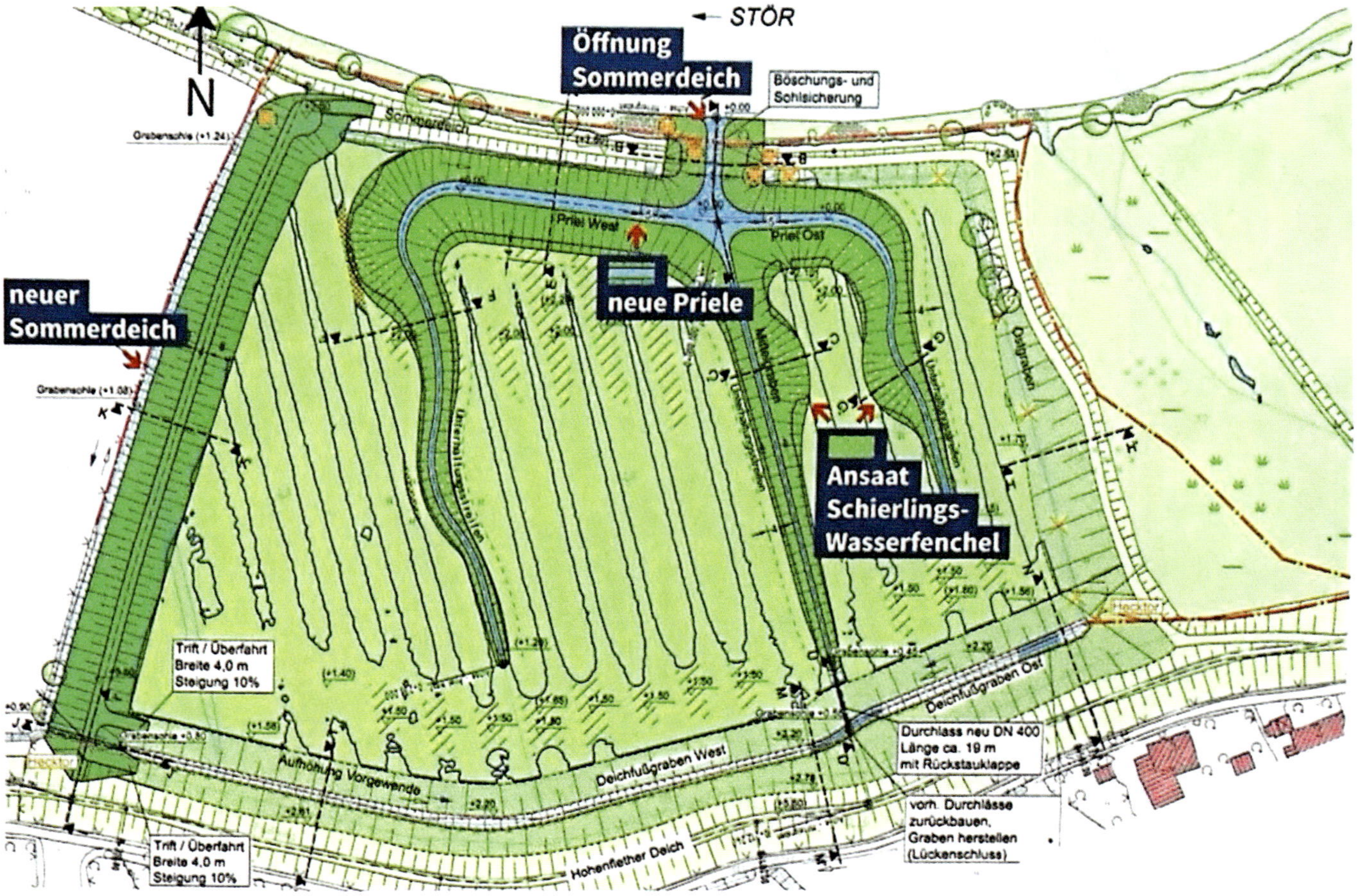

Ein Hinweisschild des WSV informiert über den ökologischen Ausgleich an der Stör bei Bahrenfleth. Foto: Dirk Meier

Überflutungen zu begrenzen.[485] Hohe Außenwasserstände und Tideniedrigwasserstände über mehrere Tiden, Sturmfluten, Binnenhochwasser kombiniert mit hohem Außenwasserstand oder Sturmflut bilden die hauptsächlichen Gefahren. In der Flussgebietseinheit der Elbe wurden daher zwischen 1975 und 1985 fünf Überschwemmungsgebiete festgelegt (ÜSG Stör, Pinnau, Krückau, Alster, Bille). Daneben bilden die Räume zwischen oberirdischen Gewässern und Binnendeichen oder anderen Hochwasserschutzanlagen Überschwemmungsgebiete im Rahmen des Wasserrechts.

Das Gebiet der Unterelbe kennzeichnen hohe Niederschläge, milde Seeluft und hohe Windgeschwindigkeiten. Bereits heute treten im Bereich der Deutschen Bucht an etwa 180 Tagen und an den Küsten (Cuxhaven) von 90 Tagen Windstärken von 6 und höher auf.[486] Dabei herrschen Westwinde vor. So muss sich die Wasserwirtschaft auf die möglichen Folgen des Klimawandels einstellen. Bereits im Strategiepapier der Bund/Länder-Arbeitsgemeinschaft Wasser (LAWA) zum Klimawandel von 2007 wurden für Fließgewässer als Auswirkungen Trockenfallen, Verdunstung und Änderung der Temperatur prognostiziert. Das Potsdamer Institut für Klimafolgenforschung hielt allerdings 2005 die Änderungen für Norddeutschland im Verhältnis zu anderen Regionen noch für gering. Als Auswirkungen des globalen Wandels auf Wasser, Umwelt und Gesellschaft im Elbegebiet (GLOWA) von 2009 berechnete das Institut den Temperaturanstieg für den Elbebereich auf 2,1 Grad Celsius bis 2055.[487] Danach werden Fließgewässer mit kleinerem Einzugsgebiet im Sommer häufiger trockenfallen und vermehrte Starkregenereignisse zu Belastungen führen. Steigende Temperaturen haben höhere Mittelwasserstände zur Folge und Extremwinde verursachen Windstau. Nach dem Forschungszentrum des Helmholtz-Zentrum Hereon in Geesthacht könnten das Sturmhochwasser in Geesthacht (mittlerer Meeresspiegelanstieg + Windstau) um 0,3 bis 1,1 m höher auflaufen.[488]

Zu jüngeren signifikanten Hochwasserereignissen im Unterelbegebiet gehören die von Januar 1995, Oktober 1998, Februar 2002 und Juli 2002. Diese unterscheiden sich hinsichtlich ihrer Größe und räumlichen Auswirkungen. Das Ereignis von Februar 2002 ist mit seinen Hochwasserabflüssen an Bille, Pinnau, der mittleren und oberen Stör und in Teilen des Nord-Ostsee-Kanals mit seinen Zuflüssen von Gieselau/Westerau an der Hälfte aller Pegel der Unterelbe mit einer Jährlichkeit von 100 Jahren das stärkste. Während die Hochwässer von Februar und Juli 2002 in der FGE der Elbe weit größer waren als sonst in Schleswig-Holstein, liegen die von 1995 und 1998 im Landesdurchschnitt.

Der Unterelbebereich in Schleswig-Holstein untergliedert sich seit 2008 in verschiedene Planungsgebiete zum Hochwasserschutz. Nach der Bewertung des Hochwasserrisikos für das schleswig-holsteinische Gewässernetz der Unterelbe weisen Gewässerabschnitte mit einer Gesamtlänge von rund 405,5 km ein potenziell signifikantes Hochwasserrisiko auf. Dies gilt vor allem für Alster, Bille, Krückau bis hinter Elmshorn, Pinnau und die Stör. Mit 83 km ist die Stör der wichtigste Nebenfluss der Elbe in Schleswig-Holstein, in den Schwale, Bünzau, Bramau und Bekau fließen. Der Fluss erreicht Sohlbreiten von 0,5 m nahe der Quelle bei Willingrade, 10 m bei Kellinghusen bis zu 150 m an seiner Mündung. Bis Kellinghusen beeinflusst die Nordseetide die Stör.[489] Als Hochwasserrisikogebiet gelten fast der ganze tidebeeinflusste Unterlauf der Stör bis Kellinghusen sowie ihre Zuflüsse Wilsterau, Bramau, Bekau und Kremperau. Auch der Abschnitt der Stör in Neumünster ist mit der Schwale entsprechend bewertet.[490] Auch alle Marschen im Einflussbereich der Tideelbe sind als potenzielle Überflutungsrisikogebiete eingestuft. Wie für die Flussgebietseinheit (FGE) Eider Süd wird auch für die Elbe Nord ein Wasserstand von NN +650 cm zum Problem. Hinter Kellinghusen erstreckt sich das Hochwasserrisikogebiet am weitesten in das Binnenland und von dort nach Westen Richtung Horst. An der Krückau reicht dieses Gebiet bis hinter Elmshorn. Ansonsten gehören auch teilweise das Gebiet der FGE Pinnau und die Eider-Treene-Niederung dazu.

Heutiger Elbdeich der Wilstermarsch bei Dammducht. Foto: Dirk Meier

BONGSIELER KANAL

Generell gliedert sich die Geologie zwischen Husum, Bredstedt, Engesande und Leck in ein Randmoorgebiet sowie in einen Verzahnungsbereich von Mooren und Sedimenten. Den flach abfallenden nordfriesischen Geestrand erreichte die Nordsee um die Mitte des 5. Jahrtausends v. Chr. Mit der Verlangsamung des holozänen Meeresspiegelanstiegs bildete sich bei Bongsiel über tonigen, marinen Ablagerungen um 2.526 v. Chr. ein Moor in einer Höhenlage von NN -3,33 bis -3,2 m.[491] Das damalige Mittlere Tidehochwasser dürfte mit NN -3,25 m an der damaligen Oberfläche gelegen haben. Um etwa 2.250±85 v. Chr. findet sich hier ein Ried mit hohen Farnspornanteilen. Nach einer erneuten marinen Phase bildete sich ein Hochmoor, das erst infolge der Zweiten Marcellusflut von 1362 unter Meereseinfluss geriet. Auf Sedimenten wuchs eine junge Marsch auf, die seit dem 15. Jahrhundert Möglichkeiten für Köge bot. Zudem wurden Halligen wie Ockholm, Fahretoft oder Dagebüll an das Festland angedeicht und die Dagebüller Bucht mit mehreren Kögen nach einer Unterbrechung infolge der Burchardiflut 1634 geschlossen. Die neuen Deiche brachen jedoch in der Weihnachtsflut von 1717, in der der 1651 eingedeichte Maasbüller Koog überschwemmt wurde.[492]

In der schweren Februarflut von 1825 hielt zwar an der nordfriesischen Festlandsküste der Seedeich, doch erforderte die langanhaltende Überschwemmung infolge Binnenwasserstaus im Winter 1824/25 eine Lösung der Entwässerung, insbesondere die schadlose Ableitung der Zuflüsse von Lecker und Soholmer Au.[493] Dies war jedoch erst nach Reparaturen an den Deichen möglich. Den ersten Entwurf zur Neuregelung der Entwässerung erstellte 1842 Deichgraf Nissen vom I. Deichband, den die meisten Interessenten der Bongsieler Wasserlösungs-

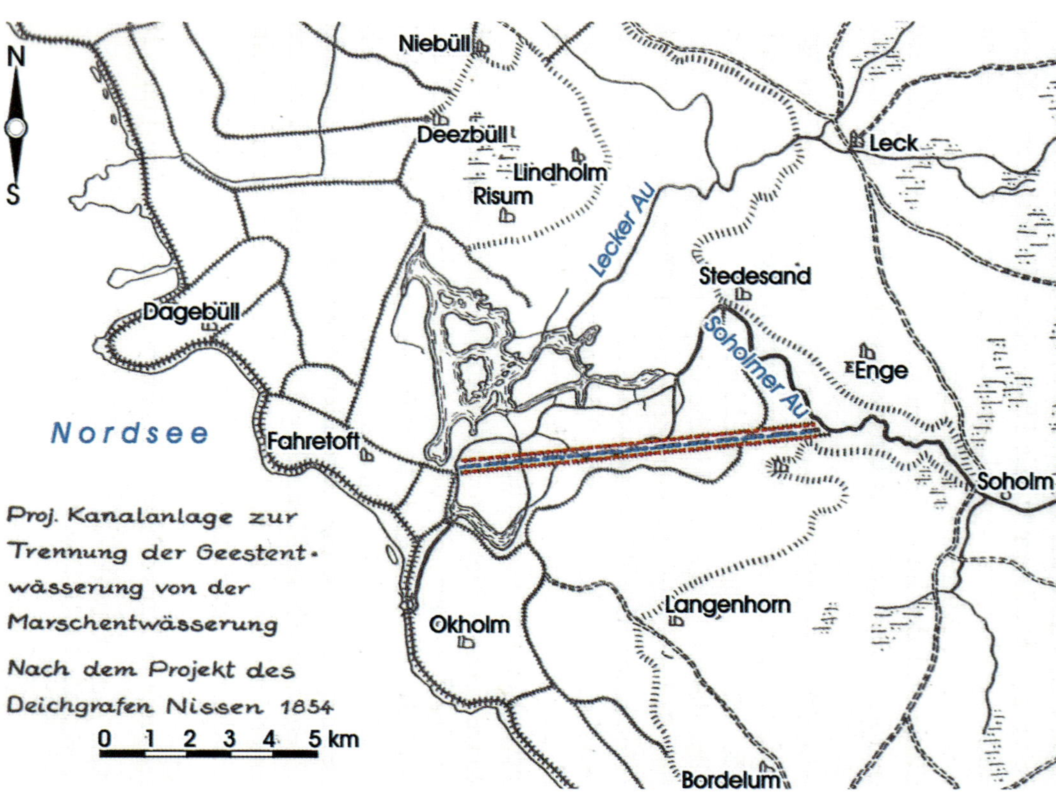

Projektierte Kanalanlage zur Trennung der Geest- und Marschentwässserung nach dem Projekt des Deichgrafen Nissen 1854 (Ausschnitt). Quelle: Fischer 1955, 327 Abb. 43 mit Ergänzungen

kommüne ablehnten, da die bisherige Entwässerung *keinen Anlaß zu Klagen* gäbe. Den weiterverfolgten Plan prüfte Deichinspektor Petersen auf Pellworm. In seinem Gutachten vom Oktober 1843 befürwortete er die Lösung von Nissen mit einigen Ergänzungen. Nach seinen Ermittlungen betrug *das Verhältnis zwischen Marsch und Geest oder zwischen eigenem und fremdem Wasser 1:6*, woraus sich die Schwierigkeiten für diesen Entwässerungsdistrikt ergäben und dem so in der Regenzeit von Juni 1843 ein Schaden von 25.000 bis 30.000 dänischen Reichstalern entstanden wäre.

Der Plan sah vor, die Soholmer Au von ihrem Eintritt in die Marsch durch einen zu beiden Seiten bedeichten Kanal bis an die Schleusen zu führen, wo ihr Wasserspiegel durch eine verminderte Fallhöhe auf einer Strecke um 1,26 m über dem gewöhnlichen Wasserspiegel der Binnenentwässerung liegen sollte. Dadurch ließen sich die Schleusentore früher öffnen, *die relativen Ebbzeiten verlängern und die Abflußmengen ansehnlich vermehren*. So würde die Soholmer Au *selbst zur Zeit der größten Anschwellung in ein paar Tagen sich des überschüssigen Wassers entledigen* können. Wenn der Wasserstand im Kanal

Auswirkungen der Februarflut von 1825 zwischen Ockholm und Dagebüll.

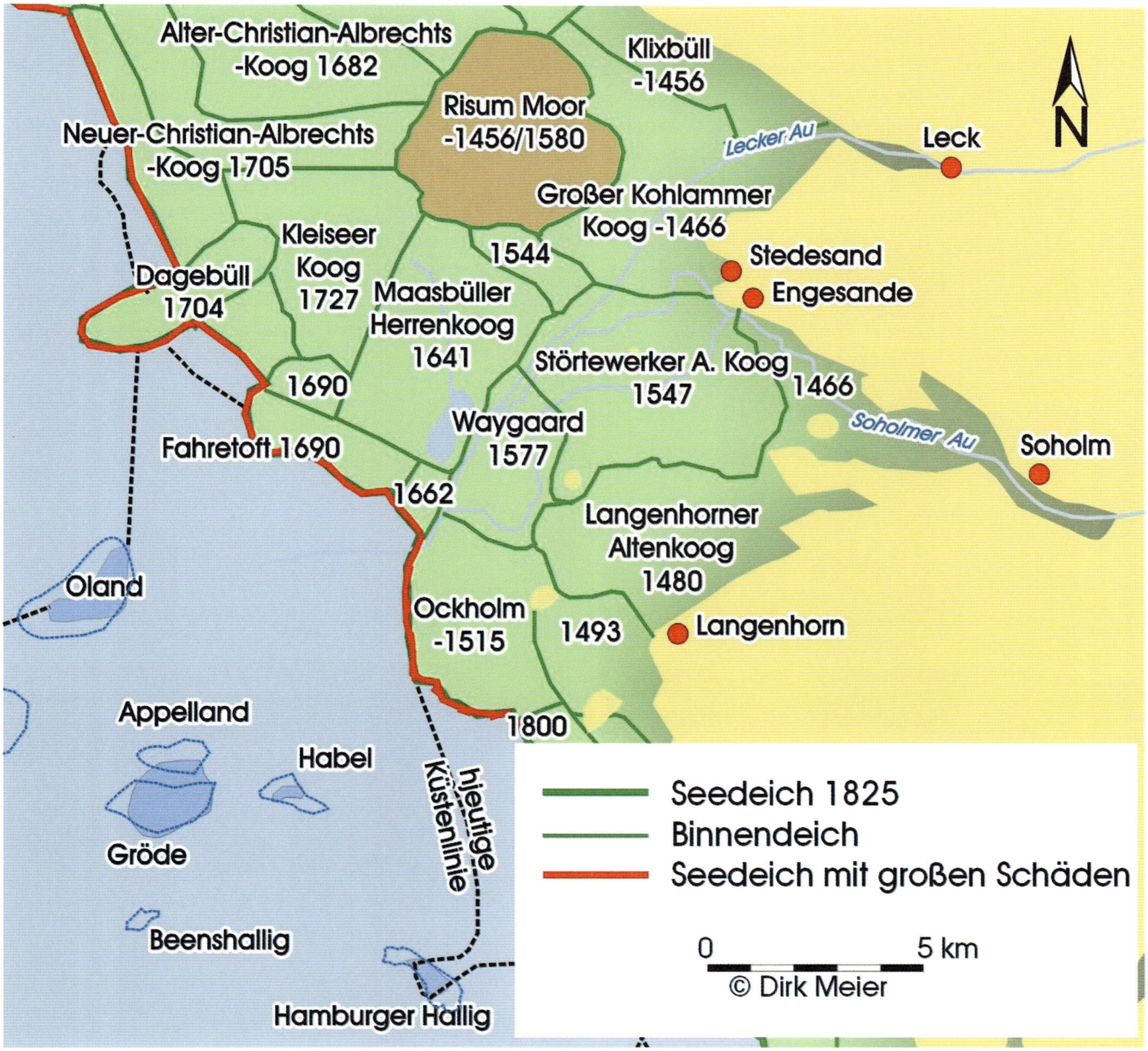

auf der Bongsieler Wasserlösung herabgebracht ist, öffnen sich die Türen des Verlaths an der Waygaarder Brücke, welche bis dahin gegen den höheren Wasserstand der Au geschlossen gewesen, von selbst. Danach entwässert die Marsch mit der Soholmer Au gemeinschaftlich.

Der ursprüngliche Vorschlag sah jedoch für den Abfluss der Soholmer Au keine eigene Schleuse vor, was Petersen ebenso kritisierte wie die zu gering geschätzten Kosten. Die Sicherheit der Wasserkommüne gegen plötzliches Überströmen der Soholmer Au sah Petersen im Hauptstauwerk an der Waygaarder Brücke begründet, die einer starken Fundierung bedürfe. Der Kostenvoranschlag enthalte auch nicht den erforderlichen Düker im Bargumer Norderkoog, wo der Kanal die Entwässerung des Kooges passiert.

Im Oktober 1851 ersuchten die Deichoffizialen des Bargumer Kooges bei der Oberdeichgrafschaft der Ämter Husum und Bredstedt um *Schutz gegen den projectierten Kanal*, den die Köge des Amtes Tondern und des Langerhorner Neuen Kooges befürworteten. Anders als für die Tonderaner Köge würde dieser für den Bargumer Koog nachteilig sein, der *zu einem Reservoir des von Osten und Südosten kommenden Binnen- und Geestwassers* würde, denn dieses würde bislang unmittelbar in die Soholmer Au fließen. Dort würde es *teils durch eine Wassermühle, teils mittels Siele in dieselbe gehoben*, bemängelten die Vertreter des Bargumer Kooges. Schon bald wäre so der Koog zu einem großen Teil *der Weide und dem Pfluge entzogen und in sumpfiges Wiesenland* verwandelt.

Deichinspektor von Carstensen befürworte in seinem Bericht 1853 die Erneuerung der nördlichen Bongsieler Schleuse, nachdem bereits 1841 die südliche neu erbaut worden war. Auch die Mehrheit der Bongsieler Wasserlösungskommüne sprach sich für eine *Rectificierung und Wasserdämmung der Soholmer Au* aus. Als Plan lag immer noch der von Deichgraf Nissen vor. In diesem Sinne entschied dann am 12. April 1855 das Ministerium für das Herzogtum Schleswig. Ein Konvent der Wasserlösungskommüne unter Beteiligung der beteiligten Köge und der Deichgrafen des I. und II. Deichbandes befasste sich im Mai 1855 mit der Durchführung. Der Bargumer Koog konnte dabei seine Entwässerung durch den Langenhorner Neuen Koog leiten. An dem Bauvorhaben würde ferner der Kleiseer Koog mitwirken.

Zum Entwurf nahm von Carstensen in seinem Bericht an das Ministerium dahingehend Stellung, dass das Einzugsgebiet der Lecker und

Bongsieler Kanal. Foto: Dirk Meier

Die Munksbrück über den Bongsieler Kanal. Foto: Dirk Meier

Soholmer Au größtenteils aus Geest besteht, wo nach stark anhaltendem Regen sich die *entstandene Wassermasse in die Marsch* wirft. Dort löst sie große Überschwemmungen aus, da das Wasser nicht durch die zwei großen Schleusen bei Bongsiel abgeführt werden kann. Daher sei vorgesehen, *den Lauf der Soholmer Au durch einen Canal zu verkürzen und diesen Canal mit niedrigen Deichen auf beiden Seiten zu versehen.*[494]

Der Kanal erhielt den Namen *Kongecanal*. Da die Marschen im Bereich der Bongsieler Wasserlösung im Durchschnitt zwischen 0,63 und 0,94 m unter der *ordinairen Flut* liegen, *entsteht dadurch eine größere Druckhöhe* bis zu 1,57 m. Die Kanaldeiche werden den Zufluss des Geestwassers auf 0,3 m über *ordinäre Flut* stauen, erst danach würde die Marsch überschwemmt. Allerdings wird durch den Anstau des Binnenwassers um 0,93 m über der bisherigen Überschwemmungshöhe *das Entwässerungsvermögen der Schleusen größer*. Waren diese bisher bei jeder Flut zwei bis drei Stunden geschlossen, werden sie nun infolge des hohen Binnenwasserstandes *bei allen solchen Fluten, die eine Höhe von 2 F [0,63 m] über ord. Flut nicht überschreiten, fortwährend offen stehen*. Da im Winter oder in der nassen Jahreszeit diese Fluthöhe *die gewöhnliche ist, werden die Schleusen mit einem erhöhten Entwässerungsvermögen fast regelmäßig das Wasser abführen, und deshalb wird eine Schleuse künftig ebenso viel leisten können wie jetzt zwei*. Die randlichen Deiche des Kanals erlauben zudem eine regelmäßige Entwässerung der Marsch und Geest. Es hat jedoch *ein vollständiges Nivellement in der Canallinie und der hinterliegenden Gegend* zu erfolgen. Die Einwände dagegen seien *teilweise aus Unwissenheit, teils aus egoistischen Rücksichten* erfolgt.

Im Oktober 1855 legten die Offizialen der Bongsieler Wasserlösung die Regularien fest, *nach welchen die Austragung des neuen Stromes in einer Länge von 200–300 R [Ruten, 1–1,5 km] öffentlich verdungen werden soll*. Der Bodenaushub wäre so an die Randdeiche zu bringen, dass diese ohne Sackung eine Höhe von 0,93 m, eine Kronenbreite von 1,25 m, eine wasserseitige Böschung von 1:3 und eine landseitige Böschung von 1:2 erhalten würden. Im ersten Baujahr war zudem der Bau eines Sturzbettes vor dem *Bottschlotter Verlath* vorgesehen.

Danach begannen die Bauarbeiten am Bongsieler Kanal 1856 und wurden 1859 abgeschlossen. Es zeigte sich jedoch, dass die Kanaldeiche auf längeren Strecken weit über das veranschlagte Sackmaß von 0,31 m *gesunken* waren. Deren Wiederherstellung verschob man um ein Jahr. Mit dem Bauvorhaben, dass einige niedrige Gebiete an der Lecker und Soholmer Au mitfinanzieren mussten, erfolgte zugleich eine Begradigung der Lecker Au bei ihrer Mündung in den Bottschlotter See. In den kommenden beiden Jahren wurde auch die Norderschleuse in Massivbauweise erneuert.[495] Bis heute beginnt der Bongsieler Kanal am Zusammenfluss von Lecker und Soholmer Au in Höhe des Bottschlotter Sees, zweigt jedoch seit der Bedeichung des Hauke-Haien-Kooges (1958–1960) vom 1735 angelegten Bongsieler Sielhafen beim Schöpfwerk Amtmannseck vom alten Verlauf ab und entwässert weiter nach Norden als Neuer Bongsieler Kanal am Schöpfwerk Schlüttsiel.

Die Umleitung des Bongsieler Kanals hatte sich aufgrund der Entwässerungsprobleme der Niederungen als notwendig erwiesen. Die Wirkung der in den 1920er Jahren eingeführten Schöpfwerke wie am Maasbüller Herrenkoog (1928) war begrenzt. Wenn bei hohen Niederschlägen die Geestflüsse mehr Wasser in die Marsch ableiteten und zudem geschöpft wurde, stieg das Binnenwasser zwischen den Deichen des Bongsieler Kanals an. Wenn dann noch ein stürmischer Westwind eine Öffnung der Außenschleuse verhinderte, trat das Wasser über die Kanaldeiche und die Niederung wurde überschwemmt. Eine Erhöhung der Deiche war aufgrund des moorigen Untergrundes nicht möglich. Abhilfe konnte nur ein Großschöpfwerk am Seedeich bei Bongsiel bringen. Dieses wäre jedoch teuer gewesen und hätte nicht immer seine Funktion erfüllen können. Man entschloss sich daher zur Anlage von Speicherbecken, die auch bei geschlossenen Schleusen genügend Binnenwasser aufnehmen konnten. Der Bottschlotter See war schon 1948 bedeicht worden. Dieses natürliche Speicherbecken reichte jedoch bei großen Binnenwasserproblemen nicht aus. Beim Bau des Hauke-Haien-Kooges plante man daher die ehemalige Wattfläche als Speicherraum ein und trennte diese mit einem Deich vom Siedlungsland in der Marsch ab. Die neue Schleuse in Schlüttsiel errichtete man am Schlütt, da dieser tiefe Priel günstige Abflussverhältnisse versprach. Nun konnten alle Köge der Bongsieler Marsch auf künstliche Entwässerung umstellen, wo jetzt 15 Schöpfwerke das Binnenwasser in bedeichte Kanäle pumpen. Bei zu hohem Wasserstand führen Einlassschleusen das Wasser in das Speicherbecken im Hauke-Haien-Koog. Ansonsten fließt das Wasser gleich durch das Schlüttsiel in das Wattenmeer. Dessen Tore schließen sich mit dem Wechsel der Gezeiten automatisch. Vor Schlüttsiel entstand ein kleiner Hafen.[496]

Für die Zukunft reichen diese Maßnahmen jedoch nicht mehr aus. Daher bildet der Bongsieler Kanal mit seinen 73.194 ha Wasserein-

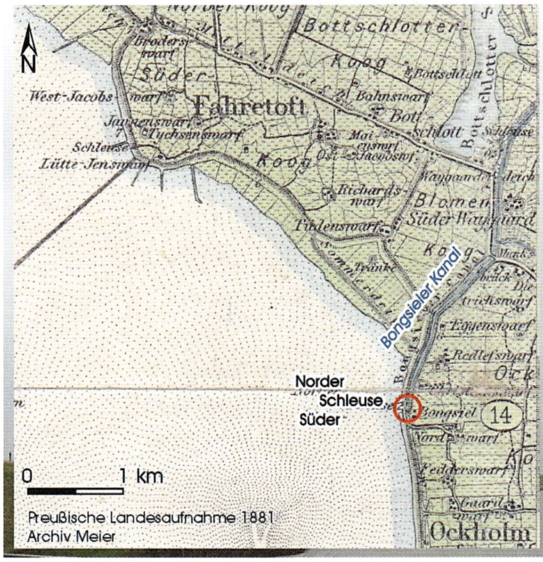

Blick vom Deich auf den 1745 angelegten Sielhafen des (Alten) Bongsieler Kanals mit Bongsiel.
Foto: Dirk Meier

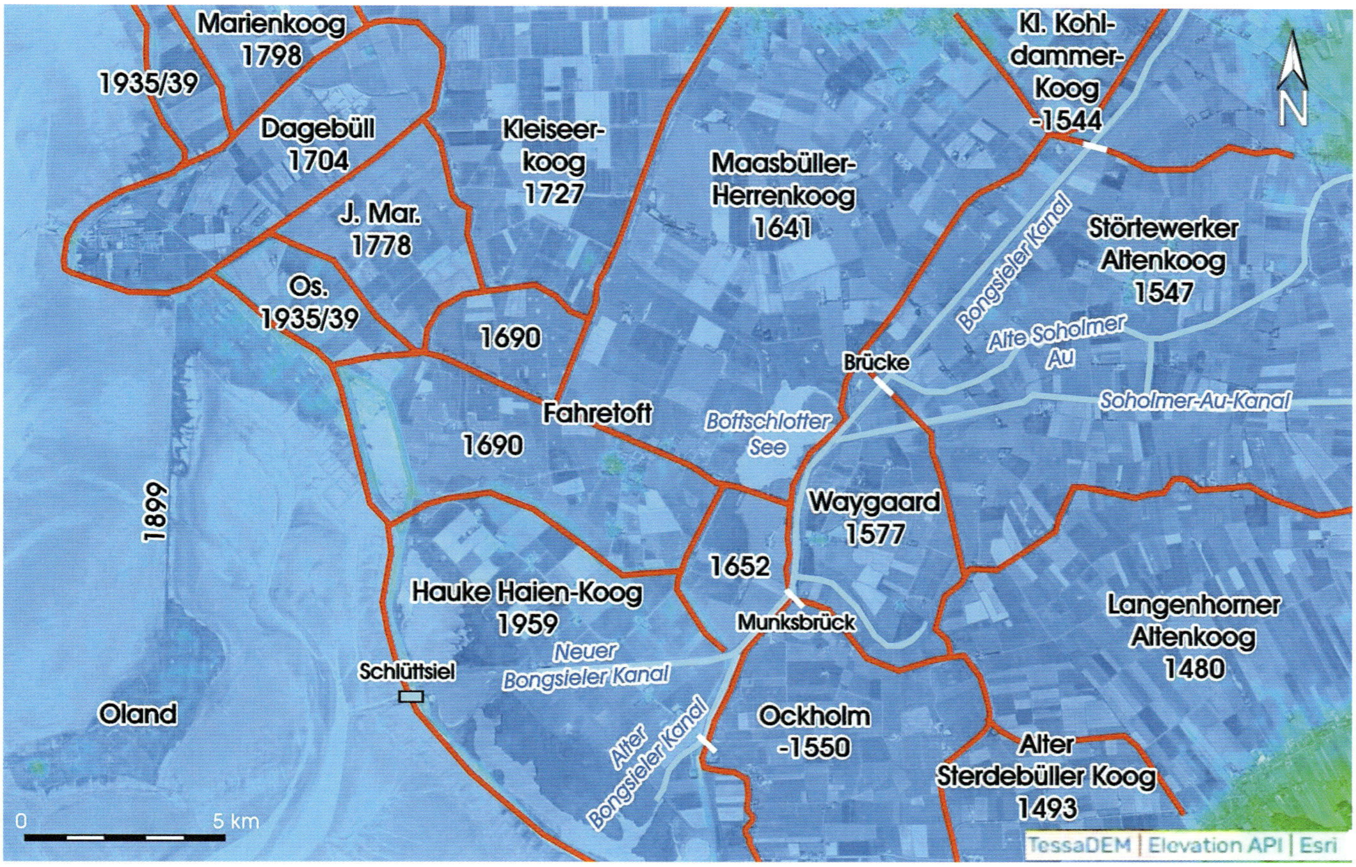

zugsfläche im „Abschlussbericht zu Anpassungsstrategien an den Klimawandel" von 2014 der Arbeitsgruppe Niederungen ein Pilotprojekt.[497] Derzeit entwässert das Teileinzugsgebiet der Soholmer Au und des Pegels Leck/Karlsmark in freier Vorflut, das übrige Einzugsgebiet der Soholmer Au über Schöpfwerke am Bongsieler Kanal. Schlüttsiel besitzt jedoch kein angeschlossenes Mündungsschöpfwerk. Daher lässt sich der gesamte Binnenwasserabfluss nur in freier Vorflut während der Sielzeiten abführen. Da der größte Teil des Einzugsgebietes des Bongsieler Kanals auf der Geest liegt, kommt es zu einem erheblichen Sedimenttransport. Zur vollen Leistungsfähigkeit des Gewässersystems sind ständige Ausbaggerungen erforderlich.

Daher erfolgten in Kooperation zwischen dem Umweltministerium des Landes Schleswig-Holstein und der Forschungsstelle Wasserwirtschaft und Umwelt der Universität Siegen 2002 „Untersuchungen im Einzugsgebiet der Soholmer Au zur hydrodynamischen Situation und zum Sedimenttransport" und 2005 „Untersuchungen zum Hochwasserrückhalt, Hochwasserschutz und Hochwassermanagement im Einzugsgebiet des Bongsieler Kanals".[498] Die Gutachten empfehlen, die Schöpfwerkabflüsse mit ihren diffusen Schwebstoffanteilen einschließlich der Ein- und Ausströmungen aus den Speicherbecken genauer zu erfassen. Das daraus zu erarbeitende Gesamtmodell soll als Basis für die langfristige Hochwasserschutzsicherung und Speicheroptimierung im Einzugsgebiet des Bongsieler Kanals dienen. Zu diskutieren sind, ob eine Stauraumerweiterung des Speichers Schlüttsiel erforderlich ist, ob Reaktivierungen alter Täler sowie Sandfangbau notwendig sind und ob der Binnenwasserabfluss teilweise weiter oben im Einzugsgebiet oder in geschöpften Bereichen im Bedarfsfall aufzufangen und nicht zum Siel bzw. Vorfluter zu leiten ist. Im Bericht der Arbeitsgruppe Niederungen heißt es dazu:

„Es ist jedoch zu berücksichtigen, dass das Wasserspiegelgefälle im Unterlauf der Durchleitungsgewässer aufgrund des Meereswasserspiegel- bzw. MTnw-Anstiegs abnehmen und

Köge im Bereich des Bongseler Kanals. Die blauen Flächen markieren die Marschen, hellgrün die Geest. Kartengrundlage: Topographic-map.com mit Ergänzungen

Blick auf Schlüttsiel vom Wattenmeer aus. Foto: Dirk Meier

die hydraulische Leistungsfähigkeit dieser Gewässer herabsetzen und den verfügbaren Speicherraum reduzieren wird. Als weiterer Effekt verändern sich die Randbedingungen für die Entwässerung der angeschlossenen Schöpfwerksgebiete, die bei Sturmfluten oder Binnenhochwasser mit Einschränkungen für die Gebietsentwässerung rechnen bzw. einen gesteigerten Aufwand erwarten müssen. Eine weiterführende hydraulische Bewertung der zukünftigen Situation und Ableitung von erforderlichen und geeigneten Anpassungsmaßnahmen sollte im Rahmen einer detaillierten Untersuchung auf Grundlage von J. Jensen & Frank (2005) vorgenommen werden."[499]

Und an anderer Stelle prognostiziert der Bericht: „Für das Einzugsgebiet des Bongsieler Kanals ist bei den gegebenen Entwicklungen im Jahre 2070 damit zu rechnen, dass die Entwässerung auf Schöpfwerksbetrieb (zumindest unterstützend) umgestellt werden muss."[500] Die Investitionssumme wird mit ca. 66 Mrd. € veranschlagt, hinzu kommen jährliche Betriebskosten von ca. 2,8 Mrd. €.[501]

NIEDERUNGEN AN DER OSTSEEKÜSTE

Im Unterschied zur Nordseeküste erfolgt die Entwässerung der Niederungen an der Ostseeküste nicht unter dem Einfluss eines ausgeprägten Tidegeschehens. Hier sind die gezeitenabhängigen Meeresspiegelschwankungen sehr viel geringer. Trotzdem können Ostseesturmhochwässer mit hohen Wasserständen über einen längeren Zeitraum nicht nur zu Zerstörungen an der Küste, sondern auch zu Problemen der Binnenentwässerung führen. Daher finden sich je nach Höhenlage der Niederungen hier ebenfalls Siele und Schöpfwerke, auch in Kombination. Für die Ostseeküste hat die Landesregierung Schleswig-Holsteins mehrere Fachpläne veröffentlicht.[502] Deren abschnittsweise Beschreibung erfolgt nach der Küstenlänge, der unterschiedlichen Morphologie sowie der jeweiligen Ausrichtung von Wind- und Wellenangriffen. Die Pläne werden aufgrund des Meeresspiegelanstiegs auch für die Ostseeküste für die Zukunft laufend angepasst werden müssen.

OLDENBURGER GRABEN

Der 22 km lange und zwischen 0,3 und 3 km breite Oldenburger Graben durchzieht die Halbinsel Wagrien von der Hohwachter Bucht im Nordosten bis Dahme an der Lübecker Bucht im Südosten. In seinem östlichen Teil zwischen Oldenburg und der Lübecker Bucht formte diesen ein weichsel-kaltzeitliches Gletscherzungenbecken, während in seinem west-

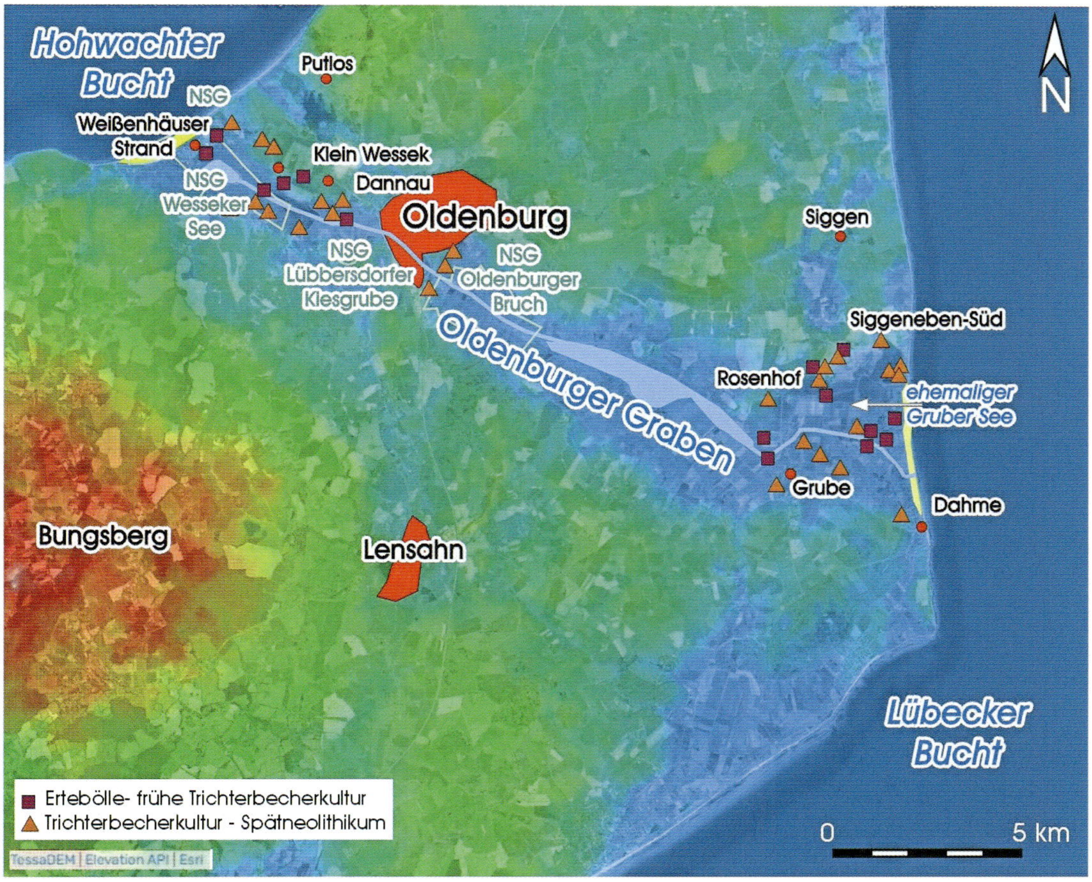

Oldenburger Graben mit steinzeitlichen Fundplätzen und Naturschutzgebieten.

Meeresspiegelanstieg der westlichen Ostsee seit 8.000 v. Chr.

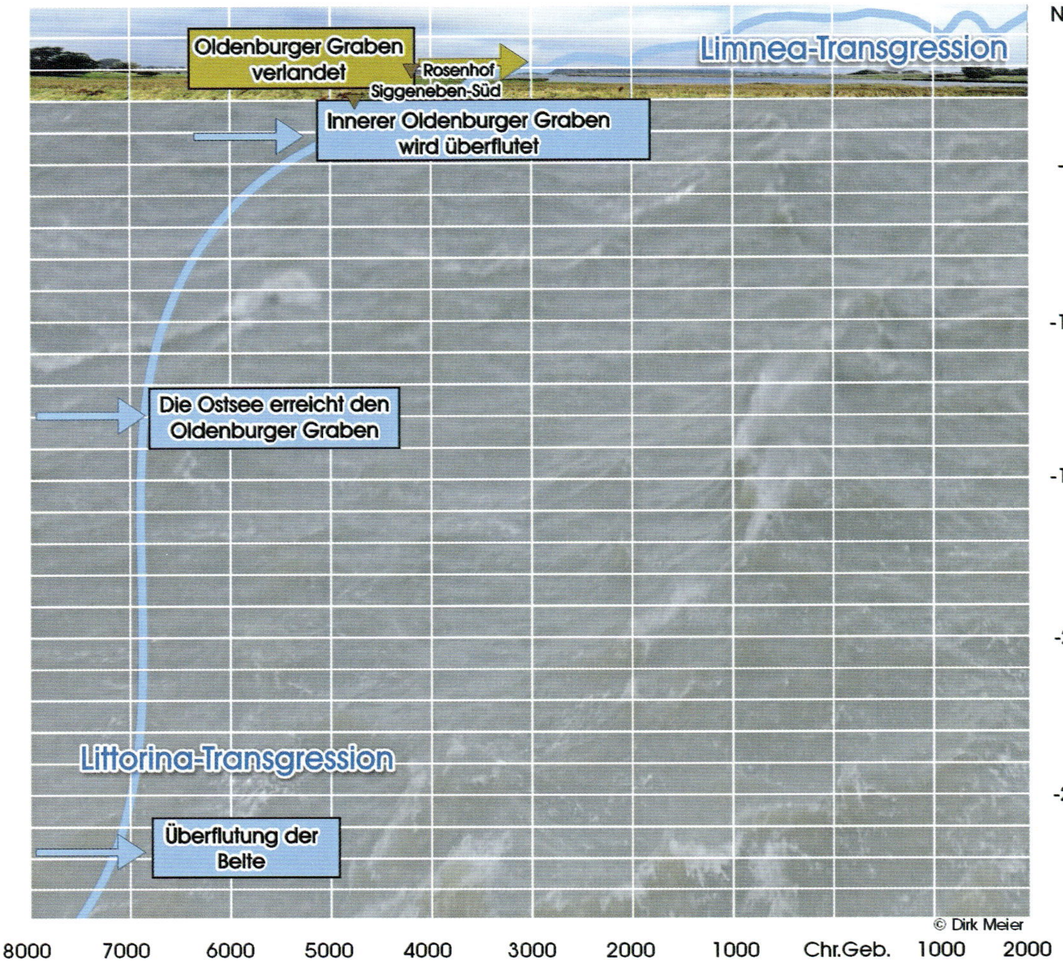

lichen Teil Tieftauen von Toteisblöcken die eiszeitliche Landschaft prägte. Bei Grube und Oldenburg reichen Moränen östlicher Gletschervorstöße bis zur Niederung heran, zwischen denen sich in eingeschnittenen Rinnen Torfe befinden. Im Spätglazial bildeten sich in Grundzügen die heutigen Entwässerungssysteme heraus. Die Seen in diesem Raum entstanden aus abgetauten Eisresten.

In der Grube-Wesseker-Niederung ist eine über 100 m tiefe glaziale Rinne nachgewiesen, deren Entstehung auf einen Ausbruch subglazialen Schmelzwassers in der Hohwachter Bucht während der Abschmelzphase am Ende des ersten weichsel-kaltzeitlichen Eisvorstoßes beruht.[503] Im Verlauf der Weichsel-Kaltzeit überprägten diese Rinne Gletschervorstöße als auch Erosionen durch Schmelzwasser, wie sie letztmalig am Ende des Fehmarn-Vorstoßes auftraten. Im Spät- und im frühen Postglazial seit etwa 10.300 v. Chr. fanden sich in der Niederung Seen und vermoorte Senken in Toteislöchern. Das Tieftauen der Toteisblöcke dauerte bis in das um 9.610 v. Chr. einsetzende Präboreal. Spät- und postglaziale Ablagerungen erreichen im Oldenburger Graben Mächtigkeiten von bis zu 20 m.

Die Datierung des postglazialen Meeresspiegelanstiegs der Ostsee ergibt sich aus geoarchäologischen Befunden, Strandlinienverschiebungen und geologischen Bohrungen.[504] Eine gemittelte Analyse aller Daten spricht für einen relativ kontinuierlichen Anstieg. Die äußeren Bereiche der Niederung des Oldenburger Grabens erreichten Salzwasserüberflutungen erstmals zu Beginn des Atlantikums um 7.000 v. Chr., als die Ostsee ein Niveau zwischen etwa NN -14 oder -13 m erreichte. Infolge des starken Meeresspiegelanstiegs mussten sich die Menschen an den Küsten auf höhere Gebiete zurückziehen. Die inneren Gebiete des Oldenburger Grabens überschwemmte die Ostsee bei einem Meeresspiegelniveau oberhalb von NN -5 m um etwa 6.000 v. Chr. Bei Oldenburg existierten zwei parallele, bis NN -10 m tiefe, mit Sedimenten aufgefüllte Meeresarme. Teilweise bestanden noch nord-südliche Landbrücken, die eine trockene Überquerung der Niederung erlaubten. Zwischen etwa 5.100/4.500 v. Chr. und 3.000 v. Chr. stieg der Meeresspiegel der Ostsee phasenweise von etwa NN -4,5 bis -1,75 m an. Während dieser Zeit waren in der Niederung die Oldenburger und Gruber Förde entstanden, die zwischen Oldenburg und Schwelbek Hochmoore trennten. Besiedlungsspuren im Bereich der Förden finden sich auf Sand- und Moränenkuppen, die damals Inseln oder Halbinseln bildeten. Ein erster, noch schwacher Eingriff des Menschen in die Naturlandschaft erfolgte durch Rodungen sowie die Anlage von Äckern und Weiden seit etwa 3.700 v. Chr. Damit kam es zu zunehmenden Sedimenteinträgen in die Förden. Den Oldenburger Graben mit seinen Wasserflächen und Schilfsümpfen suchten Menschen im Mesolithikum und Neolithikum zur Jagd auf Seesäuger und Fische oft auf. Spuren der Ellerbek-Kultur bei Rosenhof am Übergang zum Neolithikum zwischen 5.200 und 4.200 v. Chr. finden sich im Ostteil des Oldenburger Grabens in einer Tiefe von NN -3 m. Die ältesten Nachweise von Hausrindern und etwas Ackerbau weisen in die Zeit um 4.700 v. Chr.[505]

Seit 5.300 v. Chr. erodierte das Meer die Kliffe der Littorina-Zeit wie bei Putlos und Siggen an der wagrischen Halbinsel, deren abgebrochenes Material das Wasser aufarbeitete und die Küste entlang transportierte.[506] Infolgedessen setzten sich seit etwa 4.000 v. Chr. Strandwälle auf die Rifflandsockel an den jeweiligen Enden des Oldenburger Grabens auf. Im Bereich der Niederung lag der Wasserspiegel zwischen etwa 4.000 und 3.000 v. Chr. um NN -3 bzw. -2,5 m.[507] Ein nur noch langsam ansteigender Meeresspiegel begünstigte den zunehmenden Abschluss der Wasserflächen in der Gruber Niederung von der Ostsee, sodass um 3.000 v. Chr. eine Aussüßung der Oldenburger Förde begann. Die Überflutung des Oldenburger Grabens durch die Ostsee endete um etwa 2.900/2.800 v. Chr. mit dem weiteren Vorbau der Strandwälle bei Weißenhaus an der Hohwachter Bucht im Nordosten und Dahme an der Lübecker Bucht. Auf den Strandwällen wehten Dünen auf. Wenn auch natürliche Wasserdurchbrüche (Brök) bestanden, süßte der Oldenburger Graben aus und vermoorte. Die Gruber Förde verlor nach einer kurzzeitigen Aussüßung und einer weiteren marinen Phase um 2.500 bis 2.000 v. Chr. endgültig ihren Anschluss zur Ostsee. Eine zweite marine Phase der Gruber Förde markieren mehrere Sturm- und Hochwasserereignisse.

Um Chr. Geb. lag der Meeresspiegel während der Limnea-Transgression auf einer ähnlichen Höhe wie heute im westlichen Ostseeraum, weiter östlich etwas darüber.[508] Danach fiel der Ostseespiegel wohl noch einmal um fast 1 m ab und stieg seit 1000 n. Chr. wieder etwas an. Allerdings liegen nur wenige Daten vor. Der

Die slawische Hauptburg Starigard/Oldenburg am Oldenburger Graben.

Oldenburger Graben im Westen. Foto: Dr. Sönke Hartz

Tiefpunkt dieser Regression war um 1100 mit einem Wasserspiegel um NN -0,88 m erreicht. Diese ruhige Entwicklung während des 1. Jahrtausends n. Chr. war im Wesentlichen eine Folge des nicht mehr so stark steigenden Meeresspiegels. Einen Wasserspiegelanstieg nach dem 11. Jahrhundert lassen Herdplatten und Türschwellen von Häusern des 9./10. Jahrhunderts aus Haithabu erkennen, die unterhalb des heutigen Wasserspiegels des Haddebyer Noors an der Schlei lagen.[509] Um 1250 war an der Eichholz-Niederung bei Heiligenhafen der Ostseespiegel bis NN -0,5 m angestiegen. Das ist erheblich höher als der bei Dannau am Oldenburger Graben gemessene Wert von NN -2,3 m für die Zeit um 500 v. Chr.[510] Daran zeigt sich, wie lokal sich die Morphologie auf die Höhe des Wasserspiegels auswirkt. Während der slawischen Besiedlungszeit der Hauptburg Starigard/Oldenburg vom 8. bis 11./12. Jahrhundert bestand noch eine schmale durchgehende Wasserverbindung von der Ostsee zum Dannauer-Wesseker See. Das Binnenwasser der westlichen Niederung floss in dieser Zeit in die östliche ab. Zahlreiche slawische Funde entlang des östlichen Teils der Niederung deuten indirekt die Nutzung als Wasserweg an.[511] Die dynamische natürliche Landschaftsentwicklung des Oldenburger Grabens prägten somit Schmelzwasser während der Weichsel-Kaltzeit, das Eindringen von Meerwasser mit der Littorina-Transgression und Aussüßungen mit Moorbildungen.

Erste anthropogene Eingriffe in die Niederung erfolgten erst seit der frühen Neuzeit. Zwischen 1770 und 1815 scheiterten noch erste Vorhaben zur Entwässerung der Gruber-See-Niederung aufgrund der Kostenverteilung der beteiligten Gemeinden. Danach sahen die Planungen von 1844 eine „Entwässerungsschleuse für die Rosenhöfer-Bröcke“ als Holz-Siel für die Gruber-See-Niederung vor.[512] Es folgte 1861 die Eindeichung und Trockenlegung des Gruber Sees. Erste Hochwasserschutzmaßnahmen begannen 1866 mit dem Bau eines Siels bei Dahme und 1868/69 mit der Errichtung eines 5 km langen Deiches auf dem Strandwall zwischen Dahme und Rosenfelde. Dieser besaß eine Kronenhöhe von +3,8 m über dem Mittleren Wasserstand der Ostsee und eine Kronenbreite von 3,9 m. Die Binnenböschung hatte eine Neigung 1:2, die Außenseite eine von 1:4 ab 2,2 m oberhalb des Mittleren Wasserstandes. Den darunter liegenden Strandwall schützte eine Geröllschicht. Das bei Oldenburg NN +3 m hoch auflaufende schwere Sturmhochwasser vom 13. November 1872 beschädigte das Siel und zerstörte den Deich.[513]

Danach wurden bei Weißenhaus und Dahme zwischen 1874/76 und 1878 neue Deiche mit einer Länge von 8 km und einer Höhe von +4 m oberhalb des Mittleren Wasserstandes mit je einem Entwässerungssiel am Weißenhäuser und Rosenfelder Brök errichtet. Das geringe Vorland im Ortsbereich von Dahme sicherte ein Steindeckwerk. Das Projekt finanzierten der Deichverband der Grube-Wessek-Niederung, staatliche Zuschüsse und Geldspenden. Die Maßnahmen ermöglichten zugleich eine bessere Entwässerung des landwirtschaftlichen Nutzlandes. Um die Jahrhundertwende wurde anschließend der südliche Übergang zum Steilufer in Dahme durch die 200 m lange sog. Heydomsche Mauer gegen Erosion geschützt. Seit 1902 sicherte man auch die Kurpromenade (Wandelbahn) durch eine NN +2,55 m hohe Uferschutzmauer.

Da nach dem verlorenen Ersten Weltkrieg das Deutsche Reich infolge von Gebietsabtretungen Agrarflächen verlor, förderte der Staat in den 1920er Jahren die Landwirtschaft auch durch Urbarmachungen. Gegner der Entwässerung im Oldenburger Graben wie Berufsfischer führten vergeblich die zu hohen Kosten für den Staat an und befürchteten Bodensetzungen. Im Rahmen der nationalsozialistischen Agrarpolitik erfolgten seit 1933 weitere Maßnahmen zur Trockenlegung der Oldenburger Niederung mit Kanälen, Gräben und Pumpwerken. Der Reichsarbeitsdienst errichtete einen Randkanal, wozu der Johannisbek umfunktioniert wurde. In diesen läuft seitdem das von den höheren Gebieten kommende Regenwasser. Gleichzeitig soll der Randkanal ein Überlaufen von Wasser aus dem Oldenburger Graben verhindern. In den Boden versickerndes Wasser gelangt teilweise unterirdisch in den Oldenburger Graben, dessen Wasserstand deshalb anstieg. Ferner baute man das große Moor bei Riepsdorf/Quaal ab, düngte den Boden und kultivierte die große und kleine Heide. Zudem wurden die Koselau verlegt und deren Zuflüsse reguliert. Schließlich legte man 1941 den Gaarzer und Rosenhofer See trocken. Der Gruber See lief jedoch 1946 nach Deichbrüchen wieder voll Wasser. In der Grube-Wessek-Niederung befanden sich 1937 etwa 60 ha Ackerflächen, 2.160 ha Grünland, 230 ha Wald und 30 ha Ödland. Um 1950 hatte die Ackerfläche auf 50 ha abgenommen, die Grünlandfläche war gleichgeblieben, der Wald hatte sich auf 65 ha verringert, das Ödland war mit 35 ha größer geworden.[514]

Nach der Gründung des Bundeslandes Schleswig-Holstein 1949 entstand ein neuer Gesamtdeichverband. Zugleich wurden die

Bodennebel über der Niederung des Oldenburger Grabens. Foto: Dr. Sönke Hartz

Ostseedeiche und Randkanaldeiche des Oldenburger Grabens erhöht, die Schleuse in Weißenhaus ausgebaut, das Schöpfwerk überholt und der Gaarzer Graben trockengelegt. Den heutigen Schutz der Niederung gewähren Landesschutzdeiche an der Ostseite mit einer Länge von 5,1 km zwischen Dahme und Rosenfelde und an der Westseite zwischen Weißenhaus und Wessek mit einer Länge von 2,7 km. Die Promenade bei Dahme sichert ein Deckwerk.

Eine Entwässerung des Oldenburger Grabens ist nur mit Schöpfwerken möglich, da dieser 1,6 bis 1,9 m unter NN liegt, während die Köge ein Niveau von NN -3,5 m aufweisen.[515] Zwar befürwortete in der Vergangenheit die Landwirtschaft immer eine Trockenlegung, doch wandte sich der Naturschutz dagegen. Erstmals wurden daher 1998 etwa 358 ha des Oldenburger Bruchs unter Naturschutz gestellt.[516] Gleichwohl gibt es ein öffentliches Interesse an einer funktionierenden Entwässerung. Auch Fischereiinteressen gilt es zu berücksichtigen. Die Entwässerung führte jedoch bis heute zu starken Sackungen, da moorige Flächen aufreißen, austrocknen, sich ungleichmäßig setzen und kaum noch Wasser aufnehmen. Diese Areale müssen alle 5 bis 8 Jahre umgepflügt werden. Die Entwässerung ermöglicht aber eine Bewirtschaftung von Ackerland im Matzenkoog und Gruber Seekoog, wo im Sommer Futtergras wächst, das ansonsten auf den höher gelegenen Mineralböden auf der Geest verdorrt. Da sich das Moor schneller erwärmt, wird das Gras in der Niederung früher grün.

Derzeit bemüht man sich um eine teilweise Wiedervernässung des Oldenburger Grabens, der als Natura-2000-Gebiet geführt wird. So wurde der trockengelegte Wesseker See wieder vernässt. Bei viel Wasserzufluss und nach starken Regenfällen kann sich der See nun ungehindert ausweiten. Dessen Wasserstand geht danach wieder zurück. Neben dem schon genannten Oldenburger Bruch existieren heute die Naturschutzgebiete Oldenburger Bruch südöstlich von Oldenburg, Wesseker See westlich von Oldenburg, Lübbersdorfer Kiesgrube und Weißenhäuser Brök an der Ostseeküste. Grundwasserstau führt hier zur Vernässung und Wiederherstellung von Feuchtwiesen und Schilfröhrichten, um einen Lebensraum für typische Pflanzen- und Tierarten zu schaffen, die infolge von Entwässerung, Torfabbau und Aufforstungen verdrängt wurden. In den Röhrichten brüten über 120 Vogelarten. Ferner wachsen hier über 500 Pflanzenarten, davon 55 auf der Roten Liste. Auch eine Renaturierung des Johannisbeks ist vorgesehen. Der gesamte Oldenburger Graben soll jedoch nicht wieder vernässt werden, zumal die Hinterlandanbindung der Fehmarnbelt-Querung diesen passiert. Vernässungen sind auch für die Archäologie problematisch, da diese eine Zugänglichkeit von Fundplätzen gefährdet.

GELTINGER BIRK

Die Geltinger Birk an der Flensburger Außenförde vernässte während der Limnea-Transgression als der Meeresspiegel in der westlichen Ostsee ein ähnliches Niveau wie heute erreichte.[517] Vor etwa 2000 Jahren trug die Küstenlängsströmung von der südöstlich liegenden Steilküste bei Falshöft immer mehr Sand ab und verfrachtete diesen nach Norden, wo sich etwa 2 km lange fächerförmige Strandwälle bildeten und sich weiter nach Westen verlängerten. Während das Material des ersten Hakens vom Küstenabbruch bei Falshöft stammt, versorgte das der Abtragungsfläche des flachen

Geltinger Birk auf einer Flurkarte von 1783. Damals war das Noor noch mit der Ostsee verbunden.

Kalkgrundes die jüngeren Strandwälle. Auf diesen entstand die heutige Geltinger Birk. Die deutlich nach Süden umbiegenden Hakenenden folgen hier dem submarinen Relief. Deren Zuspitzung zur Birk-Nack ist auf den Aufbau der Strandwälle entlang der geringsten Wassertiefenlinie auf dem Kalkgrund zurückzuführen, der nach Norden, Westen und Osten abfällt. Die Untiefe Breigrund (Bredgrund) markiert nahe der Birk den Übergang der Außenförde in die Ostsee, die an dieser Stelle im Norden bei Gammel Pøl in den Kleinen Belt *(Lille Bælt)* und im Süden in das Seegebiet der Kieler Bucht übergeht.

Infolge der Strandwallbildung entstand ein weitgehend vom offenen Meer abgetrennter Strandsee, das Berveroer Noor, ursprünglich eine Insel (dän.: *Beveroe* für Biberinsel). Erst um 1650 schuf der Strandwallfächer eine Verbindung zwischen Insel und Festland. Nachdem um 1580 eine erste Eindeichung des Noores zur landwirtschaftlichen Nutzung fehlgeschlagen war, gelang dies 1824 mit dem Bau eines Deiches entlang der Nordostseite des Geltinger Noores, der das Basrotter und Beveroer Noor von der Ostsee abtrennt.[518] Zwei Entwässerungsmühlen, von denen heute noch die Mühle Charlotte neben dem modernen Pumpwerk steht, legten das Niederungsgebiet weitgehend trocken. Aufgrund der Wasserabsenkung von bis zu NN -3,5 m verschwand das Beveroer Noor in den 1930er Jahren vollständig zugunsten einer intensivierten Landwirtschaft.

Das Höftland der Geltinger Birk, das seit 2013 über ein Rohr salzhaltiges Ostseewasser erhält, prägen heute Wasserflächen des Geltinger Noores, Salzwiesen, Dünen, Strände und Nehrungshaken sowie Seegraswiesen, somit charakteristische Pflanzengesellschaften sandiger, flacher Küstenbereiche.[519] Die botanisch wertvolle Weidelandschaft der Geltinger Birk wird nachhaltig von der Stiftung Naturschutz

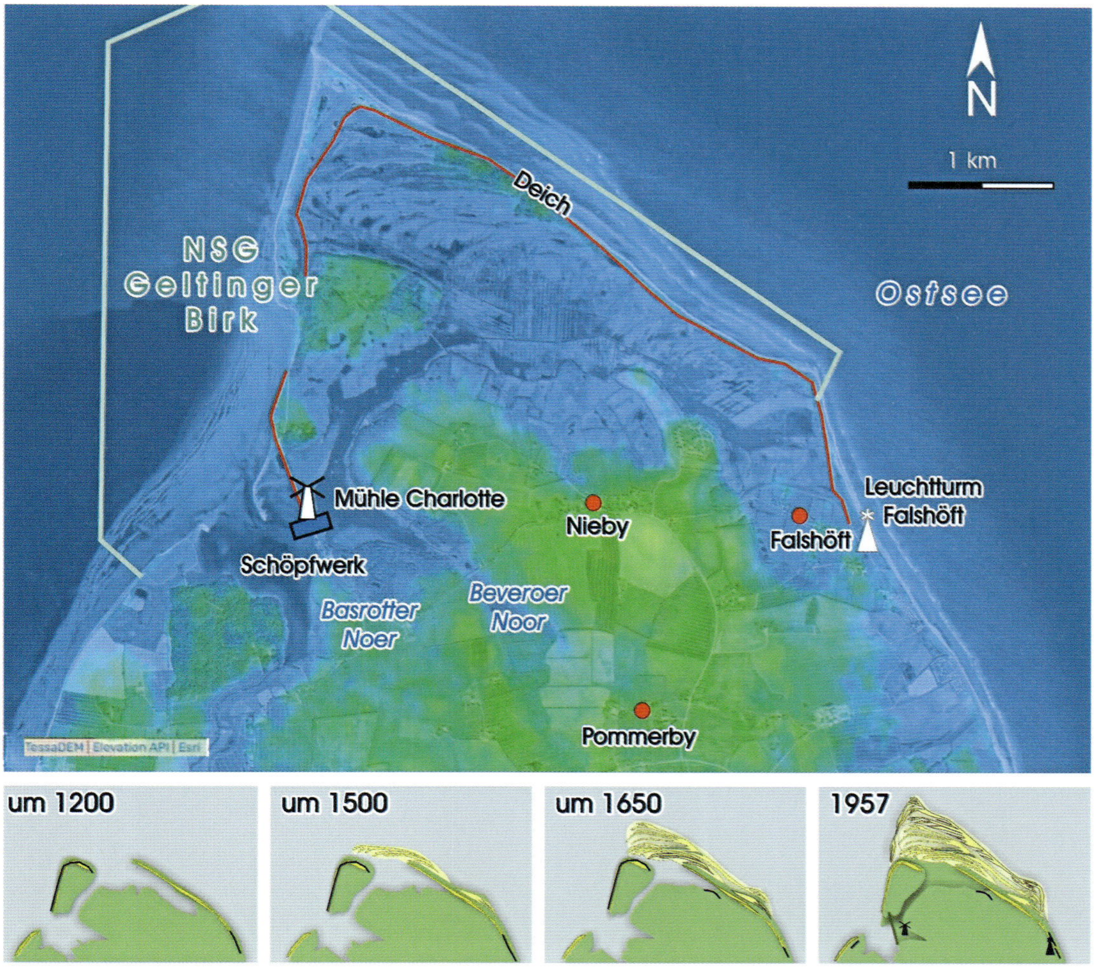

Geltinger Birk heute und im Laufe ihrer Entwicklung von 1200 bis 1957. Kartengrundlage: Topographic-map.com mit Ergänzungen

Mühle Charlotte und Pumpwerk. Foto: Dirk Meier

Schleswig-Holstein mit Koniks und schottischen Hochlandrindern bewirtschaftet. Rund 200 verschiedene Vogelarten brüten auf der Birk.

Als ein Sturmhochwasser in der Nacht vom 20. bis 21. Oktober 2023 den Deich der Geltinger Birk durchbrach, wurde fast das gesamte Naturschutzgebiet von Salzwasser überschwemmt. Der höchste gemessene Scheitelwasserstand betrug in Flensburg 2,27 m über dem Mittelwasser und war damit der höchste seit 1872.[520] Das Sturmhochwasser verursachte geschätzte Schäden an Küsten, Stränden, Hochwasserschutz, Promenaden, Häfen und Booten von etwa 200 Millionen Euro, über 2.000 Menschen mussten evakuiert werden.[521] Es geht auf das Tiefdrucksystem Wolfgang zurück, das von der spanischen Westküste über den Golf von Biskaya, Irland und Großbritannien zog und von dort den Namen Babet erhielt. Es traf über Skandinavien auf das blockierende Hochdruckgebiet Wiebke. So entstand ein sich gegen den Uhrzeigersinn drehendes Tiefdruckgebiet mit Starkwind über der Ostsee. Das Bundesamt für Seeschifffahrt und Hydrographie warnte bereits am 19. Oktober vor ei-

nem aufkommenden Hochwasser an der deutschen Ostseeküste. Diese verstärkte die maßgeblich anthropogen verursachte Klimaerwärmung mit um 20 cm höher liegenden Sturmhochwässern als vor der Industrialisierung.

In der Geltinger Birk stieg nach dem Deichbruch der Wasserstand von NN -1 auf +0,7 m. Durch das weite Öffnen der Bruchstelle gelang die Absenkung des Wasserstandes um -0,3 m. Trotz des vielen Regens schafften mobile Pumpen eine weitere Absenkung um -0,2 m. Die Reparatur der festen Pumpenmotoren wird dann zusammen mit einer zweiten Pumpe den Wasserstand wieder auf NN -1 m senken. Auf der Homepage der Geltinger Birk lässt sich das Drama mit vielen Fotos nachverfolgen.[522] In chronologischer Reihenfolge heißt es nach Nils Kobarg, Leiter der Integrierten Station Geltinger Birk, hier kurzgefasst:

20.10.2023: Große Schäden an der Geltinger Birk, die zerstörten Zugänge nach Beveroe müssen wiederhergestellt werden, um Tiere zu versorgen und die dortigen Häuser zu erreichen. Es wird davor gewarnt auf die Birk hinauszugehen, da der Rest des Deiches an der Mühle Charlotte jederzeit brechen könnte.

Nachhaltige Beweidung der Geltinger Birk.
Foto: Dirk Meier

30.10.2023: Die Birk ist wieder von der Charlotten-Seite bis zur Nabu-Hütte zugänglich, ab da gilt weiterhin Betretungsverbot.

18.11.2023: Der Wanderweg bis Birk Nack ist freigegeben, der Weg von Falshöft raus auf die Birk und die Querwege Kröten- und Konikweg bleiben weiterhin gesperrt.

23.11.2023: Bis zum 8.1.2024 ruhen die Reparaturarbeiten am Deich und am Wanderweg nach Falshöft. Der neue Damm erhält einen Kern aus Sandsäcken. Die erste von zwei Pumpen im Schöpfwerk Charlotte funktioniert wieder.

23.01.2024: Die Wiederherstellung des Deiches und Wanderweges nördlich von Falshöft kommen gut voran. Eine Wanderung wird bis zum Eichenkratt möglich sein, an der Abzweigung Krötenweg nach Reetdorf bleibt die Birk gesperrt.

27.01.2024: Der Vorstand der Integrierten Station Geltinger Birk bedankt sich bei den Helfern für den Einsatz und die Spendenbereitschaft.

24.02.2024: Der Krötenweg ist teilweise für Fußgänger freigegeben, der Weg von der Ostseite des Eichenkratts bis zur Birkspitze bleibt weiterhin gesperrt.

26.02.2024: Das Amt Geltinger Bucht erlässt nach dem Landesverwaltungsgesetz ein Betretungsverbot: Der Wanderweg bzw. der Teil der

Geltinger Birk ist ab dem nördlichen Teil – Birk Nack bis Falshöft voll gesperrt. Der Wanderweg von Beveroe nach Niebywesterfeld ist voll gesperrt.
23.03.2024: Der Weg um die Birk ist wieder auf der ganzen Strecke freigegeben. Der Deich ist erstmals in der alten Höhe wiederhergestellt. Der Strand soll aufgrund des Brutgeschehens nicht betreten werden.

FLENSBURG

Obwohl wir in diesem Buch die Überflutungsprobleme des ländlichen Raums thematisiert haben, seien für die Ostseeküste einige Bemerkungen zu Flensburg gemacht, dessen tief gelegener Hafenbereich mit der Altstadt von dem Ostseehochwasser 2023 besonders betroffen war. Die heutige Topographie der Stadt ist das Resultat der in der Weichsel-Kaltzeit entstandenen, bis etwa 64 m über NN hohen Seitenmoränen des Förde-Gletschers, dem holozänen Meeresspiegelanstieg mit der Entstehung der Ostsee und menschlicher Aktivitäten einer über 750-jährigen städtischen Besiedlung. Am Ostufer der Flensburger Förde mündet das Erosionstal des Lautrupbachs in die Förde. Die ursprüngliche Bebauung Flensburgs, das 1284 Stadtrecht erhielt, beschränkte sich auf den schmalen Uferstreifen entlang der Flensburger Innenförde und folgt einem keilförmigen, in das Endmoränenplateau der letzten Kaltzeit einschneidenden Gletschertal. Die durch Senken und über kleine Höhen parallel des westlichen Fördeufers verlaufende Hauptstraße des Holms sowie der Großen- und Norderstraße verläuft auf Schwemmsand, der bis zur Pflaste-

Die blauen Flächen (linke Karte) zeigen die ursprüngliche Ausdehnung der Förde im Holozän an. Von den Moränen abgeschwemmte Sande verengten die Wasserflächen ebenso wie menschliche Aktivitäten seit dem 13. Jahrhundert. Kartengrundlage: Topographic-map.com mit Ergänzungen

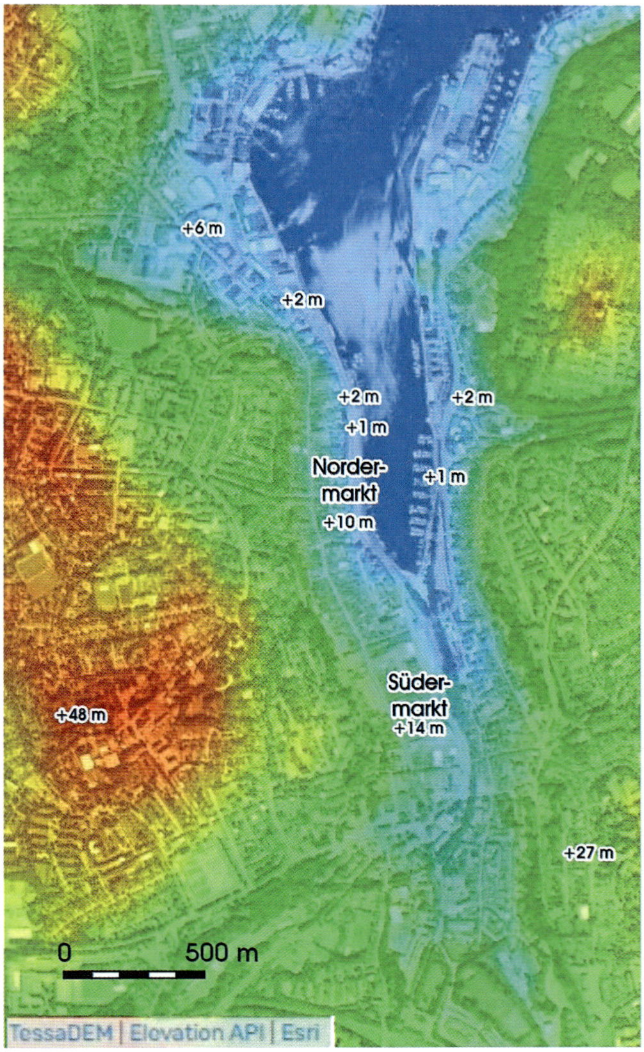

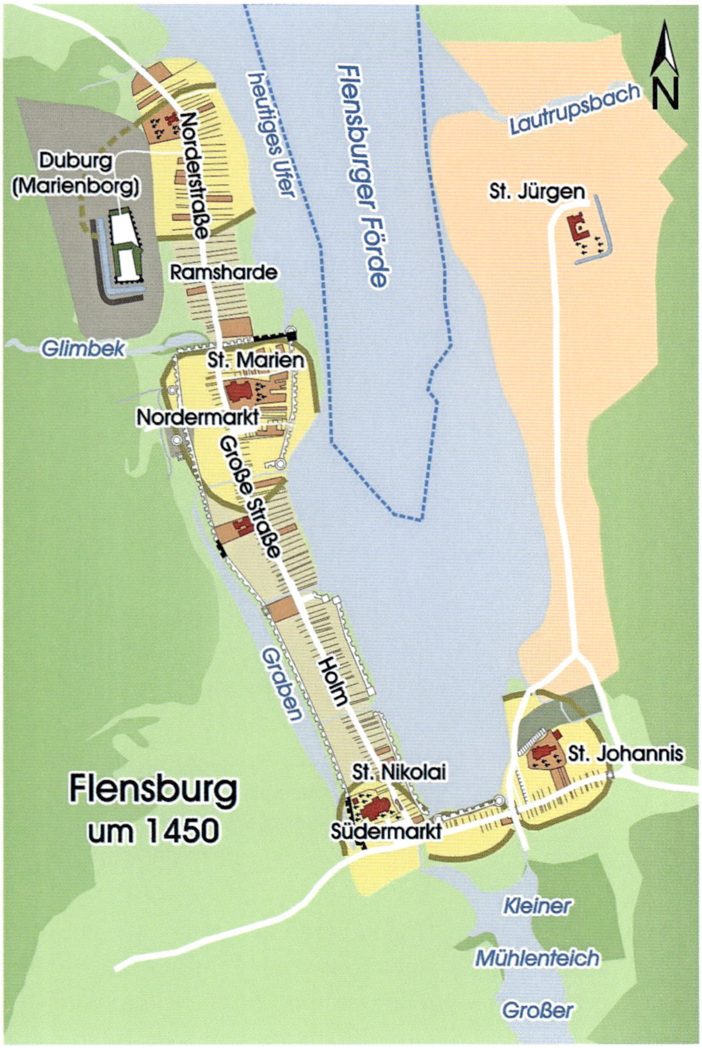

Flensburg vom Ballastberg, 1843. Die kleine Bucht vorne wurde nach 1904 zugeschüttet.
Quelle: Kalender des SSW

rung der Straßen die Hänge und Hohlwege hinabgespült wurde. Hinter der mittelalterlichen Bebauung erstreckten sich am Moränenabhang sumpfige Niederungen mit kristallklarem Wasser, was von den quellreichen Moränenhängen sprudelte. Dieses sammelte sich in einem Graben (Süder- und Nordergraben), der den Holm und die Große Straße im Westen begrenzte. Von hier floss das Wasser in mehreren, später überbrückten Bächen in die Förde.[523]

Holm und Große Straße verbinden die hochmittelalterlichen Siedlungskerne von St. Nikolai mit dem Südermarkt und St. Marien mit dem Nordermarkt. Der Hafen reichte ursprünglich bis zur Straße Plankemai bei St. Johannis sowie zur Angelburger Straße und umfasste ferner den östlichen Teil der Grundstücke, die sich vom Holm zu den Südhofenden erstrecken. Deren Eigentümer haben jahrhundertelang ihre „Hofenden" mit der Anhäufung von Abfällen in den Hafen vorgeschoben. Die Förde erstreckte sich ursprünglich weiter in das Tal hinein und reichte bis an eine quer verlaufende Landschwelle (Angelburger Straße), sodass man mit Schiffen fast bis zum Südermarkt fahren konnte. Ausgrabungen vor dem Bau der Stadtgalerie am Holm beim Südermarkt belegen Siedlungsaktivitäten in der ersten Hälfte des 13. Jahrhunderts. So wies die Datierung einer am damaligen Hafenbereich errichteten Holzpalisade in die Zeit um 1231. Am Südermarkt befindet sich der natürliche Untergrund 3 m unter menschlichen Aufschüttungen.

Das 1269 gegründete, ursprünglich von einer Mauer umgebene ehemalige Franziskanerkloster liegt ebenso wie der Südermarkt auf einem Hügel. Am Kloster wurde seit 1500 durch Abfälle die Oberfläche um 2 m aufgehöht. Der zum Südermarkt führende Klostergang fiel im Mittelalter zu einem Wasserarm stark ab, dessen Grund sich mit 7,5 m unter dem heutigen Niveau noch unterhalb des Wasserspiegels der Förde befand. Den Gang verband eine Brücke mit der Klosterpforte, deren Fundamente 3 m unter der heutigen Oberfläche erbaut wurden. Zur Klosterinsel hinauf stieg der Weg wieder etwas an, während die Insel zur Roten Straße abfiel. Dem Rand der hier vorhandenen sumpfigen Niederung folgte die Klostermauer. Der südliche Teil der Roten Straße ist eine Durchbruchsstraße des 16. Jahrhunderts. Damals wurde über die westliche Ausbuchtung des Klosterareals über die alte Umfassungsmauer hinausgehend und quer über das sumpfige Mühlenstromtal ein Damm aufgeschüttet, der das Wasser des Mühlenstromes für die Wassermühlen an der Roten Straße staute, auf dem die neue Ausfallstraße nach Süden verlief. Auf den Aufschüttungen an der ehemaligen Grenze des Klosters entstand das 1436 erwähnte, 1874 abgebrochene Rote Tor. Für die Durchbruchstraße der Straßenbahn zum Bahnhof 1928 und mit der Altstadtsanierung zwischen Klostergelände und Rathaus wurden weitere Gebäude abgerissen.

Im Süden der Flensburger Förde erstreckt sich das ausgeprägte Erosionstal des Mühlenstroms, in dem sich am Ende der Weichsel-Kaltzeit die Entwässerung umkehrte, sodass das Wasser in die Förde abfloss. Der Mühlenstrom verband später zwei nach dem Ersten Weltkrieg zugeschüttete Mühlenteiche mit der Förde. Der verlandete Südteil der Förde war bereits vorher zugeworfen worden, um Platz für neue Hafenanlagen und den Bau der ersten Eisenbahn zu gewinnen, die 1854 bis zum Hafen reichte. Auf dem Gelände des zugeworfenen Kleinen Mühlenteiches entstand nach der Abstimmung 1920 das Deutsche Haus. Im Bereich des früheren Großen Mühlenteichs steht seit 1928 der heutige Bahnhof auf einer Pfahlgründung. Der Mühlenstrom wurde 1920 kanalisiert. Auf der Ostseite hatte die Industrialisierung seit den 1870er Jahren begonnen. Dazu gehörte die Verlegung von Gleisen der Hafenbahn, die Straße Hafendamm sowie die Errichtung von Speichern. Noch von 1904 existieren Fotos von Fischerbooten an der Balastbrücke, bevor die kleine Bucht für die Eisenbahn und städtische Erweiterung zugeworfen wurde.[524] Ende des 19. Jahrhunderts hatte man schon den Hafen mit einem Dampfbagger vertieft und das Bollwerk erneuert.

Die natürliche Begrenzung der Förde mit ihren steilen Moränenhängen und sandigen Uferbereichen davor schnürte der Mensch somit seit dem Hochmittelalter durch die Bebauung, durch Abfälle, die Zuschüttung der beiden Mühlenteiche, die Erweiterung der Hafenmole 1937 auf der Westseite und weiteren Hafenanlagen auf der Ostseite sowie die Beseitigung der Fördebucht am Balastberg immer weiter ein. Höhere Sturmhochwässer sind daher fatal, da

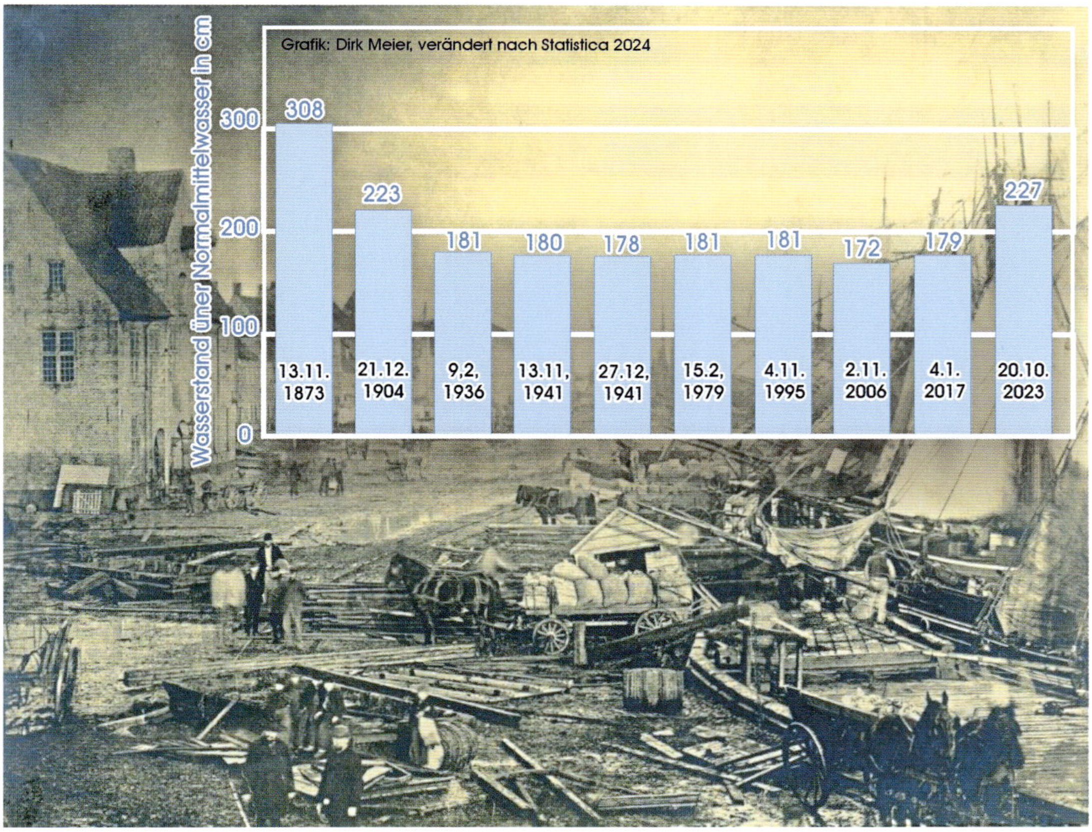

Der verwüstete Flensburger Hafen nach dem Ostseesturmhochwasser am 13. November 1872 und Hochwässer bis 2023.

Hochwassermarken am Kompagnietor in Flensburg von 1872, 1694 und 1836. Foto: Dirk Meier

das angestaute Wasser am Ende der Förde nicht ausweichen kann.

1872 stauten Sturmwinde aus westlicher Richtung über mehrere Tage den östlichen Teil der Ostsee auf. Zwischen den Belten und dem Kattegat betrug das Spiegelgefälle des Wassers 2 m. Zugleich strömten große Wassermassen aus der Nordsee in das Ostseebecken und vergrößerten die Schwungmasse der Ostsee. Als der Sturm nach Nordosten eindrehte, konnten die Wassermassen teilweise nicht mehr in die Nordsee ablaufen. Als der Sturm am 13. November mit 31 m/s Orkanstärke (Windstärke 11) erreichte, stiegen infolge des Rückschwappens die Wasserstände der westlichen und südlichen Ostsee schließlich auf ihre Höchstmarken. Erst das weitere Eindrehen des Sturms über Südost nach Süden und sein Abflauen ließen die Wasserstände schnell wieder fallen. Wegen des hohen Scheitelwasserstandes ist diese Sturmflut von 1872 statistisch als ein Jahrhundertereignis, wenn auch nicht als ein Jahrtausendereignis, zu werten. Es erreichte in Flensburg eine Höhe von 308 cm. In den Flensburger Nachrichten hieß es:

Es war ein Schrecknis von unerhörter Furchtbarkeit: das Wasser stieg mehr als 3 m über seine gewöhnliche Höhe und übertraf den bisher höchsten Wasserstand von 1694 um 60 cm, den des Jahres 1836 um 67 cm. Niemand war auf ein solches Naturereignis vorbereitet; soweit beglaubigte geschichtliche Nachrichten reichen, hatte man von einem solchen Wüten nicht gehört.

Das Wasser drang in Flensburg bis zur Angelburger Straße vor und überflutete bis zur Hälfte die von der Schiffbrücke ansteigenden Straßen. Hier standen Keller und Parterrewohnungen unter Wasser. Die Bewohner an der Schiffbrücke und an der Ballastbrücke wurden evakuiert. Ferner hatte das Wasser Brücken, Hütten, Holzlager und den Steinkohleschuppen der Dampfschiffs-Gesellschaft zerstört. Von ihren Ankerketten und Tauen losgerissene Schiffe wurden aufs Land geschleudert. Ferner stand zu lesen:

In den Hofenden, auf der Schiffbrücke, in der Neustadt bilden Bretter, Balken, Steinkohlen, Torf, Fadenholz, Zollbuden, Böte ein wildes Durcheinander… Einen traurigen Anblick bieten die Häuser. Das hier eingedrungene Wasser hat die Fußböden gehoben, die Fenster und gar die Mauern durchbrochen, den Hausrat wie Spielzeug hin- und hergeworfen und zerstört. Aus den öden Fensterhöhlen wehen jetzt zerrissene Vorhänge…Die Jürgensbyer Seite der Stadt ist wie eine Sandwüste. Auf dem Fußsteig nach der Ballastbrücke watet man in Sand und Tang. Die Gärten … sind mit Treibholz bedeckt. Die Brücke über den Lautrupsbach ist weggerissen und von einem mächtigen Stoß des Elements an 100 Schritt weit in die Wiese getragen. Die Badekarren sind zertrümmert…Groß ist der Schaden, den Einzelne erlitten haben. So sind der Weinhandlung „Henningsens Ww.“ [später Sonnberg] 70 Oxhöft schönen Weines ausgelaufen, und der großen Export-Schlachterei von Detlef Jürgensen sind 3000 Tonnen Salz beschädigt und viel Speck fortgetrieben. In den Speichern und Ladekellern sind kostbare Lager von Zucker, Reis, Zigarren teilweise verdorben, und vielen unvermögenden Einwohnern ist ihr ganzes Hab und Gut durch das Element zerstört.[525]

Auch in den folgenden Jahrzehnten standen die Straßen an der Schiffbrücke regelmäßig unter Wasser, wenn die Höhen im Schnitt mit zwischen 170 und 180 cm auch weit unter der von 1873 blieben. Erst das Sturmhochwasser am 20. Oktober 2023 erreichte mit 227 cm nach 1872 den höchsten Stand. Es verursachte umfangreiche Schäden an Häusern. Da aufgrund von Kurzschlussgefahr der Strom abgestellt wurde, funktionierten private Wasserpumpen nicht mehr. Auf einer Strecke von 40 m sackte die vielleicht schon vorher instabile Kaimauer an der Fördebrücke um 0,5 m ab und sinkt etwa um 5 mm jede Woche weiter. Ohne Maßnahmen droht sie in den Hafen zu rutschen. Auch die Pfähle sind in einem schlechten Zustand. Eine Sanierung wird Jahre dauern.[526] Da sich die Hochwasserprobleme im Zuge des Klimawandels verstärken werden, hat die Stadt eine Arbeitsgruppe Hochwasserschutz mit Beteiligung aller relevanten Bereiche unter Leitung des Oberbürgermeisters gebildet. Es sollen 13 Notfallzentren mit Informationen, Sandsäcken und Erster Hilfe eingerichtet werden. Ferner wird ein Konzept für den Schutz zentraler Bereiche und der touristischen Infrastruktur entwickelt. Oberbürgermeister Geyer betonte am 27. Oktober 2023:

„Die Flut vom vergangenen Wochenende hat gezeigt, dass die bisherigen Maßnahmen nicht mehr ausreichen, um dem Wasser die Stirn zu bieten. Das kürzlich beschlossene Klimaanpassungskonzept ist inhaltlich gut geeignet, einzelne Maßnahmen müssen jedoch früher umgesetzt werden als geplant. Neben den baulichen Maßnahmen müssen wir klären, wie wir die Menschen in den betroffenen Bereichen während der Flut und auch im Nachgang besser unterstützen können. Mit diesen Maßnahmen werden wir kommende Fluten in Flensburg gemeinsam meistern.“[527]

Bau der neuen Kaimauer in Flensburg. Foto: Richard Nehls

Man könnte an mobile Schutzwände denken, aber diese lösen nicht das ursächliche Problem, da auch das Wasser von unten hochdrückt. Meistern wird man die Auswirkungen von Hochwässern bei einem steigenden Meeresspiegel nur, wenn man die Förde nicht wie seit Jahrhunderten einzwängt. „Wasser kommt, Wasser geht“, ist keine Lösung, Wasser braucht Raum. Aber die Umsetzung ist in Flensburg schwierig.

LEBEN MIT DEM WASSER

In Schleswig-Holstein siedelten schon vor 2.000 Jahren Menschen in den Marschen an der Nordseeküste und an der Unterelbe im natürlichen Gefahrenbereich, wo sie mit dem Wasser lebten. Deren Siedlungen lagen auf hohen Uferwällen in den See- und Flussmarschen, an die sich landseitige ausgedehnte Sietländer mit Mooren anschlossen. Drohten Sturmfluten, erhöhten die Menschen ihre Flachsiedlungen zu Wurten (Warften). Bis an die Schwelle des Hochmittelalters griffen sie nur wenig in ihre natürliche Umwelt ein. Erst die Urbarmachung der Moore für die Agrarnutzung einer seit dem 12. Jahrhundert stark zugenommenen Bevölkerung mit Hilfe von Deichbau und geregelter Entwässerung schuf einige der heutigen Schwierigkeiten, da die urbar gemachten Böden immer tiefer sanken und Binnenwasserstau ein Problem darstellte.[528]

In Schleswig-Holstein ist fast ein Viertel der Landesfläche als Küstenniederungsgebiet ohne ausreichenden Küstenschutz gefährdet. Hier leben über 250.000 Menschen und befinden sich Sachwerte von rund 50 Milliarden Euro. Das Hochwasserrisikomanagement muss sich aufgrund der Klimaerwärmung auf eine Erhöhung der Niederschläge im Winter, einen Anstieg der Häufigkeit und Intensität von Hochwasserabflüssen der Gewässer und höhere Sturmflutwasserstände an den Küsten einstellen. Zudem wird sich die Tidendynamik ebenso verändern wie die Häufigkeit, Dauer und Intensität von Sturmfluten. Die Thesen des Hanse-Wissenschaftskollegs (HWK) Delmenhorst prognostizieren einem Meeresspiegelanstieg von 1 m bis 2100 und 3 m bis 2200.[529] Andere Szenarien gehen sogar aufgrund schneller schmelzender Eiskappen von bis zu 1,4 m für 2100 aus.[530] Die Höhe des Meeresspiegelanstiegs beeinflusst entscheidend die Möglichkeiten der Entwässerung der Niederungen mit Sielbetrieb, Schöpfwerken oder der Kombination aus Siel und Spitzenlastenschöpfwerk. Für das 21. Jahrhundert belegen die Szenarien des *Intergovernmen-*

tal Panel on Climate Change (IPCC) aufgrund erhöhter, anthropogen verursachter Treibhausgase steigende Maximaltemperaturn, Trockenheit und Starkregen sowie eine Zunahme von Wirbelstürmen mit höheren Windgeschwindigkeitsspitzen und Niederschlagsmengen.

Klimaprognosen haben aber eine Spannbreite möglicher Szenarien, die in ihren Auswirkungen meist nur global beschrieben werden. Regional hat das Norddeutsche Klimabüro des Helmholtz-Zentrums Hereon in Geesthacht Modellrechnungen durchgeführt.[531] Danach lässt sich für die Sielverbände der Anpassungsbedarf der Binnenentwässerung einschätzen, da die wesentlichen Einflussfaktoren mit Niederschlag, Binnenabfluss, Meeresspiegelverhalten, Tidedynamik, Sturmfluten und Morphologie bekannt sind.[532]

Verbunden mit dem Meeresspiegelanstieg bestimmen Tidehoch- und niedrigwasser sowie Ebb- und Flutdauer die Möglichkeiten der Binnenentwässerung durch ein Siel in die Nordsee. Lange Sturmflutdauer führt zu erhöhten Sperrzeiten von Sielen und Anforderungen für den Speicherraum des Binnenwassers. Sogar die Förderhöhe von Schöpfwerken kann überschritten werden. Letztlich besteht die Gefahr größerer Binnenwasserüberschwemmungen, wenn nicht genügend Speicherraum zur Verfügung steht. Nach älteren Modellrechnungen erhöht sich das Mittlere Tideniedrigwasser (MTnw) nicht signifikant, aber das Mittlere Tidehochwasser (MThw) überproportional zum mittleren Meeresspiegelanstieg.[533] Prognostiziert wird vom Norddeutschen Klimabüro für den Zeitraum von 2010 bis 2030 ein MTnw-Anstieg von 6 cm und ein MThw-Anstieg von 8 cm sowie für 2030 bis 2100 ein MTnw-Anstieg von 63 cm und ein MThw-Anstieg von 81 cm. Der mittlere Tidenhub (MThb) nimmt dementsprechend zwischen 2010 bis 2030 um 2 cm bzw. bis 2100 um 18 cm zu. Bei Husum lag 2014 der MThb bei 350 cm.

Ferner ist von einer Änderung der zeitlichen und räumlichen Verteilung der Niederschläge auszugehen. Die Daten zeigen bis um 5 % zunehmende Niederschläge bis 2030 und 10 % bis 2070, die größtenteils die Wintermonate von Dezember bis Februar betreffen. Diese werden sich bis 2030 um 10 %, 2050 um 15 % und 2070 um 35 % verstärken und dafür von Juni bis August 2050 um 2 % und für 2070 und 10 % abnehmen. Zunehmende niederschlagsarme Sommer haben für eine bewässerungsintensive Form der Landwirtschaft Auswirkun-

In Zukunft werden mehr Schöpfwerke benötigt. Das Foto zeigt ein Schöpfwerk am Bongsieler Kanal bei hohem Wasserstand. Foto: Dirk Meier

gen. Der Klimaatlas des Norddeutschen Klimabüros lässt zwar keine Aussagen bezüglich der Dauer, Intensität und Ausdehnung der Niederschläge zu, doch wird in den Wintermonaten sowie im Frühjahr und Herbst mit höheren Abflussmengen und höheren Grundwasserständen zu rechnen sein.[534]

„Wohin mit dem Wasser?“ kann nur bedeuten, es in noch mehr Retentionsräumen zu speichern und Überschwemmungsgebiete zuzulassen. Zudem erhöhen sich Anforderungen vor allem in durch Siele entwässerte Systeme, die im Winter auch Schnee und Eis bewältigen müssen. Schwierigkeiten treten dann ein, wenn bei einer Erhöhung des Tideniedrigwassers und verkürzten Sielzeiten zukünftig in den Wintermonaten mehr Binnenwasser abgeführt werden muss. Auch in den Sommermonaten können vermehrt kurze Starkregenereignisse eintreten. Das Wassermanagement muss daher in den Niederungsgebieten in der Lage sein, bewässerungsintensive landwirtschaftliche Nutzungen und den Hochwasserschutz gleichsam zu gewährleisten und andererseits Naturschutzgebiete mit ihren Wiedervernässungen zu erhalten.

Für die Möglichkeiten der Entwässerung an der Nordsee ist auch die Morphologie der Watten wichtig. Niederländischen Modellrechnungen zufolge würden bei einem Meeresspiegelanstieg von 8 bis 10 mm im Jahr das Wattenmeer ohne Gegenmaßnahmen trotz verstärkter Sedimentation bis Ende 2100 erodiert werden und unter den Meeresspiegel abtauchen.[535] Demnach könnte nach der zweiten Hälfte des 21. Jahrhunderts eine Abnahme der Wattflächen zugunsten permanent mit Wasser bedeckter Flächen erfolgen. Auch die Priele würden sich vertiefen. Die Festlandssalzwiesen können einen Meeresspiegelanstieg von bis zu

15 mm durch vermehrte Sedimentablagerungen ausgleichen. Infolge verstärkter Sedimentation an der Vorlandkante dürften deichnahe Vorländer vernässen. Daher wird sich im Zeitraum von 2010 bis 2030 etwa an der Dithmarscher Küste die Aufschlickung im Bereich der Vorfluter fortsetzen. Deren Ausräumung ermöglicht auch nicht die geringe Erhöhung der Tideströmung. Während die Wattflächen langfristig unter MTnw absinken, können sich in durch Lahnungen geschützten Bereichen weiter Sedimente ablagern. Die Tidewassermengen werden langfristig nicht mehr durch Tiderinnen, sondern über ständig unter Wasser stehende Wattflächen strömen. Die Tiderinnen sedimentieren ebenso zu wie Vorfluter nahe von Deichen.

Auf Grundlage dieser Szenarien veröffentlichte die Arbeitsgruppe Niederungen bereits 2014 Planungshorizonte für 2030, 2050 und 2070.[536] Anpassungserfordernisse in den Niederungsgebieten bestehen bis 2030 für die Hattstetter Marsch in Nordfriesland sowie die Köge der Sielverbände Tetenbüllspieker im Norden Eiderstedts und Rothenspieker im Süden der Halbinsel an der Untereider. Weitere Maßnahmen sind erforderlich für die Niederungen oberhalb von Lexfähre in der Eider-Treene-Region sowie für den Sielverband Mieltal, das Wassereinzugsgebiet Steertlochsiel sowie weitere Sielverbände in Süderdithmarschen (Dieksander Koog, Friedrichskoog, Neufeld, Kaiser-Wilhelm-Koog, Kronprinzenkoog). In den Elbmarschen sind ebenfalls mehrere Sielverbände betroffen (Verbände Vaaler Moor, Harrwettern, Hollerwettern-Humsterdorf, Kremper Au, Kollmar).

Bis 2050 sind Anpassungen für die Deich- und Sielverbände auf Sylt (Nösse), Eiderstedt (Spuitsiel, Norderwasserlösung), in Dithmar-

Hoher Binnenwasserstand am 5. Januar 2012 in Eiderstedt. Wir müssen lernen, mit dem Wasser zu leben.
Foto: Dirk Meier

schen (Norder- und Südermiele) und in der Wilstermarsch (Beidenfleth) notwendig.

An der Ostseeküste bestehen Anpassungserfordernisse in vielen Niederungsgebieten an der Küste, der Schlei sowie an Auen und kleinen Flüssen (Munkbrarup Au-Schwennau, Langballigau, Hunnau Lehbeker-Au, den Angelner Auen, Osterbek, Aschau). Ferner sind Maßnahmen für die Stadt Heiligenhafen erforderlich.

Bis 2070 werden weitere Änderungen im Wassermanagement in Nordfriesland (Husum Nord) Eiderstedt (Südermarsch, Finkhaushallig, Tümlauer Koog-Schleuse, Ehstensiel), Dithmarschen (Speicherkoog Nord) und den Elbmarschen (Hollerwettern-Humsterdorf, Hodorf, Münsterdorf, Grönhude) erforderlich sein.

An der Ostküste sind die Niederungsgebiete von Boren, der Koselauer Au, Oldenburger Graben und auf Fehmarn betroffen.

Ohne Maßnahmen wird bis 2070 die Sielentwässerung abnehmen und kaum noch über den Grenzwerten liegen. Daher wird sich der Schöpfwerksbetrieb verstärken müssen. Für 2070 geht man dabei um eine Erhöhung von 25 % aus. Im Bereich des Bongsieler Kanals wird zwar noch eine Sielentwässerung bei Schlüttsiel möglich sein, doch wird sich hier der Speicherraum für Binnenwasser reduzieren.

Ähnlich wie am Bongsieler Kanal bestimmen an der über ein Siel in die Eider entwässernden Treene die MTnw-Wasserstände am Eidersperrwerk die Möglichkeiten. Eine Abnahme des Wasserspiegelgefälles wird zu Einschränkungen bis hin zur Aufgabe der Sielentwässerung der Treene führen. Auch die Entwässerung der mittleren Eider durch die Schleuse Nordfeld kann sich verschlechtern. Verschärfend kommt die stetige Versandung der Tideeider hinzu. Hier sind für die Zwischenspeicherung des Binnen- und Flusswassers extra Flächen einzurichten. Im kleineren Maßstab sind Anpassungen für die tidebeeinflussten Nebengewässer der Elbe, Stör, Krückau und Pinnau erforderlich.

Neben der Zunahme von Schöpfwerksflächen sind aufgrund des Meeresspiegelanstiegs auch höhere Förderhöhen des Binnenwassers erforderlich. Dadurch erhöhen sich Schöpfwerkskosten ebenso wie Strompreise. Hinzu kommen Kosten für Neubauten von Schöpfwerken zur Entwässerung des Einzugsgebietes des Bongsieler Kanals, der Mitteleider und der Treene. Wie die zuständigen Deich- und Hauptsielverbände einschätzen, könnte 2050 eine Entwässerung der Treene und Eider im Sielbetrieb unmöglich sein. Zwei zu errichtende Großschöpfwerke würden ca. 160 Mrd. € kosten. Hinzu kommen jährliche Betriebskosten von ca. 160 Mrd. €. Im Wassereinzugsgebiet des Bongsieler Kanals ist eine Umstellung auf Schöpfbetrieb für 2070 denkbar. Diese Kosten werden mit ca. 66 Mio. € veranschlagt bei jährlichen Betriebskosten von ca. 2,8 Mio. €.

Abschließend sei ein Blick in die Niederlande geworfen, denn etwa ein Viertel des Landes liegt unter dem Meeresspiegel. Es verwundert daher nicht, dass sich von den Niederlanden aus im 16. Jahrhundert neue Techniken im Küsteningenieurswesen entlang der Nordseeküste verbreiteten. Nach der Hollandsturmflut 1953, die vor allem das Rhein-Maas-Schelde Ästuar traf, ist der Hochwasserschutz massiv ausgebaut worden.[537] Es wurden neben höheren und breiteren Klimaschutzdeichen viele Kilometer lange Sturmflutwehre gebaut, man denke nur an das aber weiterhin den Wasseraustausch ermöglichende Oosterschelde-Sturmflutwehr oder das flexibel schließbare Maeslant-Sturmflutwehr beim Hafen Rotterdam.[538] Da letzteres nur für einen Meeresspiegelanstieg von 0,5 m bis 2100 ausgelegt ist, erfolgen für dieses Sperrwerk wie auch die anderen Anpassungskonzepte des Rijkswaaterstaats. Hinzu kommen Probleme großer Binnenwasserüberflutungen nach Deichbrüchen am Rhein und anderen Flüssen, wie 1993 und 1995.[539]

Die Niederlande könnten aber ab dem nächsten Jahrhundert vor dem Problem stehen, dass trotz massiver Investitionen alle bisherigen Schutzmaßnahmen an der Nordseeküste nicht mehr ausreichen. Weit in die Zukunft gerichtete Szenarien berechnen Meeresspiegelanstiegsraten von 2 bis 6 m in den kommenden Jahrhunderten, wenn das 1,5-Grad-Klimaziel nicht erreicht wird. Was wird dann?

Da mutet die Idee des Elektroingenieurs Dick Butjin phantastisch an. Er projektiert einen 3 m breiten Damm (De Haakse Zeedijk) aus Sand 15 bis 20 km vor der heutigen Nordseeküste von den Niederlanden bis nach Dänemark.[540] Dahinter sollen sich dann mit der Zeit Süßwasserseen entwickeln, die ihr Wasser vom Rhein und anderen Flüssen erhalten. Wenn der Meeresspiegel aber einige Meter angestiegen ist, wird es gewaltiger Pumpen und Schleusen für die Schifffahrt bedürfen. Fische erhalten eine Aufstiegstreppe. So ein riesiger Deich ist aber heute politisch nicht umsetzbar. Man fühlt sich fast an den nationalsozialistischen Lohse-Plan erinnert, der für eine Steigerung der Agrarproduktion eine teilweise Abdeichung des nordfriesischen Wattenmeeres vorsah. Vor etwa 80 Jahren wollte schon der deutsche Architekt Herman Sörgel Dämme und Brücken über das Mittelmeer bauen und es teilweise trockenlegen.

Doch die Niederlande setzten anstatt unrealistischer Ideen auf ein ganzheitliches Wasserprogramm unter Einbindung aller gesellschaftlichen Ebenen, Wirtschaft und Politik. Die Deiche werden in Zukunft nicht mehr um jeden Preis erhöht, sondern das Wasser erhält mehr Raum, um es kontrolliert in die Nordsee wieder abfließen zu lassen. Daher wurden schon im Programm „Raum für den Fluss“ bis 2015 für etwa 30 Risikogebiete Lösungen entwickelt. Alte, trockengelegte Flussarme hat man wieder geöffnet, Uferstreifen ausgeweitet, Deiche entfernt und an anderen Stellen neu erbaut. Bei Nijmwegen erhält beispielsweise die Waal einen neuen Flussarm. An anderen Stellen hat man Deiche durchbrochen, um das Wasser bei Überschwemmungen in Auffangräume zu leiten. Anwohner, die weichen müssen, erhalten Entschädigungen. Zudem erbaut man wieder Höfe auf Terpen oder schwimmfähige Häuser.

Früher auch in Schleswig-Holstein nur nach wasserwirtschaftlichen Bedürfnissen ausgebaute Gewässer nehmen dem Wasser seinen Raum. Daher sind Retentionsflächen für das Wasser mit naturnaher Umgebung erforderlich. Die Antwort auf die Frage „Wohin mit dem Wasser?“ heißt: „Mit dem Wasser leben!“

ANMERKUNGEN

1 Handschrift des Heidelberger Sachsenspiegels (Codex palatinus germanicus 164), Landrecht II 56 § 1, Deichbau, Ldr. II 58 § 2: Abgaben von Münzstätten, Weingärten, Mühlen. Siehe auch: Ebel 1993. https://digi.ub.uni-heidelberg.de/diglit/cpg164
2 Tys 2003.
3 Borger 1992, 131 ff.; Borger u. Brunines 1994, 15 ff.
4 Meier 2019, 137 ff.
5 Brandt 1984.
6 Meier u.a. 2013, 126 ff.
7 Ein Drempel (mittelhochdeutsch: Drempel für Türschwelle) bildet die Schwelle des oberen Schleusentores. Dieser dient ebenso wie die seitlichen Torlager als Anschlag für das geschlossene Tor, zum Abschluss und zur Ableitung des Oberwasserdrucks auf das Dichtungslager der Schleuse.
8 Borger u. Bruines 1994; Meier 2022, 168–169.
9 Meier 2007, 113 ff.
10 Fischer 1958, 228 ff.; Meier 2916, 201 ff.
11 Ministerium für Energiewende, Klimaschutz, Umwelt und Natur des Landes Schleswig-Holstein 2024, 211 ff.
12 https://www.ipcc.ch/, Bericht: IPCC 2021
13 AG Niederungen 2014.
14 Ministerium für Energiewende, Klimaschutz, Umwelt und Natur des Landes Schleswig-Holstein 2024: Zukunft Niederungen. Entwurf Stand 28.04.2023.
15 Ehlers 2021, 42 ff.; zu den stratigraphischen Begriffen für das Quartär siehe: Litt u.a. 2007.
16 Ehlers 2021; Meier 2014, 24 ff.; 2016, 28 ff.; 2019, 35 ff.
17 Wohlstedt 1974, 1 ff.
18 Gripp 1964, 175 ff.; Meier 2019, 35 ff.; Wohlstedt 1974, 28 ff., 55 ff. Leitgeschiebe bilden: Dala Sandstein und Stockholm Granit u. Kinnekulle Diabas aus Mittelschweden, Rhombenporphyr aus Südnorwegen, Aaland-Rapakiwi aus Finnland und Roter Ostseeporphyr.
19 Gripp 1964, 238 ff.; Grube 2018, 61–72; Wohlstedt 1974, 28 ff.
20 Gripp 1964, 238 ff.; Grube 2004a/b; 2018, 61–72; Wohlstedt 1974, 28 ff.
21 Gripp 1964, 184.
22 Gripp 1964, 259 ff.; Wohlstedt 1974, 36 ff.
23 Ehlers 2021, 42 ff.; 46 ff.; Meier 2014, 24 ff.; 2019, 35 ff.
24 Ehlers 2021, 46 ff.; Krbetschek u.a. 2008; Stephan 2023, 87.
25 Stephan u.a. 1983.
26 Zusammen mit der Firma Steinfeld und Partner, Hamburg, wurden vom Verf. geoarchäologische Gutachten für die Firmen Amprion und Tennet erstellt.
27 Geikie 1894, 441.
28 Geyh u. Müller 2005.
29 Ehlers 2021, 49; Meier 2014, 25 ff.; 2019, 38 ff.
30 Hallik 1960.
31 Meier 2014, 25 ff.; 2019, 38 ff.
32 Ehlers 2021, 51.
33 Ehlers 2021, 51.
34 Gripp 1964, 211 ff.; Wohlstedt 1974, 99 ff.
35 Meier 2014, 26 ff.; 2016, 28 ff.
36 Meier 2016, 29 ff.
37 Meier 2018.
38 Meyer 2005, 36.
39 In diesem Sinne: Streif 1990; die ältere Auffassung vertrat Gripp 1954.
40 Ehlers 2021, 52; Meier 2014, 28 ff.; 2019, 41 ff.
41 Hartz 1987, 119 ff.; Meier 2017, 20 ff.
42 Ehlers 2021, 53 ff.; Meier 2014, 29 ff.; 2019, 45 ff.
43 Ehlers 2021, 57; Stephan 2004.
44 Ehlers 2021, 58; Hughes u. Gibbard 2015.
45 Lüthgens u.a. 2010a/b.
46 Gripp 1964, 230 ff.; Wohlstedt 1974, 106 ff.
47 Ehlers 2021, 58 ff.
48 Meier 2019, 45 ff.
49 Stephan 2003; Wohlstedt 1974, 48 Tab. 3.
50 Stephan 2003; Wohlstedt 1974, 109.
51 Wohlstedt 1974, 108 ff.
52 Meier 2019, 45 ff.
53 Meier 2019, 45 ff.; Prange, Werner 1979, 1–24.
54 Gripp 1964, 81–123; Meier 2019, 45 ff.
55 Gripp 1964, 81 ff.; 234 ff., 252 ff.; Meier 2019, 45 ff.
56 Dittmer 1952; Meier 2016, 31 ff.
57 Gripp 1964, 242; Meier 2019, 45 ff.; Riedel 1981, 14–15.
58 Degn u. Muus 1968, 46–47.
59 Meier 2016, 16 ff.
60 Muus u.a. 1973, 44–45.
61 Meier 2016, 45 ff.; Niedermeyer u.a. 2011.
62 Muus u.a. 1973, 30–31.
63 Figge 1980, 203–211; Meier 2014, 31 ff.; Wohlstedt 1974, 123 ff.
64 Meier 2016, 32 ff.
65 Degn u. Muus 1968, 36–37; Gripp 1964, 241.
66 Meier 2019, 60 ff.
67 Weninger u.a. 2008.
68 Zur Archäologie der Doggerbank siehe: Coles 2000, 393–401; Gaffney u.a. 2007.
69 Meier 2019, 60 ff.
70 Menke 1988, 117 ff.; Streif 2004, 3–28.
71 Behre 1999, 9–33; 2003, 9–63; 2004, 1–7; 2011a; 2011b, 13–30. Zur Kritik der Meeresspiegelkurve von Behre siehe: Bungenstock u. Weerts 2010; Baeteman u.a. 2011; Vos u. van Heeringen 1997, 64; Weerts u.a. 2013, 45 ff.
72 Hoffmann 1991, 26 ff.; 1992, 11 ff.; Meier 2014, 44 ff.
73 Meier 2014, 44 ff.; Streif 2004, 22 ff. Die bei Streif genannten gerundeten Radiokarbondaten vor heute werden hier in gerundeten Kalenderjahren angegeben.
74 Streif 2004, 24 ff.
75 Janetzko 1982, 87–100; Hoffmann 1991, 33 ff.
76 Meier 2014, 44 ff.
77 Menke 1988, 122. Probe Hv 7106.
78 Menke 1988, 122. Probe HV 6190.
79 Menke 1988, 121 ff., 124 ff.
80 Hoffmann u.a. 1997, 213 ff.; Meier 2019, 63 ff.
81 Für den Bau der Fabrik von Northvolt wurden vom Verf. in Kooperation mit der Firma Geotechnik Nord 2023 für das ALSH Bohrungen am Geestrand durchgeführt. Die an das ALSH eingereichten C-14 Proben wurden noch nicht zur Datierung weitergereicht.

82 Hummel u. Cordes 1969, 103–112; Meier 2016, 42 ff.; 46 ff.; 2019, 63 ff.
83 Meier 2001b, 22 ff.; Menke 1988, 126.
84 Meier 2016, 42 ff., 46 ff.
85 Menke 1988, 122. Die angegebenen unkalbibrierten C-14 Daten wurden auf calibrierte Daten umgerechnet. Proben Hv 628.
86 Menke 1988, 128.
87 Menke 1988, 127.
88 Zur Landschaftsgeschichte Eiderstedts siehe: Meier 2001a/b; 2016.
89 Meier 2019, 63 ff.
90 Meier 2019, 63 ff.
91 Hoffmann 1988, 88 ff.
92 Hoffmann 1988, 39 ff.
93 La Baume 1952/1953, 343.
94 Menke 1988, 122. Probe H 862–988.
95 Hoffmann 1988, 88.
96 Zur Landschaftsgeschichte Sylts siehe: Meier 2018.
97 Menke 1988, 129 ff. Menke gibt 3.100 bis 2.500 Jahre vor heute an, die hier mit Hilfe des Programms CalPal in Kalenderjahre umgerechnet wurden.
98 Meier 2001a, 132 ff.; 2001b, 17 ff., 84 ff.; 2016, 53 ff.; Menke 1988, 129. 1.925±65 BP (Hv 3371/72), 1.950±35 BP (Hv 3373/74).
99 Menke 1988, 129 ff.
100 Meier 2016, 53 ff.
101 Meier 2001, 132 ff.; 2001b, 17 ff., 84 ff.; Brande 1988, 139–147.
102 Meier 2001b, 31 ff.; Segschneider 2007, 9–16.
103 Nur bei äußerst günstigen Bedingungen soll sich der Helgoländer Felsen von der Westküste Eiderstedts mit dem bloßen Auge bei trockener Kaltluft ausmachen lassen. Siehe: Schleswiger Nachrichten, 17.3.2007.
104 Beuker 2014, 9–32; Hartz u. Segschneider 2014, 91–102; Hirsch 2014, 75–90.
105 Wiermann 1962; Menke 1988, 130.
106 Die palaöbotanischen Untersuchungen wurden von H. Kroll, Institut für Ur- und Frühgeschichte der Universität Kiel, durchgeführt.
107 Menke 1988, 130–131.
108 Harck 1980, 32–63; Meier 2001b, 32; 2013a, 15–40.
109 Duphorn u.a. 1995; Grim 2012, 39; Rheinheimer 1996; Meier 2019, 68 ff.
110 Andrén u.a. 2000, 233–250; Björck 1995, 19–40; Meier 2019, 68 ff.
111 Jensen u.a. 1999, 437–453.
112 Jakobsen u.a. 2014, 18 mit weiterer Literatur.
113 Bronger u. Buchofer 1969, 105.
114 Meier 2016, 15 ff.
115 Bantelmann 1975, 40.
116 Rohde 1986, 311 ff.
117 Meier 2016, 178 ff.
118 Meier 2016, 198 ff.; 201 ff.; 203 ff.
119 Meier 2016, 16 ff.
120 Heinzte 2015a, 53 ff.; Friedemann 2000, 28–35.
121 Meier 2016, 145 ff.
122 Meier 2016, 19 ff.
123 Meier 2016, 21 ff.
124 Meier 2016, 19 ff.
125 Meier 2016, 19 ff.; 152 ff.
126 Meier 2016, 28 ff.
127 Meier 2016, 28 ff.
128 Meier 2016, 28 ff.
129 Meier 2016, 28 ff.
130 Meier 2016, 28 ff.
131 Meier 2016, 42 ff; Menke 1988, 130–131.
132 Meier 2016, 100 ff.
133 Fischer 1957a, 39, 129.
134 Fischer 1957a, 133.
135 Dithmarscher Urkundenbuch, 58 LI.
136 Fischer 1957a, 133; Meier 2016, 100 ff. So könnten *Melsword, Ysmaedowae, Aendebytael, Gardasflyt, Flette* und *Hunsbytael* zwischen Lunden und St. Annen gelegen haben. Letztere bezeichnet wohl die Insel *Bosenbuttel* (Bösbüttel), die nach dem *Liber censualis* an die bischöfliche Burg in Schwabstedt abgabepflichtig war. Zudem erwähnt das Erdbuch den Besitz einer halben Hufe oberhalb der Broklandsau *(supra ulram)*. Die im Erdbuch genannten Orte könnten in der Zweiten Marcellusflut 1362 untergegangen sein, bezeugt ist das jedoch nicht.
137 Fischer 1957a, 129; Meier 2016, 100 ff.
138 Fischer 1957a, 135; Meier 2016, 100 ff.
139 Urkundenbuch Dithmarschen, 82 XXVIII zu 1447. 1447 kam es zu einem Kompromiss der Dithmarscher mit Herzog Adolf von Schleswig und Grafen von Holstein. Siehe auch ebd., 35 XXIX zu 1447.
140 Fischer 1957a, 128 ff., 130; Meier 2016, 100 ff.
141 Fischer 1957a, 138; Meier 2016, 100 ff.
142 Fischer 1957a, 132; Meier 2016, 100 ff.
143 Urkundenbuch Dithmarschen, 82 XXVIII zu 1447. 1447 kam es zu einem Kompromiss der Dithmarscher mit Herzog Adolf von Schleswig und Grafen von Holstein. Siehe zu den weiteren Konflikten, Prozessen und adeligen Einverleibungsversuchen Dithmarschens u.a. ebd., 35 XXIX zu 1447; 59 XXX zu 1456, 68 XXXVII; 71 XXXIX; 82 LVII.
144 Fischer 1957a, 131; Meier 2016, 117 ff.
145 Fischer 1957a, 142 ff.
146 Vieth, Dithmarschen, 1733, 411–412: *Binnen de dree Hemme in dem Eyderstrom, also beschedentlick dat Sebrock de Helveshemme und de Vorhemme, effte Kneehemme, is idt dergestalt gescheiden, dat wy Konning Friederich und Hr. Johanns gelottet, unde is de Hoheit de Oberichkeit der Helveshemme Uns Konning Friederich, und Vorhemme effte Kneehemme, Uns Hertog Johannsen to gefallen.*
147 Urkundenbuch Dithmarschen, 82 XXVIII zu 1447. 1447 kam es zu einem Kompromiss der Dithmarscher mit Herzog Adolf von Schleswig und Grafen von Holstein. Siehe auch ebd., 35 XXIX zu 1447.
148 Liber censualis episcopi, Hansen u. Jessen 1904, 173 ff.
149 Meier 2016, 117 ff.
150 Loewe 1998, 224. Nördlich von Norderstapel wurden spätmittelalterlichen Scherben auf dem Uferwall der Treene entdeckt, 1968 überdeckte die Fundstelle der verstärkte Deich. Die Landesaufname von Loewe (1998) enthält keine Karte mit dem genauen Fundort.
151 Fischer 1958, 29 mit Hinweis auf eine Quelle von 1430: *item parrochia ecclesie, que fuit in Dornebul.*
152 Fischer 1958, 33; Meier 2016, 117 ff.
153 W. Prange, Herzog Adolfs Uteilbuch, Nr. 70.
154 Liber censualis episcopi Slesvicensis, Hansen u. Jessen 1904, 174.

155 Fischer 1958, 34; Meier 2016, 117 ff.
156 Loewe 1998, 224.
157 Fischer 1958, 35. Die ältere Forschung nahm noch den Tadjenbüller Koog an.
158 Rep. Dipl. Dan. Nr. 4444.
159 Rep. Dipl. Dan. Nr. 10772. Andererseits nennt das Dematregister von 1500 (Landesarchiv Schleswig-Holstein, Abt. 7, 3168) auch Schlick-Mildter- und Norfeld. Nach der Wortwahl waren demnach die letzten drei Bereiche noch nicht bedeicht.
160 Fischer 1958, 36; Meier 2016, 117 ff.
161 Landesarchiv Schleswig-Holstein, Abt. 7, 3168.
162 Meier 2016, 187 ff.
163 Das Chronicon Eiderostadense vulgare beschränkt sich dabei auf die Aussage, dass ein neuer Deich gelegt worden ist. Heitmann 1977, 88–89; Fischer 1956, 325. Einen Südweststurm erwähnt auch Vieth in seiner Beschreibung Dithmarschens 1733, 427.
164 Hinz 1954, 184 Fundstelle 2 u. 3.
165 Chronicon Eiderostadense vulgare, Heitmann 1977, 32–33.
166 Chronicon Eiderostadense vulgare, Heitmann 1977, 42–43.
167 Vieth 1733, 303.
168 Liber censualis episcopi, Hansen u. Jessen 1904, 175.
169 Liber censualis episcopi, Hansen u. Jessen 1904, 176.
170 Liber censualis episcopi, Hansen u. Jessen 1904, 163, B III fol. 15a: *chiis sancti Johannis, sancte Christine et sancte Catherine in der Wisch consueuerunt esse de iusrisdictione castri et querere placitum suum illic; item parrochia ecclesiae, que fuit in Dornebul.* vgl. Jessen 1904, 269.
171 Liber censualis episcopi, Hansen u. Jessen 1904, 163, 166, 167, 169, 170, 177; Jessen 1904, 269; Fischer 1958, 21, 30; Loewe 1998, 308.
172 Liber censualis episcopi Slesvicensis, Hansen u. Jessen 1904, 163, 166, 169, 170, 177; Jessen 1904, 268; Fischer 1958, 21, 30; Loewe 1998, 400; Meier 2016, 117 ff. Die Landesaufname von Loewe (1998) enthält keine Karte mit dem genauen Fundort. Der Ort lag auf dem Fresendelfer Damm dort, wo diesen ein Sielzug quert. Hier steht eine Hinweistafel.
173 Liber censualis episcopi Slesvicensis, Hansen u. Jessen 1904, 163, 166, 170 f., Zinsbuch 1509 ebd., 297, 314; Jessen 1904, 268.
174 Liber censualis episcopi Slesvicensis, Hansen u. Jessen 1904, 170, fol. 21a
175 Fischer 1958, 30; Meier 2016, 117 ff.
176 Fischer 1958, 31; Meier 2016, 117 ff.
177 Liber censualis episcopi Slesvicensis, Hansen u. Jessen 1904, 169.
178 Loewe 1998, 400, Wohlde LA 7.
179 Liber censualis episcopi Slesvicensis, Hansen u. Jessen 1904, 146, 147, 160–161; Zinsbuch von 1509, ebd., 297, fol. 49b; Jessen 1904, 268.
180 Chronicon Eiderostadense vulgare, Heitmann 1977, 58–59, 66–67; Vieth 1733, 308
181 Fischer 1957a, 39, 129.
182 Loewe 1998, 352; Fischer 1958, 31–32; Meier 2016, 117 ff.
183 Fischer 1958, 21; Meier 2016, 117 ff.
184 Fischer 1958, 33; Meier 2016, 117 ff.
185 Chronicon Eiderostandense vulgare, Heitmann 1977, 80–81.
186 Chronicon Eiderostandense vulgare, Heitmann 1977, 84–85.
187 Chronicon Eiderostandense vulgare, Heitmann 1977, 84–85.
188 Chronicon Eiderostandense vulgare, Heitmann 1977, 86–87.
189 Fischer 1956, 90, 96.
190 Fischer 1956, 325.
191 Meier 2001b, 92 ff.
192 Knottnerus 2005, 161–167.
193 Fischer 1958, 43. Urkunde zur Treeneabdämmung: LAS Abt. 7, Nr. 443 mit Beschluss am 12. September 1569; Meier 2016, 145 ff.
194 Borger (1998, 95) verweist auf die erst 1619 verfassten herzoglichen Urkunden zum Deichbau aus politischen Gründen. Ferner betont er zu Recht das herzogliche Interesse an der Abdämmung.
195 Dau (1996, 20) geht von 1569 aus.
196 Fischer 1958, 44, 46, 47 Abb. 4; Borger 1998, 105. LAS, Abt.7, Inv. Nr. 5168, Notanda.
197 Fischer 1958, 48, 49 Abb. 4 u. 5; Meier 2016, 145 ff.
198 Fischer 1958, 45; Meier 2016, 145 ff.
199 Borger 1998, 105; Dau 1996, 9, 34; Fischer 1956, 98 ff.; Meier 2016, 145 ff.
200 Fischer 1958, 146 Abb. 25.
201 Chronicon Eiderostandense vulgare, Heitmann 1977, 80–81; Fischer 1956, 98 ff.
202 Fischer 1956, 146 ff.; Meier 2016, 134 ff.
203 Fischer 1956, 148 ff.; Meier 2016, 134 ff.
204 Fischer 1956, 107 Abb. 17; 142 ff., 143 Abb. 26; Meier 2016, 134 ff.
205 Fischer 1957a, 103–104; Meier 2016, 134 ff.
206 Fischer 1957a, 96–97; Meier 2016, 134 ff.
207 Fischer 1957a, 97; Meier 2016, 134 ff.
208 Fischer 1957a, 102–103; Meier 2016, 134 ff.
209 Fischer 1957a, 103; Meier 2016, 134 ff.
210 Fischer 1957a, 151–15 mit Abb. 17.
211 Fischer 1957a, 153; Meier 2016, 134 ff.
212 Fischer 1957a, 158–159; Meier 2016, 134 ff.
213 Fischer 1957a, 171; Meier 2016, 134 ff.
214 Fischer 1957a, 141 Abb. 15.
215 Fischer 1957a, 145 ff.; Meier 2016, 147 ff.
216 Fischer 1957a, 147–149.
217 Vieth 1733, 448.
218 Vieth 1733, 451 mit Hinweis auf das Nordfriesische Chronicon 1, 3, c.10.
219 Fischer 1956, 71, 175.
220 Fischer 1956, 162 ff.
221 Fischer 1957a, 155 ff.
222 Fischer 1957a, 156.
223 Fischer 1957a, 157.
224 Vieth 1733, 458.
225 Fischer 1956, 197 ff., 199 Abb. 33 mit Zeichnung der Eindeichung. Zur Ausführung gelangte 1693 die innerste Deichlinie, eine Skizze von 1754 zeigt die Deichquerschnitte (Fischer 1956, 201 Abb. 39).
226 Meier 2011a, 259–292.
227 Fischer 1956, 211, 231
228 Fischer 1957a, 182.
229 Fischer 1958, 105 ff.
230 Fischer 1958, 105–106.

231 Fischer 1956, 213.
232 Fischer 1958, 106.
233 Fischer 1958, 107.
234 Fischer 1958, 107.
235 Fischer 1958, 107–108.
236 Fischer 1958, 108–109.
237 Fischer 1958, 110.
238 Fischer 1958, 111, 113.
239 Fischer 1958, 110.
240 Fischer 1958, 111 Abb. 17, 112 ff.
241 Fischer 1958, 114–115.
242 Fischer 1957a, 206 ff.
243 Fischer 1957a, 209 ff., 210 Abb. 30.
244 Fischer 1957a, 210.
245 Fischer 1957a, 220 ff.; Meier 2016, 134 ff.
246 Fischer 1957a, 247–252; Meier 2016, 134 ff.
247 Fischer 1957a, 247 ff.; Meier 2016, 134 ff.
248 Fischer 1958, 144 ff., Abb. 21; Meier 2016, 134 ff.
249 Meier 2012a, 183–235.
250 Fischer 1956, 266.
251 Fischer 1957a, 252–260.
252 Fischer 1958, 132; Meier 2012a, 222 ff.
253 Fischer 1957a, 253; Meier 2012a, 222 ff.
254 Fischer 1956, 268 ff., 269 Abb. 56, 270 Abb. 57.
255 Fischer 1956, 271 Abb. 58, 272 Abb. 59.
256 Fischer 1956, 278 Abb. 62. Siehe auch Stromvermessungskarte der Eider 279 Abb. 63, 280, 286.
257 Fischer 1957a, 282 ff.; Meier 2016, 134 ff.
258 Fischer 1957a, 285 Tabelle mit Werten des Deichbesticks.
259 Fischer 1957a, 271 ff.; Meier 2016, 134 ff.
260 Fischer 1957a, 286.; Meier 2016, 134 ff.
261 Fischer 1957a, 294, 296 Abb. 55.; Meier 2016, 134 ff.
262 Fischer 1957a, 306 ff.; Meier 2016, 134 ff.
263 Fischer 1958, 150; Meier 2016, 198 ff.
264 Fischer 1958, 150 ff.; Meier 2016, 198 ff.
265 Fischer 1956, 286.
266 An der Eider: Ehstensiel 1821 (Drempelhöhe von NN -1 m beibehalten), Katingsiel 1839 (Drempelhöhe -1 m), Tönninger Siel 1802 (Drempelhöhe -2,10 m), Rothenspieker Siel 1869/70 (Drempelhöhe -2,22 m), Spuitsiel 1871 (Drempelhöhe -1,64 m), Reimersbude Siel 1862 (Drempelhöhe -2,42 m) und Saxfähre 1869 (Drempelhöhe -2,11 m).
267 Fischer 1956, 300, 309.
268 Fischer 1958, 157 ff., 163 ff.; Meier 2016, 198 ff.
269 Fischer 1958, 162; Meier 2016, 198 ff.
270 Fischer 1958, 166–167; Meier 2016, 198 ff.
271 Fischer 1958, 167–168; Meier 2016, 198 ff.
272 Fischer 1958, 169; Meier 2016, 198 ff.
273 Fischer 1958, 173–178; Meier 2016, 198 ff.
274 Fischer 1958, 171; Meier 2016, 198 ff.
275 Fischer 1958, 187; Meier 2016, 198 ff.
276 Fischer 1958, 194; Meier 2016, 198 ff.
277 Fischer 1958, 209 ff.; Meier 2016, 201 ff.
278 Fischer 1958, 211 Abb. 35.; Meier 2916, 201 ff.
279 Fischer 1958, 214 Abb. 37.
280 Fischer 1958, 209 ff., 222 ff.; Meier 2916, 201 ff.
281 Fischer 1958, 209; Meier 2916, 201 ff.
282 Fischer 1958, 197, Abb. 33; Meier 2016, 198 ff.
283 Fischer 1958, 202 ff.; Meier 2016, 198 ff.
284 Fischer 1958, 209 ff.; Meier 2016, 198 ff.
285 Fischer 1958, 243 ff.; Meier 2916, 201 ff.
286 Fischer 1958, 250; Meier 2916, 201 ff.
287 Fischer 1958, 236 ff.; Meier 2916, 203 ff.
288 Fischer 1958, 236 ff., 256 ff.
289 Ministerium für Ernährung, Landwirtschaft und Forsten 1962, 55 ff., 57 Abb. 3; Anlage 1 u. 2.
290 Ministerium für Ernährung, Landwirtschaft und Forsten 1962, Anlage 4.
291 Ministerium für Ernährung, Landwirtschaft und Forsten 1962, 80.
292 Cordes 1972; Meier 2016, 203 ff.
293 Fischer 1958, 81; Meier 2016, 152 ff.
294 Borger 2012, 361–399; Fischer 1958, 51.
295 Fischer 1958, 53, 54.
296 Fischer 1958, 64–67.
297 Fischer 1958, 67–70.
298 Fischer 1958, 87; Meier 2016, 152 ff.
299 Fischer 1958, 86 ff., 89; Meier 2016, 152 ff.
300 Fischer 1958, 83 Abb. 12; Meier 2016, 152 ff.
301 Fischer 1958, 85 Abb. 13.
302 Zur Situation des Landes siehe: Karte von J. Mejer, Fischer 1958, Taf. 67
303 Fischer 1958, 90.
304 Fischer 1958, 91–92; Meier 2016, 152 ff.
305 Der Drempel bildet die Schwelle des oberen Schleusentors. Dieser dient ebenso wie die seitlichen Torlager als Anschlag für das geschlossene Tor, zum wasserdichten Abschluss und zur Ableitung des Oberwasserdrucks auf das Dichtungslager der Schleuse.
306 Fischer 1958, 92.
307 zum Inhalt siehe: Fischer 1958, 92–93.
308 ausführlich dazu: Fischer 1958, 95–96.
309 Fischer 1958, 97.
310 Fischer 1958, 99 Abb. 14.
311 Fischer 1958, 98.
312 Fischer 1958, 99–100.
313 vgl. Handzeichnung von 1703 bei Fischer 1958, 101 Abb. 15.
314 zur Deichordnung siehe: Fischer 1958, 102–104.
315 Fischer 1958, 126 ff., 129 Abb. 21
316 Fischer 1958, 128 ff.
317 Fischer 1958, Taf. 69.
318 Fischer 1958, 135, 136 Abb. 24.
319 Fischer 1958, 138.
320 Fischer 1958, 138.
321 zur Modellierung der Tideeider siehe: Winter 2002.
322 Arbeitsgruppe Niederungen 2014, 77.
323 Arbeitsgruppe Niederungen 2014, 87.
324 https://www.klimafarm.stiftungsland.de/das-projekt
325 Dittmer 1952; Ross 1973.
326 Schmidt 1975, 22 Abb. 7.
327 Dittmer 1952, Abb. 1; Meier 2016, 42 ff.; 2019, 63 ff.
328 Stephan 1974.
329 Schmidt 1975, 29.
330 Schmidt 1975, 30.
331 Menke 1988, 121.
332 Schmidt 1975, 31, 32 Abb. 10, Anlage 1, Profil 22, 26.
333 Schmidt 1975, 31, 32 Abb. 10, Anlage 1, Profil 22, 26.
334 Schmidt 1975, 35.

335 Schmidt 1975, 36; Hoffmann u.a. 1996; Meier 2001.
336 Schmidt 1975, 36 ff.
337 Schmidt 1975, 40.
338 Dittmer 1952.
339 Schmidt 1975, 42 Abb. 12, Anlagen 1, 3.
340 Schmidt 1975, Anlage 1, Profil 22, 26.
341 Schmidt 1975, Anlage 3, Profile 27, 28, 29.
342 Ross 1973.
343 Dittmer 1952; Hoffmann u.a. 1997.
344 Schmidt 1975, Anlage 1, Profile 12–26; Anlage 3, Profile 27–29.
345 Schmidt 1975, Abb. 14, F u. I.
346 Schmidt 1975, Anlage 3, Profil 30; Schmidt 1975, Anlage 1, Profile 10, 14; Anlage 2, Profil 30; Anlage 3, Profil 27.
347 Schmidt 1975, Anlage 1, Profile 10, 14; Anlage 2, Profil 30; Anlage 3, Profil 27.
348 Schmidt 1975, Anlage 1, Profile 1, 4, 6, 8.
349 Schmidt 1975, Anlage 1, Profile 16–18.
350 Schmidt 1975, Anlage 1, Profile 20, 22, 26.
351 Schmidt 1975, Anlage 1, Profile 20, 22, 26.
352 Schmidt 1975, Anlage 3, Profil 27.
353 Schmidt 1975, Anlage 2.
354 Schmidt 1975, 50 Abb. 14.
355 Schmidt 1975, Abb. 2, Punkt A; Overbeck (1963, Abb. 3) datierte diesen Torf mit 2.000 v. Chr. als zu jung.
356 Dieser Torf entspricht dem oberen Torfhorizont im Profil 8 (Schmidt 1975).
357 Schmidt 1975, Anlage 1, E 4, E 5, Anlage 1, E 34–36.
358 Schmidt 1975, Abb. 12.
359 Schmidt 1975, Anlage 2, Profil 30.
360 Schmidt 1975, 19 ff.
361 Schmidt 1975, Anlage 1, Profil 18.
362 Schmidt 1975, Anlage 2.
363 Menke 1988, 121 ff.; Schmidt 1975, 74 ff.
364 Schmidt 1975, Abb. 22, Profil 32, Anlage 1.
365 Schmidt 1975, Anlage 1, Profile 16, 17.
366 Proben: Hv 6189; Hv 6190; Bohrung 307a von Menke.
367 Menke 1988, 122, nachgewiesen sind *Ruppia*-Pollen.
368 Menke 1988, 124, Hv 6191; Bohrung 307 a.
369 Menke 1988, 124, Hv 6193, Hv 6196. Kalibrierte Daten können hier nicht angegeben werden.
370 Schmidt 1975, Anlage 1, Profile 17, 18.
371 Schmidt 1975, Anlage 1, Profil 17.
372 Schmidt 1975, Abb. 22, Profil 32.
373 Schmidt 1975, 77.
374 Brandt u.a. 1965; Hummel u. Cordes 1969.
375 Gripp 1964, 295.
376 Schmidt 1975, 68, 69 Abb. 21.
377 Schmidt 1975, 72 Abb. 22, Profil 33.
378 Schmidt 1975, Abb. 21, Profil 34.
379 Schmidt 1975, Abb. 21, Anlage 1.
380 Menke 1988, 121 ff.
381 *Hystrichoshaerideen*- und *Chenopodiaceen*-Pollen
382 6.280±75 BP (Hv 7106)
383 Dittmer 1952.
384 Meier 2001a/b; 2016; 2019.
385 Die Funde (Nordermeldorf LA 63) kamen 2011 bei einer Baugrubenbeobachtung des Archäologischen Landesamtes (ALSH) entlang der Tennet Leitungstrasse zutage. Es liegt zwar ein Bericht vor, es fehlt aber die Befunddokumentation mit Fotos. Alle Dokumentationen der Tennet Leitungstrasse wurden vom Verf. im Auftrag des ALSH 2022 nachgearbeitet.
386 Die Bohrungen wurden von Martin Keber (heute: Martin Schlund), Arbeitsgruppe Küstenarchäologie des FTZ-Westküste der Universität Kiel, durchgeführt.
387 Lütjenbüttel: Meier 2003; Norderbusenwurth Meier: 2003; Süderbusenwurth: Meier 2005.
388 Meier 2012b, 125.
389 Fischer 1957a, 101.
390 Meier u. Meisterjahn 2008.
391 Müllenhoff 1906, 14 ff.
392 Schmidt 1975, 5 ff.
393 Fischer 1957a, 38 ff.. 42 ff.
394 Fischer 1957a, 43 ff.
395 Fischer 1957a, 43.
396 Fischer 1957a, 82 ff., Taf. 72, 73 mit Karten von Johannes Mejer von 1648.
397 Fischer 1957a, Taf. 72, 73.
398 Fischer 1957a, 104; Michelsen, Urkundenbuch Dithmarschen.
399 Fischer 1957a, 92 ff., 104.
400 Fischer 1957a, 97 ff.
401 Fischer 1957a, 104 ff.
402 Fischer 1957a, 42, 104.
403 Fischer 1957a, 105.
404 Fischer 1957a, 101.
405 Fischer 1957a, 155.
406 Fischer 1957a, Taf. 72, 73.
407 Fischer 1957a, 155.
408 Fischer 1957a, 155 ff.
409 Meier 2011a, 283 ff.
410 Meier 2012a, 226 ff.
411 Fischer 1957a, 252 ff.
412 Fischer 1957a, 179 ff.
413 Fischer 1957a, 247 ff.
414 Fischer 1957a, 291 ff., 293 Abb. 53.
415 Fischer 1957a, 293 Abb. 53.
416 Michelsen 2008, 37. Die Situation der Meldorfer Bucht vor der Vordeichung zeigen Luftaufnahmen der 1930er und 1950er Jahre. Siehe: König 1972, 29 ff., Abb. 24–27.
417 Tarnow u.a. 1978; Michelsen 2000; 2008a; 2008b, 24 ff.; Meier u. Meisterjahn 2008.
418 Michelsen 2008, 37.
419 Michelsen 2008, 37.
420 Die Abflussspende wurde mit 100 l/s./km² angesetzt. Das MThw = PN 6.59 m und das MTnw = 3,44 m (MThw = Mittleres Tidehochwasser, PN = Pegelnull). Der Schleusendrempel lag auf NN -4,5 m.
421 Maaßen 2008, 20 ff.
422 Meisterjahn 2017, 120–121.
423 AG Niederungen 2014, 127. Zur Geschichte des Verbandes siehe: Michelsen 2000 u. 2008a.
424 AG Niederungen 2014, 128 ff.
425 Meier 2014, 31 ff.
426 Meier 2014, 33 ff.
427 Schleswig-Holstein: Janetzko 1976, 33–43; 1977, 63–70; 1982, 87–100; Hoffmann 1991, 24–37; 1992,

1–16; Meier 2014, 24 ff., 41 ff.; 2019, 63 ff.; Niedersachsen: Streif 2004, 3–28.
428 Die Bohrungen wurden von der Firma Steinfeld u. Partner, Hamburg, und vom Verf. im Auftrag des ALSH 2020 und 2023 dokumentiert.
429 Die Datierung der C-14 Proben führte dankenswerterweise Dr. Christian Hamann, Leibniz-Labor für Altersbestimmung und Isotopenforschung der Universität Kiel, durch: KIA-58292 in einer Tiefe von NN -10 m um 4.225±30 BP (ca. 2.900–2.700 v. Chr.); KIA-58291 bei NN -9 m um 4.061±BP (ca. 2.600–2.500 v. Chr.); KIA-58290 bei NN -8 m um 2.559 ±26 BP (ca. 800–600 v. Chr.).
430 Meier 2014, 49 ff.
431 Meier 2014, 56 ff.
432 Meier 2014, 59 ff.
433 Meier 2014, 57 ff.
434 Meier 2014, 73 ff.
435 Meier 2014, 83 ff.
436 Fischer 1957ab, 35.
437 Die Nennung von 1142 ist unsicher. Siehe: Bünz 1987, 97; Fischer 1957abb, 42–64.
438 Fischer 1957ab, 41, 46.
439 Hoffmann, E. 1986, 297 ff.; 304.
440 Fischer 1957ab, 47.
441 Jensen 1933/34a/b.
442 Saeftel 1933/34a/b.
443 Jensen 1933/34a/b.
444 Detlefsen 1891, 1. Bd. 140.; Meier 2014, 90 ff.
445 Detlefsen 1891, 1. Bd. 120 ff.
446 Die Bohrungen erfolgten im Auftrag des ALSH 2021 durch den Verf. u. die Firma Geonovo. Aus dem Torf wurden Proben entnommen, die bislang vom ALSH noch nicht zur Datierung weitergeleitet wurden.
447 Fischer 1957ab, 45.
448 Fischer 1957ab, 74.
449 Meier 2008, 118 ff.
450 Grüttner 1992, 350 Abb. 7. Ein Düker ist eine unterirdische Wasserleitung.
451 siehe: http://www.foerderverein-bockmuehle.de/
452 Scheer u. Mathieu 1995, 19.
453 Meier 2014, 95 ff.
454 Fischer 1957ab, 74.
455 Fischer 1957ab, 154 ff.
456 Fischer 1957ab, 165 ff.
457 Fischer 1957ab, 152 ff.; 159 Abb. 13; 165 ff.
458 Fischer 1957ab, 166.
459 Fischer 1957ab, 167, 169 Abb. 15.
460 Fischer 1957ab, 171 Abb. 16.
461 Meier 2014, 142 ff.
462 Meier 2014, 142 ff., 146 ff.
463 Fischer 1957ab, 108.
464 Fischer 1957ab, 140.
465 Fischer 1957ab, Taf. 77.
466 Fischer 1957ab, 116 ff.
467 Meier 2011a; 2014, 152 ff.
468 Meier 2011a, 285 ff.; 2014, 152 ff.
469 Fischer 1957ab, 187 ff.
470 Fischer 1957a, 197.
471 Fischer 1957a, 221.
472 Meier 2012a; 227 ff.; 2014, 156 ff.
473 Meier 2012a; 2014, 156 ff.
474 Fischer 1957b, 299 ff.
475 Schulz 1962, 11; Bericht des Landesamtes für Wasserwirtschaft Schleswig-Holstein 1962, 82; Meier 2014, 162 ff.
476 Grüttner 1992, 353; Meier 2014, 162 ff.
477 Grüttner 1992, 358; Meier 2014, 166 ff.
478 Grüttner 1992, 358; Meier 2014, 166 ff.
479 Meier 2014, 166 ff.
480 Ministerium für Landwirtschaft, Umwelt und ländliche Räume des Landes Schleswig-Holstein 2011, 19.
481 Ministerium für Landwirtschaft, Umwelt und ländliche Räume des Landes Schleswig-Holstein 2011, 27.
482 Meier 2014, 190 ff.
483 Graßl 2007, 8–10.
484 Ministerium für Landwirtschaft, Umwelt und ländliche Räume des Landes Schleswig-Holstein 2011, 28 ff.
485 Ministerium für Landwirtschaft, Umwelt und ländliche Räume des Landes Schleswig-Holstein 2011, 37 ff.
486 Ministerium für Landwirtschaft, Umwelt und ländliche Räume des Landes Schleswig-Holstein 2011, 42.
487 Wechslung u.a. 2005.
488 Ministerium für Landwirtschaft, Umwelt und ländliche Räume des Landes Schleswig-Holstein 2011, 43.
489 Ministerium für Landwirtschaft, Umwelt und ländliche Räume des Landes Schleswig-Holstein 2011, 22.
490 Ministerium für Landwirtschaft, Umwelt und ländliche Räume des Landes Schleswig-Holstein 2011, 78.
491 Wiermann 1962; Menke 1988, 130. Die nur in BP angegebenen Radiokarbondatierungen wurden mit CalPal auf Kalenderjahre umgerechnet.
492 Meier 2011a, 271 ff.
493 Fischer 1955, 324 ff.; Meier 2012a.
494 Fischer 1955, 327 Abb. 43.
495 Fischer 1955, 329 Abb. 44.
496 Degn u. Muuß 1965, 156–157.
497 Arbeitsgruppe Niederungen 2014, 125 ff.
498 Jensen u. Frank 2005. Für die Niederung der Soholmer Au auf der Geest bei Schafflund siehe zum potenziellen Überflutungsgebiet: Heintze 2021b, 399 ff.
499 Arbeitsgruppe Niederungen 2014, 84.
500 Arbeitsgruppe Niederungen 2014, 86.
501 Arbeitsgruppe Niederungen 2014, 88.
502 https://www.schleswig-holstein.de/DE/fachinhalte/K/kuestenschutz_fachplaene/Dossier/teaser_tabelle_Ostsee.html
503 Jakobsen 2004.
504 Hartz u. Hoffmann-Wieck 2000.
505 Nobis 1975, 5–30; Schwabedissen 1972, 1–8; Schwabedissen u.a. 1994, 361–401.
506 Meier 2019, 72 ff.
507 Jakobsen 2004; Jakobsen u.a. 2004; Meier 2019, 72 ff.
508 Degn u. Muus 1968, 26–27; Hoffmann 1992, 1–16; 1998, 111–116; Meier 2015a, 72 ff.
509 Hoffmann 2000, 132–133.
510 Hoffmann 1992, 1–16.

511 Meier 2011b, 193 ff.
512 LKN-SH, Fachplan Küstenschutz, Lübecker Bucht 2020, 168 ff.
513 Zum Ostseesturmhochwasser siehe: Kiecksee u.a. 1984; Meier 2019, 199 ff.
514 LKN-SH, Fachplan Küstenschutz, Lübecker Bucht 2020, 168 ff.
515 LKN-SH, Fachplan Küstenschutz, Lübecker Bucht 2020, 222 ff.
516 https://schleswig-holstein.nabu.de/natur-und-landschaft/nabu-schutzgebiete/oldenburger-bruch/03923.html
517 Hoffmann 1992, 1–16; 1998, 111–116.
518 LKN-SH, Fachplan Küstenschutz, Flensburger Förde 2020, 222 ff.
519 https://schleswig-holstein.nabu.de/natur-und-landschaft/naturzentren-naturstationen-infos/geltinger-birk/index.html
520 Kiecksee u.a. 1984; Meier 2019, 199 ff.
521 https://www.ndr.de/nachrichten/schleswig-holstein/Ostsee-Sturmflut-Etwa-200-Millionen-Euro-Schaden-in-SH,wiederaufbaufonds100.html
522 https://www.geltinger-birk.de/geltinger-birk/sturmflut-2023/
523 Meier 2012, 215 ff.; Schütt 1966, 17 ff.
524 Sauermann 1910, 14–15.
525 Grigoll 2022, 19 ff.; Meier 2019, 199 ff.
526 Flensborg Avis 25.4.2024: Artikel von Chr. Dahl, S. 3 u. F. Lindberg, S. 4.
527 https://www.flensburg.de/Aktuelles/Fluthilfe/#:~:text=27.10.23%3A%20Stadt%20zieht%20Lehren,aber%20keine%20vergleichbar%20schwere%20Flut.
528 Meier 2019.
529 IPCC 2014; 2021; Jensen u.a. 2014, 304 ff.; Ministerium für Landwirtschaft, Umwelt und ländliche Räume des Landes Schleswig-Holstein 2013; 2015; Meier 2019, 201 ff.; 2020, 115 ff.; 2022, 30–31; Reise 2015; Schirmer 2018, 362 ff.
530 Horton u.a. 2008; Grinsted u.a. 2010; Vermeer u. Rahmstorf 2009.
531 https://hereon.de/innovation_transfer/klimaberatung/norddeutsches_klimabuero/index.php.de
532 AG Niederungen 2014, 68 ff.
533 Hoyme u. Zielke 2001; Plüß 2004.
534 https://www.norddeutscher-klimaatlas.de/klimaatlas/2071-2100/jahr/niederschlag/norddeutschland/mittlereanderung.html
535 Meier 2022, 30–31.
536 AG Niederungen 2014, 75 ff.
537 Beukema 2004; Meier 2022, 164–165.
538 Meier 2019, 166–167. Siehe: https://www.rijkswaterstaat.nl/water/waterbeheer/bescherming-tegen-het-water/maatregelen-om-overstromingen-te-voorkomen/ruimte-voor-de-rivieren
539 Meier 2019, 166–167.
540 https://haaksezeedijk.com/

LITERATURVERZEICHNIS

BERICHTE

AG Niederungen unterstützt durch den Marschenverband Schleswig-Holstein 2014: Abschlussbericht. Grundlagen für die Ableitung von Anpassungsstrategien in Niederungsgebieten an den Klimawandel Arbeitsgruppe Niederungen 2050 unterstützt durch den Marschenverband Schleswig-Holstein e.V. (Meldorf 2014).

Jensen, J. u. Frank, T., 2005: Untersuchungen zum Hochwasserrückhalt, Hochwasserschutz und Hochwassermanagement im Einzugsgebiet des Bongsieler Kanals. Forschungsinstitut Wasser und Umwelt der Universität Siegen (Siegen 2005).

Landesverband der Wasser- und Bodenverbände Schleswig-Holstein (2017): Weitblick Wasser – Gemeinsam in die Zukunft Schleswig-Holsteins (Rendsburg 2017).

LKN-SH 2020: Fachplan Küstenschutz Ostseeküste. Grundlagen. Einteilung in Küstenabschnitte, Abschnitt Flensburger Förde (Kiel 2020).

LKN-SH 2020: Fachplan Küstenschutz Ostseeküste. Grundlagen. Einteilung in Küstenabschnitte, Abschnitt Lübecker Bucht (Kiel 2020).

Ministerium für Energiewende, Landwirtschaft, Umwelt, Natur und Digitalisierung Schleswig-Holstein 2021: Kurs Natur 2030 – Strategie zum Erhalt der biologischen Vielfalt in Schleswig-Holstein (Kiel 2021).

Ministerium für Energiewende, Landwirtschaft, Umwelt, Natur und Digitalisierung Schleswig-Holstein 2021: Zukunft der Landwirtschaft in Schleswig-Holstein. Eine Perspektive auf 2040 in 24 gemeinsamen Thesen (Kiel 2021).

Ministerium für Energiewende, Landwirtschaft, Umwelt, Natur und Digitalisierung Schleswig-Holstein 2022: Generalplan Küstenschutz des Landes Schleswig-Holstein – Fortschreibung 2022 (Kiel 2022).

Ministerium für Energiewende, Klimaschutz, Umwelt und Natur des Landes Schleswig-Holstein (Hrsg.) 2024: Zukunft Niederungen (Kiel Entwurf Stand 28.04.2023).

Ministerium für Landwirtschaft, Umwelt und ländliche Räume Schleswig-Holstein 2007: Binnenhochwasserschutz und Hochwasserrückhalt Schleswig-Holstein (Kiel 2007).

Ministerium für Landwirtschaft, Umwelt und ländliche Räume des Landes Schleswig-Holstein 2013: Generalplan Küstenschutz des Landes Schleswig-Holstein – Fortschreibung 2012 (Kiel 2013).

Ministerium für Landwirtschaft, Umwelt und ländliche Räume des Landes Schleswig-Holstein (Hrsg. 2011): Umsetzung der Richtlinie 2007/60/EG des europäischen Parlamentes und des Rates vom 23.10.2007 über die Bewertung und das Management von Hochwasserrisiken in der FGE Elbe in Schleswig-Holstein. Vorläufige Bewertung des Hochwasserrisikos (gem. Art. 4) und Bestimmung der Gebiete mit potenziell signifikantem Hochwasserrisiko (gem. Art. 5) (Kiel 2011).

Ministerium für Landwirtschaft, Umwelt und ländliche Räume des Landes Schleswig-Holstein 2015: Strategie für das Wattenmeer 2100 (Kiel 2015).

Schleswig-Holsteinischer Landtag 2020: Biologischer Klimaschutz 1789 durch Moorschutz und Neuwaldbildung (Drs. 19/2326, Kiel 2020).

LITERATUR

Andrén, E., Andrén, T., Sohlenius, G. 2000: The Holocene history of the southwestern Baltic Sea as reflected in a sediment core from the Bornholm Basin. Boreas 29, 2000, 233–250.

Arnold, V. 2014: Spuren des Eiszeitalters in Laserscandaten der Dithmarscher Geest. Dithmarschen Landeskunde – Kultur – Natur, Heft 1, 2014, 20–25.

Arnold, V. 2015: Ur- und Frühgeschichte. In: Verein für Dithmarscher Landeskunde (Hrsg.), Geschichte Dithmarschens. Von den Anfängen bis zum Ende der Bauernrepublik (Heide 2015) 9–61.

Arnold, D., Meier, D. u. Drenkhahn, U. (Hrsg.) 1991: Frühe Siedler an der Küste. Küstenarchäologie in Dithmarschen und Steinburg (Heide 1991).

Baeteman, C., Waller, M. u. Kiden, P. 2011: Reconstructing middle to late Holocene sea-level change: A methodological review with particular reference to 'A new Holocene sea-level curve for the southern North Sea' presented by K.-E. Behre. Boreas 2011, 1–16.

Bantelmann, A. 1975: Die frühgeschichtliche Marschsiedlung beim Elisenhof in Eiderstedt. Landschaftsgeschichte und Baubefunde. Studien Küstenarchäologie Schleswig-Holstein, Ser. A, Elisenhof 1 (Bern – Frankfurt 1975).

Behre, K.-E. 1999: Die Veränderung der niedersächsischen Küstenlinien in den letzten 3000 Jahren und ihre Ursachen. Probleme der Küstenforschung im südlichen Nordseegebiet 26, 1999, 9–33.

Behre, K.-E. 2003: Eine neue Meeresspiegelkurve für die südliche Nordseeküste. Transgressionen und Regressionen in den letzten 10.000 Jahren. Probleme der Küstenforschung im südlichen Nordseegebiet 28, 2003, 9–63.

Bericht des Landesamtes für Wasserwirtschaft Schleswig-Holstein 1962: Ministerium für Ernährung, Landwirtschaft und Forsten – Landesamt für Wasserwirtschaft Schleswig-Holstein: Die Sturmflut vom 16./17. Februar 1962 an der Schleswig-Holsteinischen Westküste. Die Küste, Heft 1, 1962, 55–80.

Beukema, H. 2004: De orkaan van 1953: redders trotseerden natuurgeweld (Maritext 2004).

Beuker, J. 2014: Die Flintarten von Helgoland und die Benutzung von Helgoländer Plattenflint. Siedlungs- und Küstenforschung im südlichen Nordseegebiet 37, 2014, 19–32.

Björck, S. 1995: A review of the history of the Baltic Sea, 13.0-8.0 ka BP. Quaternary International 27, 1995, 19–40.

Borger, G. J. 1992: Draining – digging – dredging; the creation of a new landscape in the peat areas of the low countries. In: J. T. A. Verhoeven (Hrsg.), Fens and Bogs in the Netherlands: Vegetation, History, Nurrient Dynamics and Conservations (Kluver Acadamic Publishers 1992) 131–171.

Borger, G. J. 1998: Das Newwerck bey Coldenbuttell. Die hydrologischen Folgen der Abdämmung der Treene im Jahre 1570. Studien zur Archäologie des Ostseeraumes. Festschrift für Michael Müller-Wille (Neumünster 1998) 91–110.

Borger, G. J. 2012: Die Dörpstedter oder Hollingstedter Graft. Wasserwirtschaft und Politik in der Treeneniederung. In: K. Brandt (Hrsg.), Hollingstedt an der Treene. Ein Flusshafen der Wikingerzeit und des Mittelalters für den Transitverkehr zwischen Nord und Ostsee. Schriften des Archäologischen Landesmuseums 10 (Neumünster 2012) 361–399.

Borger, G. J. u. Bruines, S. 1994: Binnewaters gewelt. 450 jaar boezembeheer in Hollands Noorderkwartier. Uitgegeven ter gelegenheid van het jubileumjaar 1994 door het Hoogheemraadschap van Uitwaterende Sluizen in Hollands Noorderkwartier, in samenwerking met Stichting Uitgeverij Noord-Holland, Wormerveer (Edam 1994).

Brand, G., Hagemann, B. P., Jelgersma, S. u. Sindowski, K. H. 1965: Die lithographische Unterteilung des marinen Holozäns an der Nordseeküste. Geologisches Jahrbuch 82 (Hannover 1965) 365–384.

Brand, G., Averdieck, F., Finnern, H., Hummel, P., Lange u. Schlüter, G. 1966: Beiblatt zur Geologischen Karte 1:25.000. Holozän-Mächtigkeit des Mielegebietes und der Süderau (1:10.000), 6 Karten (Kiel 1966).

Brande, A. 1988: Zur frühsubatlantischen Vegetations- und Landschaftsentwicklung Westeiderstedts. In: M. Müller-Wille u.a. 1988, 139–147.

Brandt, K. E. 1984: Der Fund eines mittelalterlichen Siels bei Stollhammer Altendeich, Gem. Butjadingen, Kr. Wesermarsch, und seine Bedeutung für die Landschaftsentwicklung zwischen Jadebusen und Weser. Probleme der Küstenforschung im südlichen Nordseegebiet 16, 1984, 51–64.

Bünz, E. 1987: Das älteste Güterverzeichnis des Augustiner-Chorherrenstiftes Neumünster. Untersuchungen zur Grundherrschaft am Ende des 12. Jahrhunderts. Zeitschrift der Gesellschaft für Schleswig-Holsteinische Geschichte 112, 1987, 27–122.

Bungenstock F. u. Weerts H. J. T. 2010: The high-resolution sea-level curve for Northwest Germany: global signals, local effects or data artefacts? International Journal of Earth Sciences 99, 2010, 1687–1706.

Chronicon Eiderostadense vulgare oder die gemeine Eiderstedter Chronik 1103–1517 von J. Jasper mit einer Übersetzung ins Hochdeutsche von C. Heitmann (St. Peter-Ording 1977).

Coles, J. 2000a: Doggerland, the cultural dynamics of a shifting coastline. In: K. Pye u. S. R. L. Allen (Hrsg.), Coastal and Estuarine Environments. Sedimentology, Geomorphology and Geoarchaeology. Geological Society Special Publication 175, 2000, 393–401.

Cordes, F. 1972: Eiderdamm. Natur und Technik (Hamburg 1972).

Degn, Chr. u. Muuß, U. 1965: Luftbildatlas Schleswig-Holstein. Eine Landeskunde in 80 farbigen Luftaufnahmen (Neumünster 1965).

Degn, Chr. u. Muuß, U. 1968: Luftbildatlas Schleswig-Holstein. Teil II. Eine Landeskunde in 72 farbigen Luftaufnahmen unter Mitarbeit von K. Hingst (Neumünster 1968).

Detlefsen, D. 1891/92: Geschichte der holsteinischen Elbmarschen. 2 Bde. (Glückstadt 1891/92, Neudruck Kiel 1976).

Dittmer, E. 1952: Die nachweiszeitliche Entwicklung der schleswig-holsteinischen Westküste. Meyniana 1, 1952, 138–168.

Duphorn, K., Kliewe, H. u. Niedermeyer, R.-O. 1995: Die deutsche Ostseeküste. Sammlung Geologischer Führer 88 (Stuttgart 1995).

Ebel, F. (Hrsg.) 1993: Sachsenspiegel. Landrecht und Lehnrecht (Stuttgart 1993).

Ehlers, J. 2021: Das Eiszeitalter (Berlin 2021).

Figge, K. 1980: Das Elbe-Urstromtal im Bereich der Deutschen Bucht (Nordsee). Eiszeitalter und Gegenwart 30, 1980, 203–211.

Fischer, O. 1955: Das Wasserwesen an der schleswig-holsteinischen Nordseeküste. Teil III: Das Festland: 2 Nordfriesland (Berlin 1955).

Fischer, O. 1956: Das Wasserwesen an der schleswig-holsteinischen Nordseeküste. Teil III: Das Festland: 3 Eiderstedt (Berlin 1956).

Fischer, O. 1957a: Das Wasserwesen an der schleswig-holsteinischen Nordseeküste. Teil III: Das Festland: 5 Dithmarschen (Berlin 1957).

Fischer, O. 1957b: Teil III: Das Festland: 6 Elbmarschen (Berlin 1957).

Fischer, O. 1958: Das Wasserwesen an der schleswig-holsteinischen Nordseeküste. Teil III: Das Festland: 4 Stapelholm (Berlin 1958).

Friedemann, M. 2000: Wasserläufe in Schleswig-Holstein (Neumünster 2000).

Gaffney, V. Thomson, K., Fitch u. S. (Hrsg.) 2007: Mapping Doggerland. The Mesolithic Landscapes of the Southern North Sea (Oxford 2007).

Geikie, J. 1894: The Great Ice Age (London ³1894).

Geyh, M. A. u.Müller, H. 2005: Numerical ^{230}Th/U dating and a palynological review of the Holsteinian/Hoxnian Interglacial. Quarternary Science Reviews 24 (16–17): 1861–1872.

Doi:10.1016/j.quascirev.2005.01.007

Goldhammer, J. u. Hartz, S. 2015: Der ertebøllezeitliche Siedlungsplatz von Strande LA 163, Kr. Rendsburg-Eckernförde, und die Littorina-Transgression – Submarine Prospektionsarbeiten und Sondagen. Siedlungs- und Küstenforschung an der südlichen Nordseeküste 38, 2015, 29–41.

Graßl, H. 2007: Die Tideelbe im Klimawandel. Verstärkt die Elbvertiefung die Folgen? Naturschutz in Hamburg, Heft 2, 2007, 8–10.

Grigol, S. 2022: Hochwasser in Flensburg. Land Unter. Hafenblatt 2022, 19–22.

Grim, S. 2012: Abflusslose Senken – Instrumente in der Landschaftsanalyse und Indikatoren rezenter Krustenbewegungen. Dissertation Universität Mainz (Mainz 2012).

Grinsted, M. u. Jevrejeva, S, 2010. Reconstructing sea level from paleo and projected tem-peratures 200 to 2100 AD. Climate Dynamics, 34(4), 461–472.

Gripp, K. 1954: Die Entstehung der Landschaft Ost-Schleswigs vom Dänischen Wohld bis Alsen. Meyniana 2, 1954, 81–123.

Gripp, K. 1964: Erdgeschichte von Schleswig-Holstein (Neumünster 1964).

Grube, A. 2004a: Das Os von Waldhusen-Pöppendorf-Ovendorf (Lübeck, Ostholstein). Natur- und Landeskunde. Zeitschrift für Schleswig-Holstein, Hamburg und Mecklenburg, Heft 4–6, 2004, 65–75.

Grube, A. 2004b: Der Perlenschnur-Os von Ritzerau (Kreis Herzogtum Lauenburg, Schleswig-Holstein). Schriften Naturwissenschaftlicher Verein von Schleswig-Holstein 74, 2004, 11–27.

Grube, A. 2018: Os-Strukturen in Schwansen: Kolholmer Berge, der Bereich Loose und der Riesebyer Os (Schleswig-Holstein) – Geotope und wertvolle Zeugen der Landschafts- und Klimageschichte. Natur- und Landeskunde. Zeitschrift für Schleswig-Holstein, Hamburg und Mecklenburg, Heft 4–6, 2018, 61–72.

Grüttner, H. 1992: Deichschutz und Binnenentwässerung der schleswig-holsteinischen Elbmarschen. In: Kramer u. Rhode 1992, 341–363.

Hallik, R. 1960: Die Vegetationsentwicklung der Holstein-Warmzeit in Nordwestdeutschland und die Altersstellung der Kieselgurlage der südlichen Lüneburger Heide. Zeitschrift der Deutschen Geologischen Gesellschaft 112, 1960, 323–333.

Harck, O. 1980: Landschaftsgeschichte und Archäologie an der Westküste der jütischen Halbinsel. In: Kossack u.a. 1980, 32–63.

Hartz, S. 1987: Neue spätpaläolithische Fundplätze bei Ahrenshöft, Kr. Nordfriesland. Offa 44, 1987, 5–52.

Hartz, S. u. Lübke, H. 1995: Erste Ansätze zur Prospektion submariner steinzeitlicher Küstenwohnplätze an der schleswig-holsteinischen Ostseeküste. Archäologische Nachrichten aus Schleswig-Holstein 6, 1995, 7–32.

Hartz, S. u. Hoffmann-Wieck, G. 2000: Küstenbesiedlung und Landschaftsentwicklung im 5. Jahrtausend v. Chr. am Beispiel des Oldenburger Grabens in Ostholstein. In: R. Kelm (Hrsg.), Vom Pfostenloch zum Steinzeithaus. Archäologische Forschung und Rekonstruktion jungsteinzeitlicher Haus- und Siedlungsbefunde im nordwestlichen Mitteleuropa. Albersdorfer Forschungen zur Archäologie u. Umweltgeschichte 1 (Heide 2000) 70–87.

Hartz, S. u. Segschneider, M. 2014: Artefakte aus rotem Helgoländer Flint in Schleswig-Holstein – Untersuchungen zu Typenspektrum, Verbreitung und Seetransport in der Stein- und Bronzezeit. Siedlungs- und Küstenforschung 37, 2014, 91–102.

Heintze, U. u. Riedel, W. 2021: Die Schleswigsche Geest. Hrsg. vom Heimatverein Schleswigsche Geest (Husum 2021).

Heintze, U. 2021a: Die Treene – zentrales Fließgeswässer der schleswig-holsteinischen Geest. In: Heintze u. Riedel 2021, 53–68.

Heintze, U. 2021b: Zukunftsfragen: Ist langfristig eine Gefährdung von Teilen der Schleswigschen Geest als Folge des weltweiten Meeresspiegelanstiegs denkbar? In: Heintze u. Riedel 2021, 393–410.

Hinz, H. 1954: Vorgeschichte des nordfriesischen Festlandes. Die vor- und frühgeschichtlichen Denkmäler und Funde in Schleswig-Holstein. Bd. III: Nordfriesisches Festland (Kreis Husum und Südtondern-Festland) (Neumünster 1954).

Hirsch, K. 2014: Neue und alte Funde aus rotem Helgoländer Flint in Dänemark und Schonen. Küsten- und Siedlungsforschung im südlichen Nordseegebiet 37, 2014, 75–90.

Hoffmann, D. 1988: Das Küstenholozän im Einzugsbereich der Norderhever, Nordfriesland. In: Müller-Wille u.a. 1988, 51–116.

Hoffmann, D. 1991: Die erdgeschichtliche Entwicklung des Küstengebietes. In: Arnold u.a. 1991, 24–46.

Hoffmann, D. 1992: Erdgeschichtliche Entwicklung der Küstengebiete an Nord- und Ostsee. In: Kramer u. Rhode 1992, 1–16.

Hoffmann, D. 1998: Wasserspiegelveränderungen an der schleswig-holsteinischen Ostseeküste im 1. Jahrtausend n. Chr. In: A. Wesse (Hrsg.), Studien zur Archäologie des Ostseeraumes. Festschrift für Michael Müller-Wille (Neumünster 1998) 111–116.

Hoffmann, D. 2000: Archäologische Beiträge zu Wasserstandsveränderungen der Ostsee. Eine kritische Betrachtung. Archäologische Nachrichten aus Schleswig-Holstein 11, 2000, 125–137.

Hoffmann, D., Meier, D. u. Müller-Wille, M. 1997: Geologische und archäologische Untersuchungen zur Landschafts- und Siedlungsgeschichte des Küstengebietes von Norderdithmarschen. Vorbericht. Germania 75, 1997, 223–258.

Hoffmann, E. 1981: Spätmittelalter und Reformationszeit. In: O. Klose (Hrsg.), Geschichte Schleswig-Holsteins 4, Teil II (Neumünster 1981) 1–160.

Hormann, K. 1969: Die jungglaziale Formenserie zwischen Westensee und Bornhöved. In: H. Schlenger, K. H. Paffen u. R. Stewig, Das Schleswig-holsteinische Hügelland. Ein geographisch-landeskundlicher Exkursionsführer (Kiel 1969) 185–189.

Horton, R., Herweijer, C., Rosenzweig, S., Liu, J. u. Gornitz, V. 2008. Sea level rise projections for current generation CGCMs based on the semi-empirical method. Geophysical Research Letters, 35(2), 2008, 1–5.

Hoyme, H. u. Zielke, W. 2001: Impact of Climate Changes on Wind Behaviour and Water Levels at the German North Sea Coast. Estuarine, Coastal and Shelf Science, 53(4), 2001, 451–458.

Hughes, P. D. u. Gibbard, P. L. 2015: A stratigraphical basis for the Last Glacial Maximum (LGM). Quarternary International 383, 2015, 174–185.

Hummel, P. u. Cordes, E. 1969: Holozäne Sedimentation und Faziesdifferenzierung beim Aufbau der Lundener Nehrung (Norderdithmarschen). Meyniana 19, 1969, 103–112.

IPCC 2021: Climate Change 2021: The Physical Science Basis. Contribution of 1815 Working Group I to the Sixth Assessment Report of the Intergovernmental Panel on 1816 Climate Change. [Masson-Delmotte, V., P. Zhai, A. Pirani, S.L. Connors, C. Péan, S. 1817 Berger, N. Caud, Y. Chen, L. Goldfarb, M.I. Gomis, M. Huang, K. Leitzell, E. Lonnoy, 1818 J.B.R. Matthews, T.K. Maycock, T. Waterfield, O. Yelekçi, R. Yu, and B. Zhou (eds.)]. 1819 Cambridge University Press, Cambridge, United Kingdom and New York, NY, USA, 1820 2391 pp. doi:10.1017/9781009157896 1821

Jakobsen, O. 2004: Die Grube-Wesseker Niederung (Oldenburger Graben, Ostholstein): quartärgeologische und geoarchäologische Untersuchungen zur Landschaftsgeschichte vor dem Hintergrund des anhaltenden postglazialen Meeresspiegelanstiegs (Dissertation Universität Kiel 2004).

Jakobsen, O., Meurers-Balke, J., Hoffmann-Wieck, G. u. Thiede, J. 2004: Postglazialer Meeresspiegelanstieg in der südwestlichen Ostsee. Geoarchäologische Ergebnisse aus der Niederung des Oldenburger Grabens (Ostholstein). Geographie der Meere und Küsten / Coastline Reports 1, 2004, 9–21.

Janetzko, P. 1976: Geologische Entwicklung, junges Rinnensystem und Inversionslandschaft in der Wilstermarsch (Schleswig-Holstein). Meyniana 28, 1976, 33–43.

Janetzko, P. 1977: Das Entwässerungssystem von Stör und Kremperau in der jüngeren Nacheiszeit im Bereich der Krempermarsch (Schleswig-Holstein). Schriften Naturwissenschaftlicher Verein Schleswig-Holstein 47, 1977, 63–70.

Janetzko, P 1982: Die jungnacheiszeitliche Entwicklung in den holsteinischen Elbmarschen aufgrund von bodenkundlicher Kartierung und Profiltypen. Geologisches Jahrbuch 11, 1982, 87–100.

Jensen, J., Dangendorf, S. u. Steffen, H. 2014: Meeresspiegeländerungen in der Nordsee: Vergangene Entwicklungen und zukünftige Herausforderungen mit einem Fokus auf die Deutsche Bucht. Hydrologie und Wasserbewirtschaftung. Heft 6, 2014, 304–323.

Jensen, J. B., Bennike, O, Witkowski, A., Lemke, W. u. Kuijpers, A. 1999: Early Holocene history of the southwestern Baltic Sea: the Ancylus Lake stage. Boreas 28, 1999, 437–453.

Jensen, W. 1933/34a: Drei Untersuchungen an einem der ältesten Deiche Schleswig-Holsteins. Nordelbingien Bd. 9, Teil 4, 1933/34, 398–404.

Jensen, W. 1933/34b: Die Möller´sche Hofwurt auf Groß-Kampen im Kirchspiel Beidenfleth. Drei Untersuchungen an einem der ältesten Deiche Schleswig-Holsteins. Nordelbingien Bd. 9, Teil 4, 1933/34, 432–433.

Kiecksee, H., Thran, P. u. Kruhl, H. 1984: Die Ostseesturmflut 1872 (Heide 1984).

Kluiving, J., Lascaris, M. A., de Kraaker, A. M. J., Renes, H., Borger, G. J. u. Soetens, S. A. 2013: Potential use of archaeological and historical data for a reconstruction of the sea level curve of the last 3000 years in the coastal zone of the Southern North Sea. Results of a case study. In: Thoen u.a. 2013, 61–84.

Knottnerus, O. S. 2005: Die Verbreitung neuer Deich- und Sielbautechniken entlang der südlichen Nordseeküste. In: Fansa 2005, 161–167.

König, D. 1972: Deutung von Luftbildern des schleswig-holsteinischen Wattenmeeres und Probleme (mit Bildmappe). Die Küste, Heft 22, 1972, 29–74.

Köster, R. u. Bonsen, U. 1969: Die Schlei und ihre Anrainerlandschaften. In: H. Schlenger, K. H. Paffen u. R. Stewig, Das Schleswig-holsteinische Hügelland. Ein geographisch-landeskundlicher Exkursionsführer (Kiel 1969) 230–240.

Kossack, G., Harck, O., Newig, J., Hoffmann, D., Willkomm, H., Averdieck, F.-R. u. Reichstein, J. 1980: Archsum auf Sylt. 1 Einführung in Forschungsverlauf und Landschaftsgeschichte. Studien Küstenarchäologie Schleswig-Holstein Serie B, Archsum 1 = Römisch-Germanische Forschungen 39 (Mainz 1980).

Kramer, J. u. Rohde, H. (Hrsg.) 1992: Historischer Küstenschutz. Deichbau, Inselschutz und Binnenentwässerung an Nord- und Ostsee (Stuttgart 1992).

Krbetschek, M. R., Degering, D. u. Alexowsky, W. 2008: Infrarot-Radiofluoreszenz-Alter (IR-RF) unter-saalezeitlicher Sedimente Mittel- und Ostdeutschlands. Infrared radiofluorescence ages (IR-RF) of Lower Saalian sediments from Central and Eastern Germany. Zeitschrift der Deutschen Gesellschaft für Geowissenschaften 159(1), 2008, 133–140. DOI:10.1127/1860-1804/2008/0159-0133

Liber Censualis episcopi Slesvicensis. Quellensammlung der Gesellschaft für Schleswig-Holsteinische Geschichte. Bd. 6. Quellen zur Geschichte des Bistums Schleswig. Hrsg. von R. Hansen u. W. Jessen (Kiel 1904) 135–270.

Litt, Th., Behre, K.-E-, Meyer, K.-D., Stephan, H.-J. u. S. Wansa 2007: Stratigraphische Begriffe für das Quartär des norddeutschen Vereisungsgebietes. Eiszeitalter und Gegenwart. Quaternary Science Journal, 56, 1/2, 2007, 7 –65.

Loewe, G. 1998: Kreis Schleswig (seit 1974 Kreis Schleswig-Flensburg). Veröffentlichungen des Archäologischen Landesamtes in Schleswig. Archäologische Denkmäler Schleswig-Holsteins VIII (Neumünster 1998).

Lüthgens, C., Krbetschek, M. R., Böse, M., u. Fuchs, M. 2010a: Optically Stimulated Luminesence Dating of fluvioglacial (sandur) sediments from north-eastern Germany. Quarternary Geochronology 5, 2010, 237–243.

Lüthgens, C., Böse, M. u. Krbetschek, M. R. 2010b: On the stage oft he young morainic morphology in the area ascribed tot he maximum extent of he Weichselian glaciation in north-eastern Germany. Quartenary International 222, 2010, 72–79.

Maaßen, P. 2008: Meine Erinnerung an die Sturmflut vom 3. Januar 1976. Dithmarschen. Landeskunden – Natur – Kultur. Heft 3, 2008, 20–23.

Meier, D. 2001: Landschaftsentwicklung und Siedlungsgeschichte des Eiderstedter und Dithmarscher Küstengebietes als Teilregionen des Nordseeküstenraumes. Untersuchungen der AG Küstenarchäologie des FTZ-Westküste. Universitätsforschungen zur Prähistorischen Archäologie 79, (a) Teil 1: Die Siedlungen; (b) Teil 2: Der Siedlungsraum (Bonn 2001).

Meier, D. 2003: Ausgrabungen auf den mittelalterlichen Wurten Norderbusenwurth und Lütjenbüttel in Süderdithmarschen (Schleswig-Holstein). Probleme der Küstenforschung 28, 2003, 277–291.

Meier, D. 2007: Die Nordseeküste. Geschichte einer Landschaft (Heide ²2007).

Meier, D. 2011a: Die Schäden der Weihnachtsflut von 1717 an der Nordseeküste Schleswig-Holsteins. Die Küste, Heft 78, 2011, 259–292.

Meier, D. 2011b: Schleswig-Holstein im Frühen Mittelalter. Landschaft – Archäologie – Geschichte (Heide 2011).

Meier, D. 2012a: Die Schäden der Sturmflut von 1825 an der Nordseeküste Schleswig-Holsteins. Die Küste, Heft 79, 2012, 183–235.

Meier, D. 2012b: Schleswig-Holstein im Hohen und Späten Mittelalter. Landesausbau – Dörfer – Städte (Heide 2012).

Meier, D. 2016: Die Eider. Flusslandschaft und Geschichte (Heide 2016).

Meier, D. 2017: Menschen in Bewegung. Schleswig-Holstein als Ein- und Auswanderungsland von der Prähistorie bis zur Gegenwart (Heide 2017).

Meier, D. 2018: Sylt – Eine Landschaftsgeschichte (Heide 2018).

Meier, D. 2019: Schleswig-Holstein. Eine Landschaftsgeschichte (Heide 2019).

Meier, D. 2020: Die Halligen in Vergangenheit und Gegenwart (Heide 2020).

Meier, D. 2022: Die Nordseeküste. Ein historischer Atlas (Heide 2022).

Meier, D., Kühn, H. J. u. Borger, G. J. 2013: Der Küstenatlas. Das schleswig-holsteinische Wattenmeer in Vergangenheit und Gegenwart (Heide 2013).

Meier, D. u. Meisterjahn, R. (Red.) 2008: 30 Jahre Speicherkoog. Sonderheft Dithmarschen. Landeskunde – Kultur – Natur (Heide 2008).

Meisterjahn, R. 2017: Der historische Luftbildatlas Dithmarschen (Heide 2017).

Meyer, K.-D. 2005: Zur Stratigraphie des Saale-Glazials in Niedersachsen und zu Korrelationsversuchen mit Nachbargebieten. Eiszeitalter und Gegenwart 55, 2005, 25–42.

Menke, B. 1976: Neue Ergebnisse zur Stratigraphie und Landschaftsentwicklung im Jungpleistozän Westholsteins. Eiszeitalter u. Gegenwart 27, 1976, 53–68.

Menke, B. 1988: Die holozäne Nordseeküstentransgression im Küstenbereich der südöstlichen Deutschen Bucht. In: Müller-Wille u.a. (1988) 117–137.

Michelsen, A. L. J. 1827: Urkundenbuch des Landes Dithmarschen (Altona 1827).

Michelsen, H. 2000: Chronik des Deich- und Hauptsielverbandes Dithmarschen. Bd. I Deich- und Entwässerungswesen in Dithmarschen in Dithmarschen. Geschichtliche Darstellung, Rechtsgrundlagen, Entstehung von Wasser- und Bodenverbänden und verbandliche Aktivitäten. Zusammengestellt von Hans Michelsen. Selbstverlag Deich- und Hauptsielverband Dithmarschen (Hemmingstedt 2000).

Michelsen, H. 2008a: Chronik des Deich- und Hauptsielverbandes Dithmarschen. Bd. II Darstellung des Entwässerungswesens, Vorfluter, Deichsiele und Schöpfwerke, Naturschutz und Landschaftspflege, Abwasserbehandlung, Verbandsverwaltung. Zusammengestellt unter Mitwirkung von Günter Plähn von Hans Michelsen. Selbstverlag Deich- und Hauptsielverband Dithmarschen (Hemmingstedt 2008).

Michelsen, H. 2008b: Die Abdeichung der Meldorfer Bucht. Dithmarschen – Landeskunde – Kultur – Natur. Heft 3/2008, Heide 2008, 24–43.

Ministerium für Ernährung, Landwirtschaft und Forsten – Landesamt für Wasserwirtschaft – Schleswig-Holstein 1962: Die Sturmflut vom 16./17. Februar 1962 an der Schleswig-Holsteinischen Westküste. Die Küste, Heft 1, 1962, 55–80.

Müllenhoff, L. 1903: Die domainenfiskalischen Sommerkoege im Kreise Süderdithmarschen. Mit Kartenbeilagen (Marne 1903).

Müller-Wille, M., Higelke, B., Hoffmann, D., Menke, B., Brande, A., Bokelmann, K., Saggau, H.-E. u. Kühn, H.-J. 1988: Norderhever-Projekt 1. Landschaftsentwicklung und Siedlungsgeschichte im Einzugsgebiet der Norderhever (Nordfriesland). Offa-Bücher 66, Studien Küstenarchäologie Schleswig-Holsteins Ser. C. (Neumünster 1988).

Muuß, U., Petersen, M. u. König, D. 1973: Die Binnengewässer Schleswig-Holsteins. Unter Mitarbeit von Günther Herrmann (Neumünster 1973).

Neocorus, J. A: Chronik des Landes Dithmarschen. Hrsg. von F. A. Dahlmann (Kiel 1827).

Niedermeyer, R. O., Lampe, R., Janke, W., Schwarzer, K., Duphorn, K., Kliewe, H. u. Werner, F. 2011: Die deutsche Ostseeküste. Sammlung geologischer Führer 105 (Stuttgart ²2011).

Nobis, G. 1975: Zur Fauna des ellerbekzeitlichen Fundplatzes Rosenhof in Ostholstein I (Grabung 1968–1973). Schriften Naturwissenschaftlicher Verein von Schleswig-Holstein 45, 1975, 5–30.

Prange, W. 1986: Die Bedeichungsgeschichte der Marschen in Schleswig-Holstein. Probleme der Küstenforschung im südlichen Nordseegebiet 16, 1986, 1–54.

Reise, K. (Hrsg.) 2015: Kurswechsel Küste. Was tun, wenn die Nordsee steigt? Hanse-Thesen zur Klimaanpassung (Neumünster 2015).

Riedel, W. 1981: 1 Die landschaftliche Gliederung des Kreises Flensburg. In: Gesellschaft für Flensburger Stadtgeschichte (Hrsg.), Der Landkreis Flensburg 1867–1974. Ein preußischer Landkreis in Schleswig-Holstein. Teil 1. Schriften der Gesellschaft für Flensburger Stadtgeschichte 30 (Flensburg 1981) 11–19.

Rheinheimer, G. (Hrsg.) 1996: Meereskunde der Ostsee (Berlin–Heidelberg ²1996).

Rohde, H. 1986: Überlegungen zur mittelalterlichen Wasserstraße Eider/Treene/Schlei. Offa 43, 1986, 311–336.

Ross, F.-R. 1973: Ingenieurgeologische Planungskarte 1:5.000. Erläuterungen Gemeinde St. Michaelisdonn. 2 Karten, 1 Beiblatt (Kiel 1973).

Saeftel, F. 1933/34a: Schnitte durch den „Schlafdeich" in Büttel bei St. Margarethen. Nordelbingien Bd. 9, Teil 4, 1933/34, 398–404.

Saeftel, F. 1933/34b: Die Freilegung eines Altsachsenhauses auf der Wurt: Carsten Möller in Groß Kampen bei Wilster. Nordelbingien Bd. 9, Teil 4, 1933/34, 423–431.

Sauermann, E. 1910: Aus Flensburg´s Alten Tagen. Zweites Heft der Folge Kleinstadtbilder aus Schleswig-Holstein (Altona-Ottensen 1910).

Scheer, C. u. Matheu 1995: Das Barghus in der Wilstermarsch. Die Geschichte der Barghäuser und Bargscheunen. Interessengemeinschaft Bauernhaus e.V. in den Elbmarschen (Wilster 1995).

Schirmer, M. 2018: Küstenschutz bis und nach 2100 in Deutschland und den Niederlanden. In: J. L. Lozán, S.-W. Breckle, H. Graßl, D. Kasang u. R. Weisse (Hrsg.), Warnsignal Klima: Extremereignisse (Hamburg 2018) 362–369.

Schmidt, R. 1975: Geologische Untersuchungen des Holozäns in der inneren Meldorfer Bucht und angrenzender Marschen (Dithmarschen). Dissertation (Kiel 1975).

Schütt, H-F. 1966: Flensburg im Mittelalter. In: Gesellschaft für Flensburger Stadtgeschichte (Hrsg.), Flensburg. Geschichte einer Grenzstadt (Flensburg 1966) 17–72.

Schulz, H. 1962: Verlauf der Sturmfluten vom Februar 1962 im deutschen Küsten- und Tidengebiet der Nordsee. Die Küste, Heft 1, 1962, 5–16.

Schwabdedissen, H. 1972: Rosenhof (Ostholstein). Ein Ellerbek Wohnplatz am einstigen Ostseeufer. Archäologisches Korrespondenzblatt 2, 1972, 1–8.

Schwabedissen, H. 1994: Die Ellerbek-Kultur in Schleswig-Holstein und das Vordringen des Neolithikums über die Elbe nach Norden. In: J. Hoika u. J. Meurers-Balke (Hrsg.), Beiträge zur frühneolithischen Trichterbecherkultur im westlichen Ostseegebiet. Untersuchungen und Materialien zur Steinzeit in Schleswig-Holstein 1 (Neumünster 1994) 361–401.

Segschneider, M. 2007: Siedlungsspuren der mittleren Bronzezeit auf dem Tholendorfer Sandwall, Eiderstedt. Probleme der Küstenforschung im südlichen Nordseegebiet 31, 2007, 9–16.

Stephan, H.-J. 1974: Sedimentation auf Toteis in Schleswig-Holstein, diskutiert an Hand einiger Beispiele. Meyniana 25, 1974, 95–100.

Stephan, H.-J. 2003: Zur Entstehung der eiszeitlichen Landschaft Schleswig-Holsteins. Schriften des Naturwissenschaftlichen Vereins für Schleswig-Holstein 67, 2003, 101–118.

Stephan, H.-J. 2023: Klimastratigraphische Gliederung des Pleistozäns in Schleswig-Holstein: Aktueller Stand. Natur- und Landeskunde. Zeitschrift für Schleswig-Holstein, Hamburg und Mecklenburg, Heft 4–6, 2023, 85–93.

Stephan, H.-J., Kabel, Ch. u. Schlüter, G. 1983: Stratigraphical problems in the glacial deposits of Schleswig-Holstein. In: J. Ehlers (Hrsg.), Glacial Deposits in North-West Europe (Rotterdam 1983) 305–320.

Streif, H. J. 1990: Das ostfriesische Küstengebiet. Nordsee, Inseln, Watten und Marschen. Sammlung geologischer Führer 57 (Berlin–Stuttgart ²1990).

Streif, H. J. 2004: Sedimentary record of Pleistocene and Holocene marine inundations along the North Sea coast of Lower Saxony, Germany. Quarternary International 112, 2004, 3–28.

Tarnow, R., Petersen, P. u. Petersen, K. 1978: Speicherkoog Dithmarschen. Ein neuer Deich verändert die Landschaft (Meldorf 1978).

Thoen, E., Borger, G. J., de Kraaker, A. M. J., Soens, T., Tys, D., Vervaet, L. u. Weerts, J. T. 2013: Landscapes or seascapes? The history of the coastal environment in the North Sea area reconsidered. Comparative Rural History of the North Sea area 13 (Gent 2013).

Tys, D 2003: Een Middeleeuws Landschap als Materielle Cultuur: De interactie tussen Macht en Rumte in een Kustgebied en den wording van. Eeen laatmiddeleeuws tot vroegmodern Landschap. 4 Teile. Dissertation Vrije Universiteit Brussel (Brussel 2003).

Urkundenbuch Dithmarschen: Urkundenbuch zur Geschichte des Landes Dithmarschen. Gesammelt und Namens der Schleswig-Holtstein-Lauenburgischen Gesellschaft für vaterländische Geschichte hrsg. von A. L. J. Michelsen (Altona 1834).

Verein für Dihtmarscher Landeskunde (Hrsg.) 2000: Geschichte Dithmarschens (Heide 2000).

Vermeer, M. u. Rahmstorf, S. 2009: From the Cover: Global sea level linked to global tem-perature. Proceedings of the National Academy of Sciences, 106(51), 2009, 21527–21532.

Vieth, A. 1733: Anton Viethens, Hochfürstl. Schleßwig=Holsteinischen Cammer=Assoris, Beschreibung und Geschichte des Landes Dithmarschen oder Geographische, Politische und Historische Nachricht vom bemeldeten Lande. Aus bewehrten gedruckten und ungedruckten Urkunden verfasset, nebst einer Special-Carte, unterschiedlichen Kupferstichen und einer Vorrede (Hamburg 1733).

Vos, P. C. u. van Heeringen, R. M. 1997: Holocene geology and occupation of the Province of Zeeland. In: M. M. Fischer (Ed.), Holocene evolution of Zeeland (SW Netherlands). Medelingen Nederlands Instituut voor Toepaste Geowetenschappen TNO 59 (Haarlem 1997).

Wechslung, F., Becker, A. u. Gräfe, P. (Hrsg.) 2005: Auswirkungen des globalen Wandels auf Wasser, Umwelt und Gesellschaft im Elbegebiet (GLOWA) (Berlin 2005).

Weninger, B., Schulting, R., Bradtmöller, M., Clare, L., Collard, M., Edinborough, K., Hilpert, J., Jöris, O., Niekus, Eelco, M., Rohling, J. u. Wagner, B. 2008: The catastrophic final flooding of Doggerland by the Storegga Slide tsunami. Documenta Praehistorica. Bd. 35, 2008, doi:10.4312/dp.35.1

Wiermann, R. 1962: Botanisch-moorkundliche Untersuchungen in Nordfriesland. Ein Beitrag zur Frage nach dem zeitlichen Ablauf der Meeresspiegelschwankungen. Meyniana 12, 1962, 97–146.

Wiethold, J. 1998: Studien zur jüngeren postglazialen Vegetations- und Siedlungsgeschichte im östlichen Schleswig-Holstein. Universitätsforschungen zur Prähistorischen Archäologie 45 (Bonn 1998).

Winter, Chr. 2002: Zur morphodynamischen Modellierung am Beispiel der Tideeider. Forschungs- und Technologiezentrum Westküste Bericht Nr. 27 (Büsum 2002).

Wohlstedt, P. 1974: Norddeutschland und angrenzende Gebiete im Eiszeitalter. Völlig neu bearbeitet u. herausgegeben von K. Duphorn (Stuttgart ^{3}1974).

Ziemus, H. 1981: Palynologische Untersuchungen am terrestrischen Jungpleistozän von Schalkholz, Kreis Dithmarschen (Schleswig-Holstein). Schriften Naturwissenschaftlicher Verein von Schleswig-Holstein 51, 1981, 25–36.

Dirk Meier
SCHLESWIG-HOLSTEIN
Eine Landschaftsgeschichte
BOYENS

Dirk Meier
Die Nordseeküste Schleswig-Holsteins
Ein historischer Atlas
BOYENS

Dirk Meier

Sylt

Eine Landschaftsgeschichte

2018. 168 Seiten, 190 Abbildungen, gebunden

ISBN 978-3-8042-1482-8

Dirk Meier
Die Halligen
in Vergangenheit und Gegenwart

2020. 136 Seiten, 205 Abbildungen, gebunden

ISBN 978-3-8042-1533-7

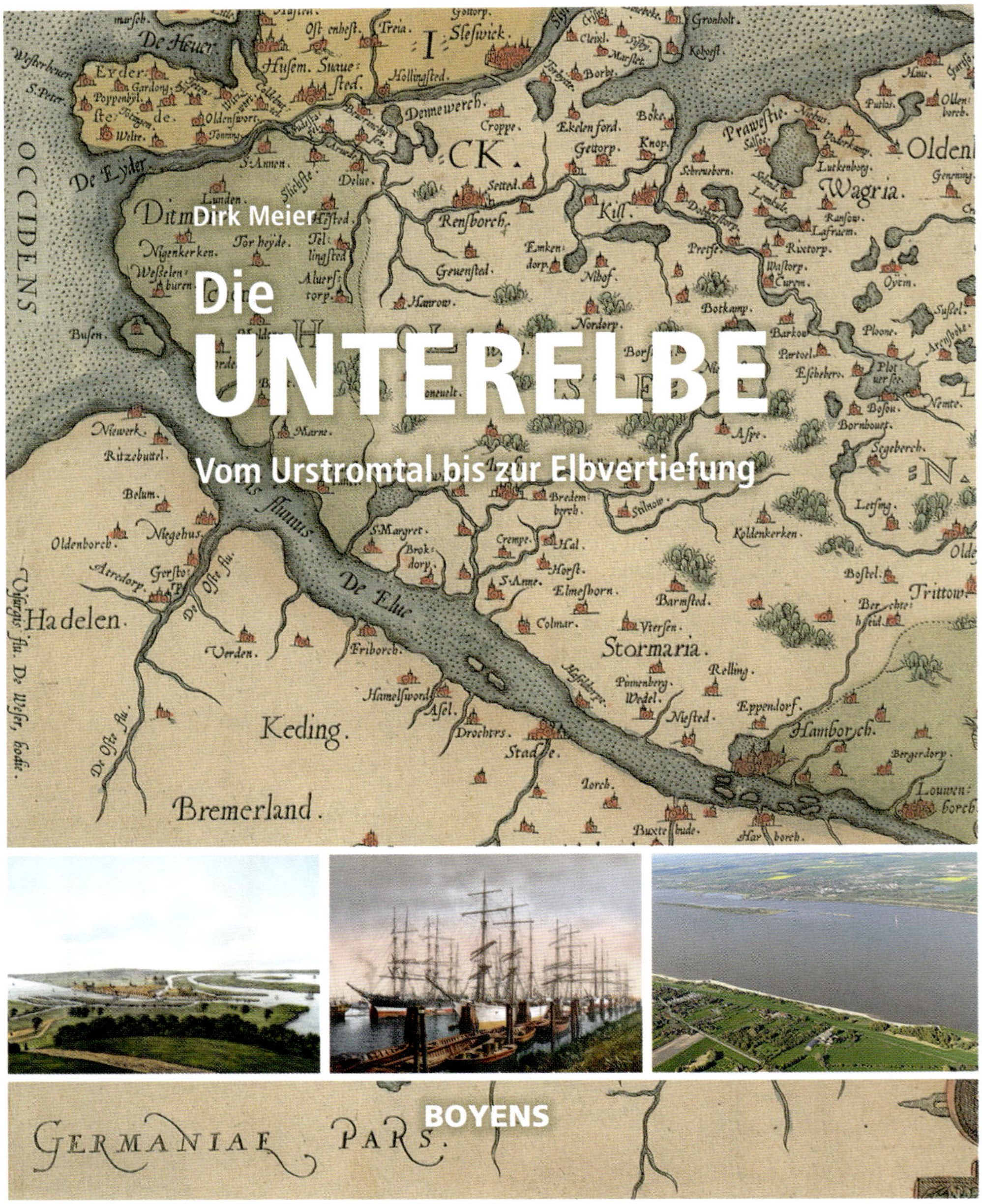

Dirk Meier

Die Unterelbe

Vom Urstromtal bis zur Elbvertiefung

2014. 216 Seiten, 269 Abbildungen, gebunden

ISBN 978-3-8042-1394-4